旱区名特优作物
气候生态适应性与资源利用

王润元　邓振镛　姚玉璧　等　**编著**

气象出版社
China Meteorological Press

内 容 简 介

本书共分四篇二十一章。第1篇特色作物分为油橄榄、花椒、百合、黄花菜、啤酒大麦和啤酒花等六章;第2篇瓜果作物分为白兰瓜、酿酒葡萄、大樱桃、苹果、苹果梨、桃和板栗等七章;第3篇中药材分为甘草、当归、党参、黄芪和枸杞等五章;第4篇气候变化对旱区名特优作物水分利用效率的影响与适应技术对策分为我国水资源与旱区气候变化的基本特征、气候变化对我国旱区名特优作物水分利用效率的影响和提高名特优作物水分利用效率的技术对策等三章。

本书系统介绍了旱区18种名特优作物的气候生态适应性,气候变化及其影响,栽培管理技术以及提高气候生态资源利用途径;同时介绍了气候变化对旱区名特优作物水分利用效率的影响适应技术对策等方面的最新研究成果。

本书可为广大基层气象工作者开展名特优作物农业气象、农业气候和气象科技服务工作提供技术支撑;为农业种植业结构调整、种植业多元化和产业化服务提供科学依据;为提高农田水资源利用提供技术对策;为农民朋友发展特色产业、增产增收、提高品质和扩大效益提供理论和技术指导。可供气象、农业、林业、果品业、中药材、水科学、经济等方面从事科学研究和业务部门专业人员以及政府部门决策管理人员参考。也可供大专院校师生参考使用。

图书在版编目(CIP)数据

旱区名特优作物气候生态适应性与资源利用 / 王润元等

编著. —北京:气象出版社,2015.9

ISBN 978-7-5029-6195-4

Ⅰ.①旱… Ⅱ.①王… Ⅲ.①干旱区－作物－气候生

态型－适应性－研究－中国 Ⅳ.①S181

中国版本图书馆 CIP 数据核字(2015)第 209865 号

旱区名特优作物气候生态适应性与资源利用

王润元 邓振镛 姚玉璧 等 编著

出版发行:气象出版社

地　　址:北京市海淀区中关村南大街 46 号 　　　**邮政编码**:100081

总 编 室:010-68407112 　　　**发 行 部**:010-68409198

网　　址:http://www.qxcbs.com 　　　**E-mail**:qxcbs@cma.gov.cn

责任编辑:刘畅 王元庆 　　　**终　　审**:邵俊年

封面设计:八度出版服务机构 　　　**责任技编**:赵相宁

印　　刷:北京京华虎彩印刷有限公司

开　　本:787 mm×1092 mm　1/16 　　　**印　　张**:16.25

字　　数:416 千字

版　　次:2015 年 10 月第 1 版 　　　**印　　次**:2015 年 10 月第 1 次印刷

定　　价:46.00 元

前　言

　　西北地区干旱半干旱区具有沙漠戈壁、丘陵沟壑和山地型高原地貌特征。它是受东亚季风、南亚季风和西风带气候系统影响的过渡区，由于地貌和气候多重因素的影响，使得其农作物种类和种植方式复杂多样。并且，形成了独特的名特优作物，这些作物中既有经济价值高的特色作物，又有知名的瓜果类作物，还有药用价值高的中药材。

　　围绕西北干旱半干旱区知名作物、特色作物和优势作物的基本分布、生产状况，分析名特优作物与气象条件的关系，研究主要农业气象问题，认识作物水分利用效率与我国旱区农业用水现状，探讨气候变化对名特优作物生长发育和水分利用效率影响，提出农业资源开发利用途径和提高名特优作物水分利用效率的技术对策，对于开发利用旱区气候资源，提高农业生产经济效益具有十分重要的意义。

　　为此，本书系统介绍了西北干旱半干旱区 6 种特色作物（油橄榄、花椒、百合、黄花菜、啤酒大麦和啤酒花），7 种瓜果作物（白兰瓜、酿酒葡萄、大樱桃、苹果、苹果梨、桃和板栗），5 种中药材（甘草、当归、党参、黄芪和枸杞）的基本生产概况、作用与用途、种植历史变迁、特点与优势、种植区域与面积、产量与品质和发展前景；分析了名特优作物的气候生态适应性、生理生态特点与气象指标、物候特征与资源利用、产量及品质与气象、气候变化及其影响、气候生态适生种植区域；栽培管理技术；提高气候生态资源利用途径和趋利避害的减灾技术。

　　书中还介绍了我国农业水资源现状与利用、旱区气候变化及其对水资源的影响，研究了作物水分利用效率与我国旱区农业用水，揭示了气候变化对旱区名特优作物水分利用效率的影响特征，提出了提高名特优作物水分利用效率的技术对策。

　　全书共分四篇二十一章。第 1 篇特色作物，主要有油橄榄、花椒、百合、黄花菜、啤酒大麦和啤酒花，由邓振镛、刘明春、蒲金涌等撰稿。第 2 篇瓜果作物，主要有白兰瓜、酿酒葡萄、大樱桃、苹果、苹果梨、桃和板栗，由蒲金涌、刘明春、邓振镛等撰稿。第 3 篇中药材，主要有甘草、当归、党参、黄芪和枸杞，由姚玉璧、邓振镛等撰稿。第 4 篇气候变化对旱区名特优作物水分利用效率的影响与适应技术对策，由王润元、王鹤龄、张凯、赵鸿、陈雷、丁文魁、齐月、陈斐、赵福年、阳伏林、刘伟刚等撰稿。另外，参加部分编写工作的还有肖国举、张玉书、张晓煜、方文松、李裕、胡继超、黄健、熊友才、米娜、成林、陈雷、丁文魁、魏育国、莫非、蒋菊芳、杨永龙、任丽雯、马兴祥、纪瑞鹏、于文颖、刘斌、强生才、袁海燕、孔海燕、李朴芳、王静、李红英、姬兴杰、韩小梅、季枫、段晓凤、姬兴杰等。

王润元负责全书的策划、总编辑和审定；邓振镛承担全书的修稿、统稿；王润元、邓振镛、姚玉璧、刘明春和蒲金涌负责各篇的初审与修稿。

本书是国家公益性行业（气象）科研专项"农田水分利用效率对气候变化的响应与适应技术"（编号：GYHY201106029）、国家重大科学研究计划项目"全球典型干旱半干旱地区气候变化及其影响"第四课题（编号：2012CB955304）、国家自然科学基金项目"半干旱区作物干旱致灾过程特征及其若干阈值研究"（编号：41275118）的主要成果之一，并得到这三个项目的共同资助，编著撰稿由中国气象局兰州干旱气象研究所负责，甘肃省干旱气候变化与减灾重点实验室、中国气象局干旱气候变化与减灾重点开放实验室、定西市气象局、武威市气象局、天水市气象局等单位共同参与完成。

书稿出版得到中华人民共和国科技部、国家自然科学基金委员会、中国气象局的支持和关心，谨致谢忱！

由于付梓仓促，虽经再三校核，错漏在所难免，敬请斧正。

编著者

2015 年 5 月

目　录

第 2 篇 瓜果作物

第 3 篇 中药材

第 4 篇　气候变化对旱区名物优作物水分利用效率的影响与适应技术对策

第1篇
特色作物

第1章　油橄榄

油橄榄(*olea europaea*)又名齐墩果、阿列布,是一种木樨科木樨榄属常绿乔木,是世界名贵的木本油料和果用树种。

1.1　基本生产概况

1.1.1　作用与用途

油橄榄果肉含有的油脂称之为橄榄油,含油率为20%左右,其含量为甘油10%,脂肪酸80%~90%,而脂肪酸中含油酸85%,被人体吸收消化率达95%,它几乎不含胆固醇,抗氧化性较强,味道清香可口,营养极其丰富,医疗保健作用十分显著,被誉为品质最佳的植物油。西方国家甚至誉其为"液体黄金"、"植物油皇后"。

橄榄油是油橄榄鲜果直接冷榨而成的天然食用植物油,产品用途广泛,药用价值很高,又是安全可靠的美容佳品。取油后的饼粕可作饲料。

1.1.2　药用价值

1.1.2.1　促进血液循环

橄榄油能防止动脉硬化以及动脉硬化并发症、高血压、心力衰竭、肾衰竭、脑出血。橄榄油中的 ω−3 脂肪酸能增加氧化氮这种重要的化学物质的量,可以松弛动脉,从而防止因高血压造成的动脉损伤。另外,ω−3 脂肪酸还可以防止血块的形成。

1.1.2.2　改善消化系统功能

橄榄油中含有比任何植物油都要高的不饱和脂肪酸、丰富的维生素 A、D、E、F、K 和胡萝卜素等脂溶性维生素及抗氧化物等多种成分,并且不含胆固醇,因而人体消化吸收率极高。它有减少胃酸、阻止发生胃炎及十二指肠溃疡等病的功能;并可刺激胆汁分泌,激化胰酶的活力,使油脂降解,被肠黏膜吸收,以减少胆囊炎和胆结石的发生。

1.1.2.3　保护皮肤

橄榄油富含与皮肤亲和力极佳的角鲨烯和人体必需脂肪酸,吸收迅速,有效保持皮肤弹性和润泽;橄榄油中所含丰富的单不饱和脂肪酸和维生素及酚类抗氧化物质,能消除面部皱纹,防止肌肤衰老,有护肤护发和防治手足皲裂等功效。

1.1.2.4　提高内分泌系统功能

橄榄油能提高生物体的新陈代谢功能。最新研究结果表明,健康人食用橄榄油后,体内的葡萄糖含量可降低 12%。所以,它已成为预防和控制糖尿病的最好食用油。

1.1.2.5　其他功能

橄榄油还有预防心脑血管疾病、骨骼疏松、抗衰老、防癌、防辐射作用。制作的食品是孕妇极佳的营养品和胎儿生长剂,对于产后和哺乳期是很好的滋补品。

1.1.3　分布区域与栽培地带

油橄榄主要分布在地中海区域各国,主产国有西班牙、意大利、希腊、葡萄牙、突尼斯、土耳其、法国、阿尔巴尼亚等。目前全世界生长着 8 亿多株油橄榄树,其中西班牙和意大利两个国家就占世界栽培总数的一半。

我国栽培油橄榄历史较晚,是从 1964 年 3 月 3 日开始,全国现有油橄榄超过 1 600 万株。甘肃省武都白龙江沿岸从 1975 年开始试种,目前有各种品种 920 万株左右,到 2013 年种植面积 1.95 万 hm^2,总产 7 600 万 kg,单产 3 897 kg/hm^2。武都白龙江沿岸及其河谷地有能达到或接近世界油橄榄主产区平均植株产量及产品质量的适宜栽培地带,因此,成为受国家质量监督检验检疫总局公告 2005 年第 176 号《地理标志产品保护规定》的保护地区,甘肃省陇南市武都区是目前全国最大的油橄榄基地。

其余部分分布在嘉陵江流域的四川、重庆、陕西等地区。其中四川省适宜栽培地带是以西昌河谷为中心的川西南亚热带山麓河谷区;盆地东北部区次之。

1.1.4　发展前景

油橄榄是世界名贵的木本油料兼果用树种,橄榄油营养丰富、抗氧化性较强,产品用途广泛,深受广大群众的喜欢。

经过近十多年的规模发展,目前甘肃省陇南市武都区油橄榄种植面积达 2 万 hm^2,年产鲜果 15 万 kg,榨油 3.4 万 kg,可实现产值 18 亿元。成为全国面积最大的油橄榄基地。具有一定的生产加工规模,武都已建成高标准加工厂 3 家,中等加工企业 10 多个。自产的橄榄油分别荣获全国多届林业博览会银奖、金奖,产品远销北京、上海、杭州、南京、天津、西安、兰州等 10 多个大中城市。油橄榄种植已经成为武都的重要产业,成为当地农民致富的重要手段,因此,其有宽广的发展前景。

1.2 作物与气象

1.2.1 气候生态适应性

1.2.1.1 生态特点与气候环境

油橄榄具有喜温、怕冻、喜干、怕湿的气候特点。耐旱能力较强，耐高湿能力较弱，对水分适应性较强，但要达到高产还要有较充足的水分保证。

油橄榄是浅根植物，特别不耐水渍，对土壤物理性质要求比较严格。最怕生长在土壤黏重、排水性能较差的土壤中。经与原产地土壤对比分析，武都白龙江沿岸基本上达到适宜油橄榄生长的土壤物理性状（表1.1）。经测定，白龙江沿岸黏粒含量没有超过11％，略高于低限标准，渗透性能比较好，pH 值在适应范围内，因此，是理想的土壤质地。

表1.1 油橄榄适宜生长的土壤物理特性

	含量（%）			渗透性（mm/h）	pH 值
	沙 粒	粉 粒	黏 粒		
直径（mm）	2~0.02	0.02~0.002	0.002~0.001	—	—
适宜标准	45~65	10~35	10~35	80~150	7~8
白龙江沿岸土壤物理特性	48.8	40.3	10.9	150	7~8

1.2.1.2 物候特征与气象指标

1990—1992 年在白龙江沿岸5个油橄榄园物候观测资料表明（表1.2），3月中旬日平均气温稳定通过12℃时春芽萌动；4月上旬适宜气温15~18℃时发芽；5月份适宜气温20~23℃时开花坐果，这时喜温怕冻；5月下旬至10月上旬幼果形成至果实着色，约需5个月左右时间，适宜气温23~25℃；10月上中旬气温14~18℃进入成熟期；秋季日平均气温稳定下降到8~10℃以下时进入冬眠期。在春、夏分别于4月中下旬气温16~18℃时和6月下旬23~26℃时有两次抽梢。

从春芽萌动到果实成熟全生长期210~220 d，全生育期≥10℃积温3 800~4 500℃·d，无霜冻期220~280 d，日照时数1 500~1 900 h，相对湿度50％~65％，降水量410~440 mm。

表1.2 白龙江沿岸5个点油橄榄物候期与温度指标

发育期	春芽萌动	发 芽	春抽梢	开 花	幼果形成	夏抽梢	果实膨大	成 熟	全生育期
开始日期（月-日）	03-15—03-19	03-28—04-04	04-16—04-23	05-04—05-13	05-24—05-30	06-24—06-30	08-10—08-20	10-08—10-20	03-15—10-20
天数（d）	15	20	20	10	34	47	61	13	220

发育期	春芽萌动	发 芽	春抽梢	开 花	幼果形成	夏抽梢	果实膨大	成 熟	全生育期
日平均气温（℃）	12～15	15～18	16～18	18～21	21～23	23～26	26～18	18～14	12～26
≥10℃积温（℃·d）	181.5	284.0	322.0	171.0	727.6	1 120.0	1 134.6	196.3	4 137.0

1.2.1.3　产量与气象

从表 1.3 看出，3 月中旬栽种，气温在 20℃左右的适宜范围内，生长期长，成熟率高，经济性状最好，产量最高；3 月上旬前栽种，气温只有 16～17℃，开花前受低温影响时间长，发芽率低；4 月上旬后栽种，温度高于 26℃，夏季营养生长期短，太嫩细，成熟率低，因而产量最低。

表 1.3　油橄榄不同栽种期气象条件及产量因素

栽种（月-日）	开花（月-日）	结果（月-日）	成熟（月-日）	生长期（d）	气温（℃）	相对湿度（%）	降水量（mm）	成熟率（%）	树高（m）	最大果重（g/个）	产量（kg/株）	产量（kg/hm²）
03-05	05-17	05-24	10-22	210	16.7	59	375	84	2.1	5.0	5	2 250
03-15	05-14	05-26	10-24	215	19.6	62	358	91	2.5	6.5	7	3 150
03-25	05-18	05-22	10-20	220	23.4	63	347	88	2.3	5.1	6	2 700
04-05	05-12	05-19	10-23	218	26.5	58	385	75	2.0	4.7	4	1 800

世界油橄榄集中产区属地中海气候，其主要特点是夏季炎热干旱，冬季温暖湿润。而白龙江沿岸属北亚热带半湿润气候，四季温暖，雨热同季。两地气候最大相似点是：年平均相对湿度在 60% 左右和果实成熟的关键时段 9—10 月相对湿度在 70% 左右（表 1.4）。相对湿度小，病虫害少，果实不容易腐烂，这是引种成败的关键。两地气候不同点是：白龙江沿岸夏季雨热同季，光温水匹配合理，与油橄榄生长高峰期同步，对生长发育、产量和品质的提高非常有利。另外，油橄榄生长量较地中海沿岸的大，主要是夏梢多，占 60%～70%，而果枝有 60%～70% 产于夏梢，3 年幼树就结果，而地中海沿岸油橄榄因夏季降水量稀少，在无灌溉的条件下，几乎处于休眠状态，新梢的生长量主要是春季，幼年树 8～12 a 才能结果。因此，白龙江沿岸具有引种油橄榄比原产地早结果、产量高的独特气候生态优势。

从我国 10 省市 17 个引种点气候生态条件对比分析（表 1.4）看出，甘肃武都白龙江沿岸的北亚热带边缘气候与南亚热带气候有三个方面的明显差异：

（1）夏季雨型。前者年降水量 450～500 mm，夏季月平均降水量只有 80 mm 左右，夏雨偏少，土壤不存在渍水问题；而后者年降水量在 1000 mm 以上，夏季月平均降水量 150 mm 以上，夏雨偏多。

（2）相对湿度。前者年相对湿度在 60% 左右，后者年相对湿度较大，在 74%～81%，比前者大 15%～20%；特别是 9—10 月都在 80%～90%，比前者大 20%～30%。

(3)夏季气温。6—9月是果实膨大至成熟期,前者在适宜气温22~25℃范围内,无日最高≥32℃的高温危害,积温有效性好,盛夏季节的热量条件对果实膨大成熟较为有利。

由于夏季雨水偏多和相对湿度偏大以及气温偏高等原因,使得我国南亚热带地区引种油橄榄的成功率较低。

表1.4 白龙江沿岸油橄榄引种点与国内引种点及地中海沿岸主产区气候生态条件比较

国名	地名	气温(℃)				相对湿度(%)		年降水量(mm)	年日照时数(h)
		年平均	1月平均	极端最低	极端最高	年平均	9—10月		
意大利	西西里卡塔尼亚	18.2	10.9	−0.8	40.3	55	73	758	2 493
西班牙	哈恩	17.1	8.0	−8.0	39.2	68	80	571	2 783
希腊	克里特	18.3	8.1	−5.7	38.4	57	74	379	2 756
阿尔巴尼亚	发罗拉	16.8	9.2	−4.9	39.4	61	76	972	2 685
中 国	甘肃武都	14.5	4.1	−8.6	40.0	59	68	475	1 912
	甘肃文县	14.8	4.2	−7.4	38.1	62	71	459	1 653
	陕西城固	14.4	2.1	−9.3	40.2	79	80	749	1 653
	江苏南京	15.3	2.0	−13.1	40.7	77	89	1052	2 158
	湖北武汉	16.1	3.1	−18.1	42.3	79	88	1101	1 741
	四川西昌	16.7	9.5	−7.8	36.5	62	78	1014	1 213
	重庆	18.2	7.6	−1.7	42.2	79	89	1114	1 248
	贵州独山	15.0	4.7	−7.9	34.4	81	92	1284	1 590
	广西柳州	20.3	10.3	−1.3	39.0	77	85	1502	2 407
	云南昆明	14.4	7.0	−3.2	31.5	74	80	1053	2 414
	江西南昌	17.4	4.6	−7.7	39.2	83	90	1712	1 868

1.2.1.4 品质与气象

果实含油率和果肉率是品质的重要经济指标。佛奥和莱星两品种定植4年后果实的含油率达23.5%~25.3%,果肉率在80%以上(表1.5),基本上达到或超过原产地。

表1.5 白龙江沿岸不同品种油橄榄经济性状比较

	果重(g)	含油率(%)	果肉率(%)
佛奥	6.7	25.3	80.1
莱星	6.1	23.5	82.3

从表1.6看出,白龙江沿岸果实的油酸含量要比其他地区的高,均超过油酸含量75%~80%的质量标准。

表 1.6　不同地点油橄榄品质比较

	佛　奥				莱　星		
	甘肃武都	甘肃文县	江西南昌	云南昆明	甘肃武都	甘肃文县	四川西昌
油酸(%)	81	80	79	78	81	80	65
亚油酸(%)	4.7	4.6	4.1	4.5	6.1	5.9	4.4
亚麻油酸(%)	0.3	0.4	0.2	0.1	0.4	0.3	0.2
总含量(%)	86.0	85.0	83.3	82.6	87.5	86.2	69.6

1.2.2　气候变化及其对油橄榄生产的影响

　　作为甘肃油橄榄著名产地,武都属于北亚热带大陆性气候,海拔 667～3 600 m,年平均气温 14.8℃,日照时数 1 860 h,年降水量 463 mm,适宜油橄榄生长发育。分析 1980—2007年冬季极端最低温度各月分布,发现 12 月份占 36%,1 月份占 32%,2 月份占 24%,3 月份仅占 8%,也就是说 12 月—翌年 1 月份是主产区最冷时段。用六阶多项式模拟极端最低温度出现时间的变化($R=0.716$),基本呈两峰两谷型,峰值点分别在 1980 年和 1990 年前后,也就是说,该时段春季回暖较迟;谷值点则在 20 世纪 80 年代中期和 21 世纪初期,春季回暖较早。历史极端最低温度出现在 1992 年、1980 年,分别是－8.6℃和－7.8℃,从冬季平均温度分布看,20 世纪 80 年代初最冷,21 世纪最暖,整个冬季表现为持续增温,倾向率为0.597℃/10a,暖冬趋势明显。研究表明,油橄榄在冬季春化阶段尚需要一定的低温过程,低温积累对油橄榄花芽分化至关重要,理想低温为－3.0～－4.0℃,从主产区油橄榄生长情况来看,莱星、皮瓜尔、配多灵等品种能抗－8℃左右的低温,而佛奥的耐寒性稍差,因此,暖冬有利于后者生长,适应性最好,油质最佳,便于广泛种植。

　　油橄榄生长最适宜温度≥10℃,分析结果显示(图 1.1a),≥10℃积温增幅为 256.9℃/10a($R=0.5523$),六阶多项式模拟显示,21 世纪初期积温达到 4 600℃·d 以上,光照充足,热量资源丰富。值得一提的是,1992 年≥10℃积温只有 3 100℃·d,主要原因是春季回暖较迟,对油橄榄生长有一定的制约。

　　油橄榄为耐旱树种,但并不是喜旱树种,尤其在生长季节对水分要求很高。1980—2007年主产地的降水量持续减少,减幅为 52 mm/10a($R=0.4445$),降水最少时段为 20 世纪 90年代中后期,1996 年降水量只有 262.6 mm,仅占多年平均降水量的 56%;7 月份正是油橄榄果实膨大的时期,水分条件极其重要,统计结果显示(图 1.1b),该时段干旱年份占 43%,特旱年份占 18%,1991 年偏少 73%,1997 年偏少 67%。因此,在干旱年份,当自然降水不能满足油橄榄正常的水分要求时,需要通过灌溉以保证水分供给,以弥补降水亏缺,提高产量与品质。

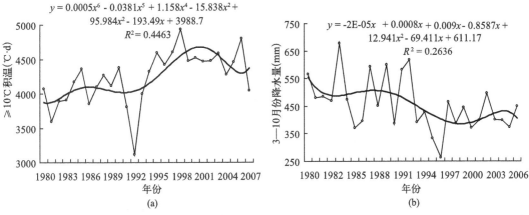

图 1.1 影响油橄榄生长的≥10℃积温(a)与 3—10 月降水量(b)的变化

1.2.3 气候生态适生种植区域

通过以上分析,选取≥10℃积温和夏季 6—8 月相对湿度为主导指标,年日照时数和海拔高度为辅助指标,单产为参考指标,确定为气候生态区划综合指标体系,采用气候相似原理和叠加法,将主产地白龙江沿岸油橄榄气候生态适生种植区划分为 5 个区域(表 1.7),经调查考察,划区结果与实际生产相一致。

表 1.7 白龙江沿岸油橄榄气候生态适生种植区划综合指标体系及种植分区

项目	Ⅰ 最适宜种植区	Ⅱ 适宜种植区	Ⅲ 次适宜种植区	Ⅳ 可种植区	Ⅴ 不宜种植区
海拔高度(m)	800~1 000	1 000~1 200	1 200~1 250	1 250~1 300	>1 300
≥10℃积温(℃·d)	4 600~5 000	4 200~4 600	4 000~4200	3 800~4 000	<3 800
6—8 月相对湿度(%)	50~61	61~65	65~70	70~75	>75
年日照时数(h)	1 800~2 000	1 700~1 800	1 600~1 700	1 400~1 600	<1 400
单产(kg/hm²)	6 000~8 000	5 000~6 000	4 000~5 000	3 000~4 000	<3 000
地域范围	武都的两乡、城郊、汉王、东江等乡镇	武都的石门、柑橘、透防、三河、外纳、文县的临江、尖山等乡镇	武都的角弓;文县的桥头等乡镇	宕昌的沙湾乡	—
分区评述	位于白龙江沿岸河谷、向阳山坡的窝地、谷地。属北亚热带半湿润区,四季温暖、雨热同季。土壤属侵蚀性褐土类,结构纹理垂直,土壤渗透性最好	位于白龙江沿岸河谷、山坡地。气候特点同Ⅰ区。土壤以沙壤土为主,渗透性良好	位于白龙江沿岸山谷地带。属于热干燥气候型。土层深厚,有侵蚀性黄土,土壤渗透性良好,在100~110 mm/h	位于白龙江上游。属温热湿润区,热量不足,湿度较大。土壤黏粒含量33%左右,土壤渗透性较好,在90~100 mm/h	位于白龙江和白水江的边界区,热量差,湿度大,日照不足,气候生态条件不宜种植

1.3　栽培管理技术

1.3.1　选种育苗

选用主栽品种通常是佛奥、卡林、莱星、米扎;配用品种或材料有爱桑、贝拉、克里 172、苏 11 和苏 12 的部分个体无性系及苏 14 等优良品种;授粉树一般用普金、实生橄榄或野生油橄榄。

插床选择背风向阳,水源充足,排水良好,管理方便,地下水位低的地方。选用生长健壮,无病虫害的幼树或未进入盛果期大树的营养枝作插穗,用生长激素(IBA)处理基部后分品种插入育苗温室。

1.3.2　栽培管理

1.3.2.1　建园

要求土壤肥沃,理化性能好,质地疏松,保水保肥性强,通透性良好,钙质含量高的中性偏碱性土壤,pH 值 7～8。

1.3.2.2　苗木要求

栽植苗木选用二级标准以上无病虫害、无机械损伤的优质壮苗。

1.3.2.3　栽培管理

每年采果要对树盘进行松土除草,保持土壤疏松。

1.3.2.4　土肥水管理

油橄榄园采用全园深翻法。冬季果实采收后施基肥,结合深翻进行,以有机肥为主;追肥在花前或花后进行,以速效肥为主。由于各地 90% 以上的年降水量集中于 4—10 月或 5—9 月,过量的雨水,使土壤比较黏重、地势低平,以致坡度不大的油橄榄园出现积水。一般油橄榄园应采用明沟或暗沟排水,用高垅或垒堆方法进行栽植。灌溉对油橄榄生产有决定性意义。灌溉分冬、春、伏和果实采收前 4 个阶段进行。尤其春季易干旱,灌水量一般不宜低于 $150 \ t/hm^2$。

1.3.2.5　整形修剪

树形以三主枝开心形、单圆锥形为主,逐年修剪。一般用定干高度为 50～80 cm 的苗木栽植,由下而上选留 3 个生长健壮,三向分布均匀,并与主干具有 45°夹角的枝条,作为 3 个主枝,然后将主干剪去。所留 3 个主枝生长到 3 m 左右时断顶,这时主枝已经定形,并用短截法修剪主枝的延长枝,控制其高生长,防止树冠继续扩大。进入大量开花结实期和树冠邻接期,即行生产修剪与控制树冠的回缩修剪,每年进行 1～2 次修剪。

1.3.3　嫁接

1.3.3.1　嫁接时间与方法

为了使苗木提前嫁接,可采用摘除顶芽促进幼苗基径迅速加粗的办法。即当幼苗长到20 cm时,将顶芽剪除,基径粗度达到0.5 cm时即行嫁接。

接穗应从开花结实、生长健壮、无病虫害的优良母树上采取。采取部位应在树冠外围中、上部,枝条粗细可参照砧木大小,但必须是腋芽饱满完好的一年生营养枝。春季当树液开始流动时进行。雨季初期嫁接,要防止雨水渗入嫁接口影响成活率。

嫁接常用的方法有枝接、芽接。枝接分为短穗腹接与长穗腹接。芽接采用工字形芽接。

1.3.3.2　嫁接后管理

嫁接成活率的高低与管理有密切关系。嫁接前对砧木要进行松土除草,施足水肥。嫁接后要保持土壤湿润。灌水时要防止水分侵入接口。嫁接口以下砧木上的萌芽,要随时注意剪除,嫁接口以上砧木上的主枝、侧枝的顶芽要切除。当接穗萌芽后要及时断砧,断砧可分两次进行。第一次在嫁接口上方10 cm处剪断,这样有利于将新芽绑扶在断桩上,让其直立生长。新芽长至20～30 cm时,进行第二次断砧,这次主要是将保留下的断桩从嫁接口处全部剪除,以利于嫁接口愈合。嫁接苗长到1 m高时,进行断顶,培养成主枝。其外的萌芽或者已抽发成枝的,要陆续进行短剪,逐步剔除干净。最终只保留2～3对主枝。当苗木离地面5～10 cm处的茎径达到1 cm左右时,即可出圃定植。定植时间以春季为主,灌溉条件差的地方,定植时间可推迟到雨季初的6月。

1.3.4　防治病虫害

1.3.4.1　生理性病害

缺硼性病害,被称为丛枝丛芽病,在未施硼肥或施用有机肥不足的油橄榄园更为明显。水湿害,严重时表现为植株大量落叶、落果,根系窒息和腐烂。高湿度、多雨和园地土壤通透性差,是发生湿害的根本原因。

1.3.4.2　寄生性病害

细菌病害,发生在建立较早的油橄榄园,常见的是肿瘤病,病源来自地中海地区,随油橄榄苗木传入。真菌病害,种类多,危害面广。孔雀斑病是蔓延较广的病害之一。炭疽病是油橄榄园常见的果实病害,亦危害植株的叶片与嫩梢,各地已能有效防治。根线虫病,由胞囊线虫、根结线虫侵入寄生危害。

1.3.4.3　虫害

威胁较大的害虫是蛀食性害虫。云斑天牛是常见蛀干害虫。朝鲜黑金龟子与棕黄金龟子成虫取食油橄榄叶片、嫩梢、花及幼果。

1.3.5　果实采收与加工

1.3.5.1　采收

10月下旬—11月中旬果实成熟率达到60%～70%时,分品种采收。

1.3.5.2　果实分级

按照果实品种、形状、大小、成熟度分级,保护范围为1～3级。

1.3.5.3　工艺流程

鲜果→清洗→粉碎→搅拌→融合→液固分离→油水混合液→过滤→油水分离(油渣、水)→油→排杂质。

1.4　提高气候生态资源利用率的途径

1.4.1　充分利用优势气候生态资源,建立规模生产加工基地

发展种植,要遵循经济生态效益最佳原则,在最适宜和适宜种植区内适当集中建立连片主栽品种基地,实行集约化经营,以农林间作为主,纯林为辅。充分利用得天独厚的自然条件尤其开发非耕地资源,前景广阔。在次适宜种植区和可种植区可选择有利的地形和土壤条件好的地块进行种植,坚持"稳定面积、提高单产"的方针。同时注意采摘期低温危害和加强冬季防寒防冻保暖措施。

1.4.2　根据生理特点,充分利用土地资源

选择地形开阔、背风向阳的缓坡地带且土壤疏松,排水性能良好的沙质壤土种植。不同品种要因地制宜,喜温怕冻品种宜种植在向阳的东坡北坡;喜凉怕高温的品种宜种植在南坡;喜干怕湿的品种宜在向阳窝地、谷地山坡种植。成林后形成较厚的覆盖层,能起到防洪固土、防止水土流失、涵养水源、保护自然生态环境的作用。

1.4.3　科学采摘,提高品质

从1995—1998年不同采收时间果实含油率测定结果分析,当≥20℃积温增加时,含油率随之增加;当≥20℃积温大于1 100℃·d后,含油率增加减缓。另外,当日平均气温下降到8℃以下,含油率增加开始减缓,约20d后开始下降。日平均气温与果实含油率相关系数为0.95。由此看来,温度对果实品质有一定的影响,要根据气温变化来确定采摘时间。白龙江沿岸秋季降温较快,气温偏低,昼夜温差小,果实脂肪酸转化缓慢,成熟期延迟,品质下降。因此,要特别注意气温下降对油橄榄品质的影响。

根据试验结果分析,完全成熟后采摘的油橄榄出油率高,品质好。由于品种和气候生态

条件差异,果实成熟时间有先有后,因此,采摘时间应根据成熟度来确定。为了保证果实的油质,一般采用人工采摘。果实采摘后先放在通风的地方保存,鲜果在 2～4 d 内送榨油厂。如一时来不及榨取,可以将鲜果浸入 7%～10% 食盐水中储存 20 d 内榨油。

第2章 花 椒

花椒(*Zanthoxylum bungeanum* Maxim.),落叶灌木或小乔木,可孤植又可作防护刺篱。

花椒是一种调味佐料和药用的木本油料树种。其主要成分是挥发性芳香油、麻味素及各种醇类和脂肪酸。种子含油率25%～30%,树皮含有芳香油2%～9%。

2.1 基本生产概况

2.1.1 作用与用途

花椒果皮可作为调味料,并可提取芳香油,又可入药;种子可食用,又可加工制作肥皂。花椒可以去除各种肉类的腥气;促进唾液分泌,增加食欲;使血管扩张,从而起到降低血压的作用。一般人群均能食用,但孕妇、阴虚火旺者忌食。

花椒果实含挥发油,挥发油中含柠檬烯、枯醇,亦含有牻牛儿醇、植物甾醇及不饱和脂肪酸。

花椒是中华美食烹饪中一种不可或缺而且很常见的调味剂。在烹饪中能够祛除肉类的肉腥味和油脂,更添加一种清香味和麻辣感,因而得到我国人民的喜爱。

花椒果实不仅可以作为调味剂,还可作中药。花椒味道略带辛辣,但却是一种温和性的中药材。不仅能刺激味蕾增加食欲,而且能温暖身体、祛除寒气和湿气,还可以保护胃和脾。不仅可以内服,还可以外敷来抵御蚊虫叮咬和皮肤类疾病。花椒还可以疏通我们的肠胃,促进宿便的排除,消除多余的水停留在腹部造成的浮肿。另外,花椒对女性生理期的疼痛具有很好的缓解作用。花椒还可以治疗儿童或者大人肠胃中的小虫,具有驱虫杀虫的作用。尤其是在冬季多食用一些花椒可以祛除冬季天气寒冷带来的寒气,对治疗高血压、糖尿病和心脏病等都有一定作用。

2.1.2 分布区域与种植面积

花椒分布于我国华北、华中和华南地区。四川汉源花椒,古称"贡椒",自唐代元和年间就被列为贡品,长达一千余年,史籍多有记载。今日之川菜百味,更是"麻"字当头,而正宗川味,其椒必取自汉源,汉源花椒主要用于火锅主料、烧菜、炖菜等佳肴的制作。山西运城、陕西韩城(地理位置关系,韩城花椒味道最浓,最为香美)、合阳(国内最大产地,宝鸡地区也有一些)、河南省伏牛山、太行山、山东沂源栽培较为集中,由于地理气候等原因,尤以南太行山顶端马圪当地区的品种"大红袍"为佳,鄢陵各处均有栽植。

甘肃天水、陇南地区的花椒,自古有名,曰:秦椒出天水,蜀椒出武都。这里具有发展优质花椒得天独厚的资源优势和商品生产优势。"大红袍"、"贡椒"等品种具有香气浓郁,色泽鲜红,麻味重,有效成分含量高的特点。截至 2013 年,甘肃省种植面积已达 16.5 万 hm²,产量达 3 520 万 kg。

2.1.3 产量品质与发展前景

国内市场庞大,人口众多,加上人们生活水平的提高,花椒作为调料,价格会上升;花椒还可以进行深加工,作花椒油,市场的需求量也很大;花椒还是很好的工业原料,可以作肥皂,其前景可观;花椒还有很高的药用价值。从国外来讲,也有很大的产品出口市场,我国花椒主要出口日本、新加坡、马来西亚。因为花椒是中国特有的,所以从国际市场来说,潜力是很大的。因此,花椒的品种选择也是很重要的;进行花椒的深加工,还可以进一步开发花椒的各方面的用途,比如制作花椒精油等。花椒的种植发展前景看好。

2.2 作物与气象

2.2.1 气候生态适应性

2.2.1.1 生态特点与气候环境

花椒喜光,适宜温暖湿润及土层深厚肥沃壤土、沙壤土,萌蘖性强,耐寒,耐旱,抗病能力强,隐芽寿命长,故耐强修剪。不耐涝,短期积水可致死亡。光照充足产地的品质最佳。

花椒为多年生作物,在春季日平均气温 ≥0℃时树液开始流动,日平均气温稳定通过 5℃芽开放,气温达 8℃芽开放展叶,气温达 10℃、13℃、18℃时,分别进入现蕾期、开花期和着色期,气温升至 20℃时果实普遍着色成熟。

2.2.1.2 物候特征与气象指标

据甘肃省陇南市花椒物候观测,花椒从 3 月中旬开始芽开放,7 月中、下旬成熟,全生育期 140～170 d,≥5℃积温 1 900～2 700℃·d(表 2.1)。

表 2.1　花椒物候期特征与气象指标

地名	海拔高度(m)	项　目	芽开放	展叶	现蕾	开花	着色	成熟	全生育期
武都	1 079	出现日期(月-日)	03-12	03-22	03-25	04-06	05-24	07-20	—
		间隔日数(d)	34	10	3	12	48	57	164
		≥5℃积温(℃·d)	255.0	135.6	43.6	139.2	795.2	1 332.0	2 697.9
		平均气温(℃)	7.5	13.6	14.5	12.6	16.5	23.4	16.5
宕昌	1 753	出现日期(月-日)	04-03	04-19	04-26	05-10	07-02	07-30	—
		间隔日数(d)	25	16	7	14	53	28	143
		≥5℃积温(℃·d)	197.5	131.5	69.5	154.6	867.6	563.7	1 984.4
		平均气温(℃)	7.9	8.2	9.9	11.0	16.4	20.1	13.9

据 1990—1991 年定位观测资料分析(表 2.1),一般在 3 月中旬—4 月上旬,气温 7~8℃时花椒芽开放,时间 30 d 左右;气温 9~13℃时展叶,时间 15 d 左右;气温 10~14℃时现蕾,需要时间最短,为 5 d 左右;气温 11~13℃时开花,需要 13 d 左右;气温 16~17℃时着色,需要时间较长,为 50 d 左右;气温 20~23℃时成熟,需要 30~50 d 时间。全生育期 150~160 d,≥5℃积温为 2 000~2 600℃·d。从 9 个定位点物候期变化看出,发育期随海拔升高而推迟,统计分析表明,全生育期天数和≥5℃积温均随海拔升高而呈减小和下降趋势(表 2.2)。每升高 100 m,全生育期天数减少 4 d,≥5℃积温下降 106℃·d。文县、武都花椒一般在 5 月下旬气温 16~17℃时,果实膨大生长后 25~30 d 开始着色;当气温 20~23℃时,果实进入普遍着色期,需 30~40 d。整个着色期大约 60 d 左右,随后进入成熟期。

表 2.2　花椒全生育期天数和积温

地点	文县 白衣坝	武都 城南	舟曲 城郊	成县 北关	两当 城关	康县 城郊	礼县 城郊	西和 城郊	宕昌 牛家乡
海拔高度(m)	1 014	1 079	1 400	970	1 040	1 221	1 404	1 577	1 753
全生育期(d)	128	164	130	130	128	129	119	117	118
≥5℃积温(℃·d)	2 627	2 698	2 606	2 417	2 436	2 249	2 139	1 964	1 984

据秦安县农业局观测(1998—2007 年),萌芽至现蕾期间隔 16~20 d,≥0℃积温 252℃·d,日照时数 134 h。现蕾期到盛花期间隔 20~25 d,≥10℃积温 410℃·d,≥15℃积温 240℃·d,日照时数 1 650 h。果实膨大期 25~31 d,≥15℃积温 549℃·d,≥20℃积温 346℃·d,日照时数 2 112 h。

同一品种不同地域着色成熟期气象条件不同,其品质有显著差异(表 2.3)。总评分在 20 分以上的地区着色成熟期气温比较适宜且夜间温度较低,持续时间长,旬气温在 22~23℃;相对湿度较小,在 64%~70%;降水量适中,在 100~170 mm;日照较充足,日照时数在 300~350 h,多太阳散射光,有利于芳香油和麻味素的积累,椒皮鲜红、紫红,油腺多而密,颗粒匀细而大,香气浓郁,麻味重,品质最佳。

表2.3　花椒品质与气象条件

地点	着色成熟期				品质评定(5分制)					
	旬气温 (℃)	降水量 (mm)	相对湿度 (%)	日照时数 (h)	外表皮	内表皮	油腺	颗粒	气味	总评分
武都城南	23.4	157	67	348	紫红 4	铜黄 4	多、明显 4	较匀 4	浓 4	20
文县白衣坝	23.4	171	67	330	紫红 4	铜黄 4	多、不匀 3	较匀 4	浓 4	19
武都洛塘	22.1	160	70	340	鲜红 5	金黄 5	多、密 5	细匀 5	浓香 5	25
舟曲城郊	22.7	102	64	303	紫红 4	铜黄 4	多、明显 4	较匀 4	浓 4	20
礼县城郊	21.3	49	72	162	棕红 3	浅黄 3	较多 2	匀 3	较浓 3	14
西和城郊	19.7	68	78	163	淡红 2	白黄 2	多、不匀 3	稍匀 2	略淡 2	11
康县城郊	21.6	136	79	194	淡红 2	灰黄 1	少、不显 1	稍匀 2	淡 1	7
宕昌牛家乡	16.7	46	80	155	褐红 1	灰黄 1	少、不显 1	不匀 1	淡 1	5

陇南花椒品质检验表明,武都、文县等地7月份平均气温高,夜间温度(用最低气温表示)低,花椒生长比较好,果皮颜色鲜红、气味较浓。

2.2.1.3　产量与气象

以天水市秦安县花椒历年产量与当地气象因子关系相关分析得出,影响花椒产量的主要气象因子为:冬季平均最低气温,开花盛期的气温日较差、降水量、日照时数,落花期和果实膨大期的平均最低气温,成熟期前期的极端最高气温、降水量,成熟期后期的日平均最高气温及日平均气温(表2.4)。

表2.4　花椒各生育期气候因子与产量相关系数

生育期	日平均 最低气温	日平均 最高气温	日平均 气温	气温 日较差	极端最高 气温	极端最低 气温	降水量	日照时数
冬季(12月—翌年2月)	0.69**	0.36	−0.43	0.10	−0.10	0.48	0.01	−0.29
萌芽—开花期(4月)	0.52	0.40	0.41	0.10	−0.10	0.35	0.10	0.21
开花盛期 (4月底—5月上旬)	−0.18	0.47	0.32	0.56*	−0.16	−0.06	−0.60*	0.67**
落花期(5月中旬)	0.73**	0.21	0.45	−0.17	0.18	0.43	−0.14	−0.12
果实膨大期 (5月下旬—6月中旬)	0.62*	0.06	0.32	−0.32	−0.27	0.35	0.52	−0.29
果实成熟期前期(7月)	−0.60*	−0.66**	−0.60*	−0.53	−0.71**	−0.56*	−0.69**	−0.42
果实成熟期后期(8月)	−0.47	−0.69**	−0.67**	−0.57*	−0.42	−0.22	−0.19	−0.19

注:*,** 分别为通过0.05,0.01显著性水平检验。

花椒果实重量与气象条件关系非常密切。从气候生态区类型看,同一品种以北亚热带半干旱区和温暖半湿润或半干旱区的产量最高。从气象条件看,热量丰富,全生育期≥5℃积温为2 600℃·d左右,降水量在200～250 mm之间;果实膨大期气温在19～20℃之间,相对湿度在 60% 左右,降水量在 50~100 mm 之间,日照时数在 300~350 h 之间,果实重量明显增大(表 2.5)。

表 2.5　花椒果实重量与气象条件

地点	气候生态区	全生育期			果实膨大生长期				果实重量(g/200 粒)		
		≥5℃积温(℃·d)	降水量(mm)	日照时数(h)	旬气温(℃)	降水量(mm)	相对湿度(%)	日照时数(h)	皮重	籽重	总重
武都城南	北亚热带半干旱	2 698	220	854	19.1	54	59	317	1.79	1.93	3.72
文县白衣坝	北亚热带半干旱	2 627	264	768	19.4	87	59	279	1.72	1.92	3.64
武都洛塘	温暖半湿润	2 600	225	854	19.0	55	67	348	1.73	1.95	3.68
舟曲城郊	温暖半干旱	2 606	218	908	19.3	103	61	374	1.74	1.91	3.65
礼县城郊	温和半湿润	2 139	262	823	18.2	156	66	455	1.68	1.77	3.45
西和城郊	温和半湿润	1 964	266	756	17.5	137	71	390	1.61	1.71	3.32
康县城郊	温暖湿润	2 249	427	802	18.8	236	72	452	1.59	1.78	3.37
宕昌牛家乡	温凉湿润	1 984	321	829	14.5	210	73	415	1.47	1.67	3.14

据观察,花椒开花后 20~25 d 结果实,一般在 4 月中下旬,气温 14~15℃时开始果实膨大生长;5 月份气温 18~19℃时,果实迅速生长达高峰期;6 月—7 月气温 20~23℃时为果实生长后期,增长较缓慢。果实生长期为 100 d 左右。

2.2.2　气候变化及其对花椒生产的影响

2.2.2.1　气温变化

随着全球气候变化,花椒主产区气候资源分布格局也发生了较大的变化,以武都为例,稳定通过 5℃平均日期为 3 月 5 日,全年≥5℃平均日数为 303 d,六阶多项式模拟结果显示($R=0.4285$):2000 年之前全年日数变化不大,2001—2007 年变幅较大,其中 2002 年延迟到 4 月 11 日,2007 年提前到 1 月 29 日,变暖趋势提前,花椒生育期也相应提前。在花椒主要生育期间,≥5℃积温平均为 2 863℃·d,倾向率为 165℃/10a(R[①]$=0.5310$),热量资源丰富,花椒生长期间气候资源比较充裕。

对 1980—2007 年武都冬季气温分析结果显示(图 2.1a),温度增幅为 0.597℃/10a($R=0.6725$),增加趋势显著,1984、1987 年分别成为极端冷冬年和极端暖冬年,20 世纪 80 年代中前期温度普遍较低,21 世纪初温度相对较高,近年来冬暖次数明显增多,导致花椒萌芽期提前,但抗寒能力却明显减弱。如果发生寒潮或低温冻害天气,则很容易造成产量下降甚至绝收。对 3—5 月冷空气影响程度统计表明,主产区 1980—1995 年低温冻害频次共 5 次,1996—2007 年却高达 8 次,且冻害程度明显加重,如 1998 年 3 月 19 日 24 h 降温 13.3℃,接着在 4 月 12 日 48 h 降温 10.1℃,连续降温使花椒嫩芽遭受到严重冻害,其冻害部位主要在

---

①　R 为相关系数,是衡量变量之间线性相关程度的指标。下同。

根茎、大枝杈、抽条、树干和花芽;2006 年 3 月 12 日 24 h 降温 10.1℃,最低温度为−2.7℃,冻害不仅会使产量受到严重影响,还会使各种病虫害乘虚而入,蔓延成灾。

2.2.2.2　降水量变化

开花期(4 月底—5 月上旬)降水量与产量的相关系数为 0.56,阴雨天气往往是灾害性的。其适宜指标是降水量<4.0 mm,日照时数>62 h。成熟期的另一主要影响因子是降水量,降水量相关系数为 0.69。

在花椒成熟期,降水是影响其产量的重要因素,对主产区 7 月份降水量分析表明(图 2.1b),降水呈波动性变化(R=0.430 6),1980—2000 年降水不断减少,1993 年为 184 mm,占历年降水量的 219%,1991、1997、2000 年,该时段降水量还不足 30 mm,仅占历年平均值 30%左右,干旱特征明显。如果指定该时段降水量≥20%为干旱,≥50%为特旱,统计显示,1980—2007 年间干旱频率为 43%,特旱频率为 18%,且 2000 年后干旱频率明显增多。虽然花椒抗旱性强,但严重干旱仍然会使叶片枯萎、果实萎缩,对花椒产量及其品质造成不利影响。

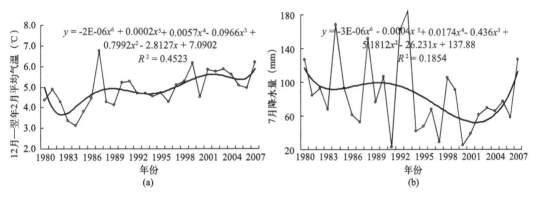

图 2.1　影响花椒产量的 12 月—翌年 2 月平均气温(a)与 7 月降水量(b)的变化

2.2.2.3　气候变化对其影响

受全球气候变暖影响,天水、陇南两市气温总体呈上升趋势,20 世纪 90 年代增温尤其明显,其中冬春季增温是年均温增加的主导因素。冬春季气温增高导致花椒越冬休眠差、萌芽开花期提前,抗寒能力减弱,增加了花椒越冬期和萌芽开花期发生霜冻害的风险。年降水量随时间变幅较大,增加了旱涝风险概率。20 世纪 90 年代以来 4—5 月关键期降水量有明显减少趋势,不利于花椒产量和品质提升。结合资料分析和生产实践调查,提出适当调整布局,抓好"避、抗、防、补"等系列化综合防御冻害措施,以及 4—5 月花椒需水关键期水分供应与补充措施。适应和缓解气候变化影响,促进花椒优质高产和种植效益提高。

2.2.3　气候生态适生种植区域

选取≥5℃积温和年干燥度为主要指标,着色成熟期平均气温和相对湿度为辅助指标,海拔高度和品质评定总分为参考指标,确定为气候生态区划综合指标体系,将主产地陇东南地区花椒种植区划分为 5 个区域(表 2.6)。

表 2.6　主产地花椒气候生态适生种植区划综合指标体系及种植分区

项目		Ⅰ最适宜种植区	Ⅱ适宜种植区	Ⅲ次适宜种植区	Ⅳ可种植区	Ⅴ不宜种植区
海拔高度(m)		800～1 200	1 200～1 500	1 500～1 800	1 800～2 000	＞2 000
≥5℃积温(℃·d)		4 000～6 000	3 500～4 000	3 000～3 500	2 700～3 000	＜2 700
年干燥度		1.6～2.0	1.2～1.6	0.9～1.2	0.7～0.9	＜0.7
着色成熟期	平均气温(℃)	21～24	19～21	17～19	15～17	＜15
	相对湿度(%)	60～70	70～75	75～80	80～85	＞85
品质评定总分		20～25	12～20	5～12	2～5	＜2
地域范围		位于白龙江沿岸海拔1 200 m以下的浅山河谷地区。武都、文县、舟曲沿白龙江和白水江的河谷地带以及北道个别乡镇	包括白龙江沿岸海拔1 200～1 500 m的低半山地带。武都、文县、礼县、西和、成县、康县的平洛沿西汉水流域和宕昌的甘江头等浅山河坝地带以及北道个别乡镇	包括东南部洛塘下山区海拔1 300 m以下及甘泉河海拔1 800 m以上的高半山地带。武都、文县、西和、成县、康县大部;礼县、两当、甘谷的部分乡镇	包括东北部及下山区海拔1 800 m以上的高半山地带。宕昌、礼县、西和、成县、徽县、两当、康县、北道、秦城、武山、甘谷、秦安、清水、张家川等地的大部;武都、文县个别乡镇	包括北亚热带湿润的高寒阴湿山区除前4区以外的地带
分区评述		属北亚热带半干旱干热河谷和温暖半湿润气候区。热量丰富,湿度适宜,水分适中,病虫害少,产量高品质优。个别年干旱造成落花落果而减产	属温暖半干旱和半湿润气候区。热量较丰富,湿度和水分较适宜。商品价值较高。花蕾期易受晚霜冻危害;水土流失严重,干旱时有发生	属温暖湿润区和温和半湿润气候区。气温较适宜,湿度较大,降水较多,日照较少。生长中后期气象条件不较适宜,品质较差,商品价值较低	属温和或温凉的湿润或半湿润气候区。气温偏低,湿度大,降水偏多,日照不足。生长中后期气象条件不能满足要求,品质很差,商品价值很低	高温阴湿与花椒喜光照,喜干燥气候习性相悖,高寒地区温度低,热量不足,冬季寒冷,不宜花椒生长,且结果少

2.3　栽培管理技术

2.3.1　播种与苗期管理

(1)种子处理。花椒种壳坚硬,油质多,不透水,发芽比较困难,播种前首先要进行脱脂处理和储藏。秋播,将种子放在碱水中浸泡,1 kg 种子用碱面 0.025 kg,加水以淹没种子为度,除去空秕粒,浸泡 2 d,搓洗种皮油脂,捞出后用清水冲净即可播种。春播,可采用层积沙藏、牛粪拌种、马粪混堆或小窖储藏等几种方法处理种子。层积沙藏即常规处理方法;牛粪拌种即用新鲜牛粪 6 份与花椒种子 1 份,混合均匀,埋入深 30 cm 的坑内冬藏,在春播前取出打碎,连同牛粪一起播种;马粪混堆在 3 月中旬—4 月中旬,将水选的花椒种子与 3 份马粪混放于阳光下堆放,翻动露白后播种;小窖储藏即挖窖灌水冬藏。

(2)播种。播种分春播和秋播。春旱地区,在秋季土壤封冻前播种为好,出苗整齐,比春播早出苗 10～15 d;春播时间一般在"春分"前后。每亩播种 25 kg。小畦育苗可用开沟条播,每畦 4 行,行距 20 cm,沟深 5 cm,覆土 1 cm,每亩播种 4～6 kg,播后床面覆草保湿,出苗后分次揭去。也可采用培垄的方法育苗,秋播时,每隔 24～27 cm 开一条深 1 cm、宽 9 cm 的沟,种子均匀撒入沟内,播后将两边的土培于沟上。开春后,及时检查种子发芽情况,如见少数种子裂口,即将覆土刮去一部分,保留 2～3 cm,过 5～7 d,种子大部分裂口再刮去部分覆土,保持覆土厚 1 cm 左右,这样幼苗很快就会出齐。如春播经过催芽的种子,播后 4～5 d 幼苗即可出土,10 d 左右出齐。此法适用于易遭春旱的地区。

(3)苗期管理。苗高 4～5 cm 时间苗定苗,保持苗距 10～15 cm。苗木生长期间可于 6～7 月每亩①分别施入人粪尿 3 000～4 500 kg,或化肥 10～25 kg,施肥要与灌水相结合,施后及时中耕除草。花椒苗最怕涝,雨季到来时,苗圃要做好防涝排水工作。一年生苗高 70～100 cm,即可出圃造林。

2.3.2 嫁接

(1)砧木苗培育。8 月中下旬—9 月底采集充分成熟的野花椒种子,采回后摊于通风干燥的室内,让其自然阴干,果皮裂口落出种子后,将种子置于 30% 的碱水中浸泡 24 h,并用手反复搓洗,去掉油脂,再用清水冲洗干净,然后用 2% 的高锰酸钾拌种消毒。11 月上中旬,选择土壤松、肥、潮的地块作苗床播种,播前施足土杂肥,做成宽 1 m、高 30 cm 的畦,开沟条播,每畦 4 行。播后用细筛筛上一层 2 cm 厚的土杂肥盖种,并覆草保湿。春季出苗时,及时解除覆盖物,苗高达 10 cm 时按株距 10 cm 定苗,每亩约 2 万株,以后结合除草、施肥、抹芽、促使芽苗生长健壮。

(2)嫁接前准备。选择生长健壮、无病害、基径在 0.5 cm 以上的实生苗作为砧木。实践证明,砧木越粗,嫁接成活率越高。此外,还要抹除距地面 10 cm 以内的叶刺,便于操作。剪取品种优良、无病虫害、芽体充实、粗度在 0.4～0.6 cm 的一年生枝条作接穗。采回剔除叶刺后,用湿麻袋包裹,并及时洒水保持湿润,以备用。也可随采随接。

(3)嫁接。惊蛰前后,部分砧木叶芽萌动时为最佳嫁接时期。主要采用单芽枝腹接。

具体操作步骤:择砧木距地面 5～6 cm 光滑处向下平削一刀,稍带木质部,长约 2 cm,留 0.5 cm 的皮层将上半部皮层削去。在接芽的侧面成 45° 的角削断接穗,再在背面削一长

---

① 1 亩＝0.0667 hm²,下同。

2 cm 的长削面,并用枝剪在芽体的上方 0.5 cm 处剪断接穗取下接芽,迅速将接芽插入砧木切口内,对齐形成层,用薄膜绑紧即可。

(4)嫁接后管理。嫁接后 25～30 d,接芽即可萌发,此时用嫁接刀挑破薄膜露出接芽,让其自然生长,然后再距接芽上方 1 cm 处,分 2～3 次剪砧。其他的管理还包括除萌、除草、施肥、防治病虫等工作。当年秋季即可出圃定植。

2.3.3 苗期管理

花椒果子定植是关键,以芽刚开始萌动时栽植成活率最高,栽后应浇透水,生长季节追肥 2～3 次,干旱时并结合浇水。

(1)秋季水肥管理。花椒树进入 7 月份后应停止追施氮肥,以防后季疯长。同时基肥应尽早于 9—10 月份施入,有利于提高树体的营养水平。

(2)修剪。以修剪控制树体旺长,9—10 月份对直立旺枝采取"拉、别和摘心"等措施来削弱旺枝的长势,控制旺树效果明显,并适时喷施"护树将军"保温防冻,阻碍病菌着落于树体繁衍,同时可提高树体的抗寒能力。

(3)施肥。在 7—8 月份可施硫酸钾等速效钾肥;叶面喷施光合微肥、氨基酸螯合肥等高效微肥加新高脂膜 800 倍液,以提高树体的光合能力。在 9—10 月份叶面喷施 0.5% 的磷酸二氢钾＋0.5% 尿素混合液加新高脂膜 800 倍稀释液喷施,每隔 7～10 d 连喷 2～3 次,可有效地提高树体营养储备和抗寒能力。

(4)越冬管理。采用主干培土和幼苗整株培土的有效防护措施,加强对树体保护;在主干涂抹护树将军保温防冻或进行树干涂白保护,用生石灰 5 份＋硫黄 0.5 份＋食盐 2 份＋植物油 0.1 份＋水 20 份配制成防护剂进行树体涂干。喷洒防冻剂,在越冬期间对树体喷洒防冻剂 1%～1.25% 的溶液,可有效防止树枝的冻害。

2.3.4 栽培方法

(1)园地选择。花椒植株较小,根系分布浅,适应性强,可充分利用荒山、荒地、路旁、地边、房前屋后等空闲上地栽植花椒。山顶、地势低洼、风口、土层薄、岩石裸露处或重黏土上不宜栽植。

(2)整地。在平地建立丰产园地,可采取全园整地,深翻 30～50 cm,翻前施足基肥,每亩施 4～5 t,耙平耙细,栽植点挖成 1 m 见方的大坑;在平缓的山坡上建立丰产园时,可按等高线修成水平梯田或反坡梯田;在地埂、地边等处栽植时,可挖成直径 60 cm 或 80 cm 的大坑,带状栽植无论哪种栽植坑,在回填时,还应混入 20～25 kg 左右的有机肥。在丘陵山地整地,必须坚持做好水土保持工作。

(3)栽植形式。地埂栽植:充分利用山区、丘陵的坡台田和梯田地埂栽植花椒,株距 3 m 左右。纯花椒园:营造纯花椒园,如在平川地栽植,行距 3 m,株距 2 m;在山地栽植,按照梯田的宽窄确定株行距,复杂的山地,可围山栽植。椒林混交:花椒可以和其他生长缓慢的树木混合栽植,如栽核桃、板栗,可在株间夹栽一两株花椒,也可隔行混栽。营生篱:用花椒营造生篱,栽植的密度要比其他形式的密度大,行距 30～40 cm,株距 20 cm,可三角形配置,栽成 2 行或 3 行。

2.4 提高气候生态资源利用率的途径

2.4.1 建立优质商品生产基地,合理布局花椒种植品种

在北亚热带和暖温带的半干旱和半湿润气候区的最适宜和适宜种植区内建立优质花椒商品生产基地,选择距河坝相对高度 100～600 m 的浅山地带开辟椒园,种植优质花椒,开发深加工产品。在浅山河坝区(距河坝 100 m 以下)宜栽二红椒;距河坝 100～300 m 的逆温暖层和旱山腰的低山区宜栽种喜干热耐旱的大红袍;在距河坝 300～600 m 的暖温半湿润中山区宜栽梅花椒和秦椒;在温和、温凉的湿润区或半湿润区可选择八月椒品种。

2.4.2 提高栽培管理技术,培育高产优质产品

根据气候相似性原理,引进花椒优良品质,提高陇东南地区花椒产量及质量。选择土层疏松深厚的沙壤土或壤土于春季栽种,达到成活率高,生长健壮的目的。因地制宜选择不同栽植方式,新开发的荒山荒坡,要整修成台地和条田,建立大型花椒园栽植区;小块土地可实行粮椒或菜椒间作,实行立体种植,合理利用资源;在土地少的山区利用路边地埂、房前屋后实行"锁边"种植,既不与粮争地,又充分利用土地资源,减少水土流失,增加收益。花椒是一种喜光性树种,根据不同熟性品种整修不同树型结构,中早熟种的大红袍和六月椒最佳树形为多主枝丛状形,其优点是成形快、树冠大、结果早,通风透光好,单株产量高;晚熟种的秦椒和七月椒宜自然开心树形,其优点是树冠开心,光照条件好,结果主体化,可提高单株产量。采摘时间宜选择在晴天露水干后进行,摘后采用晾晒法干制,先摊晾 1 d,再移到太阳下晒干品质最佳。

2.4.3 扩大花椒栽种面积

椒树由于早期产量较低,短期效益不明显,而不易被人们普遍接受,影响了花椒的种植发展。因此,在最适宜和适宜种植区,应扩大花椒种植面积,尤其是在坡地退耕之后,从长远利益出发,花椒树应作为首要考虑树种之一,有计划地进行栽种。

第3章 百 合

百合(*Lilium lancifolium*)是多种植物鳞茎的鳞叶,属百合科多年生宿根植物。

3.1 基本生产概况

3.1.1 作用与用途

百合在欧美各国主要作为花卉栽培,而我国栽培百合主要采收其鳞茎作为食用或药用。百合营养丰富,经济价值高。百合鳞茎含秋水仙碱等多种生物碱及淀粉、蛋白质、脂肪等。据测定,鲜百合含蛋白质 3.36%、蔗糖 10.39%、还原糖 3%、粗纤维 0.86%、脂肪 0.18% 及磷、钙、维生素 B1、B2 等营养物质。食用百合具有悠久的历史,是一种药用价值很高的中药药材,中医认为,百合性微寒平,不但清火、润肺、止咳,还能起到清心安神的作用。据药理实验分析结果认为:兰州百合丰富的锌元素可调节人体机理平衡,增强人体免疫力,对肝癌、肺癌等病都有一定的抑制作用。其花、鳞状茎均可入药,是一种药食兼用的花卉。

百合花主要用来观赏,因为被赋予"百年好合""百事合意"之意,中国人自古视其为婚礼必不可少的吉祥花卉。

3.1.2 分布区域与种植面积

百合原产亚洲东部的温带地区,在中国、日本及朝鲜野生百合分布甚广。我国是野生百合资源分布最广的国家,从云贵高原到长白山区,到处都有它的踪迹,遍及南北 26 个省、自治区,垂直分布在海拔 200~3 200 m 之间。中国百合的主要产区有湖南邵阳,江苏南京、宜兴,江西万载,浙江湖州,山东莱阳,甘肃兰州等。

我国是野生百合资源最多的国家,也是百合栽培开发利用最早的国家,历史非常悠久,早在 1 400 多年前,百合就有庭园栽培。在甘肃省临洮府志和平凉县志中记载,兰州栽培百合的历史从引种到现在约有 500 多年。经统计,2013 年甘肃省种植面积达6 667 hm²,总产量达 3 500 万 kg。70% 面积集中在兰州市,平均单产为 5 250 kg/hm²,最高达 30 000 kg/hm²。

3.1.3　产量品质与发展前景

兰州百合是传统名特优出口商品和宝贵生物资源。我国著名植物分类学专家孔宪武教授评价："兰州百合味极甜美、纤维很少，又毫无苦味，不但闻名全国，亦可称世界第一。"色泽洁白如玉、肉质肥厚香甜。其品质闻名于天下，故有"兰州百合甲天下"美誉。

近年来，兰州百合走上了产业化的道路。作为农业产业化发展的重点项目，农村经济的重要支柱，在各级政府高度重视和大力支持下，百合种植显示出强劲的发展势头。销售渠道畅通、前景十分看好。

为了进一步提高百合品质，全面贯彻落实种植无公害农产品生产行动计划，在技术监督局的监督指导下，规范农户种植标准，加强田间管理，建成省级无公害百合标准化生产示范基地，从而为百合产业化发展奠定了基础。

充分利用百合资源优势，明确提出"布局合理化、生产基地化、经营一体化、管理规范化、服务社会化、产品名牌化、品质无公害化"的发展思路。并以市场为导向，进一步完善了"公司＋基地＋协会＋农户"的运营机制，走集团化经营之路。目前，共有百合加工户157家，年加工量1 000万kg左右，其中年加工量在50万kg以上的12户。百合产品以真空鲜百合、百合干为主，此外，还研发了百合粉、百合含片、百合营养麦片、百合饮料等深加工系列产品。年产值近2亿元。百合主产品主要销往广州、上海、北京等国内外大中城市，还有部分产品远销美国、日本、韩国、东南亚等国家和地区。保证百合常年加工，已修建大小冷库43座，库容量达1 000万kg。基本形成了种植、储藏、加工、销售一条龙的产业格局。

3.2　作物与气象

3.2.1　气候生态适应性

3.2.1.1　生态特点与气候环境

百合具有喜温凉、昼夜温差大、光照充足、耐旱、适宜旱作栽培的特点。

百合地上部茎叶不耐霜冻，秋季早霜来临前即枯死，地下鳞茎耐-10℃低温。早春平均温度达10℃以上时，顶芽开始活动，14～16℃时出土。幼苗出土后不耐霜冻，如气温低于10℃，生长受抑制。连续高于33℃时，茎叶枯黄死亡。高温地区生长不良。

喜半荫，耐荫性较强。各生育期对光照要求不同，前期和中期喜光照，尤其是现蕾开花期。如光线过弱，花蕾易脱落，但怕高温强光照。百合为长日照植物，延长日照能提前开花，日照不足或缩短，则延迟开花。

喜干燥，怕涝。整个生长期土壤湿度不能过高，雨后积水，应及时排除，否则鳞茎因缺氧容易腐烂，导致植株枯死。尤其高温高湿，危害更大，常造成植株枯黄和病害严重发生。对空气湿度反应不敏感，所以在南方大气湿润和北方大气干燥的条件下，均能正常生长发育。

喜肥沃深厚的沙质土壤。在沙质壤土中,鳞茎生长迅速,肥大、色白。黏重壤土,通气排水不良,鳞片抱和紧密,个体小,产量低,不宜栽培。据测定,土壤中氧气含量低于5%时,其根系停止生长。土壤 pH 值 5.7～6.3 为宜。百合比较耐肥,需要较多的肥料,在土壤的各种营养元素中,吸收数量较多的是氮、磷、钾,其次为钙、镁、硫、铁、硼、锰、铜、锌等。

3.2.1.2　物候特征与气象指标

百合对热量要求并不太严格,适应性较广。经试验分析,生育期适宜平均气温为6～8℃,≥0℃积温为 2 350～3 000℃·d,无霜期≥120 d;耕作层 15 cm 地温 5℃时发芽,14℃普遍出苗;5—6 月平均气温在 13～16℃时生长快,7 月花期适宜平均气温为 20℃左右,8—9 月鳞茎膨大期适宜平均气温 16～24℃,地下茎在 -8℃时能安全越冬。

经试验,百合需水关键期在花期至鳞茎膨大期,从 6 月中旬—8 月上旬需水量在 200～300 mm,年降水量在 450 mm 左右,就能满足要求。在生育期内土壤湿度不宜过大,12%～15% 较适宜。如土壤有积水或湿度过大,易造成鳞茎腐烂。

3.2.2　气候变化及其对百合生产的影响

当春季温度达到 10℃时,百合顶芽开始活动,兰州地区稳定通过 10℃的平均日期为 4 月 29 日,如果指定超过平均日期 ±5 d 为春季异常气候,1980—2007 年间有 8 年为暖春,10 年为冷春,其中稳定通过 10℃的平均日期 1982、1988、1993 年为 5 月 14 日,1992、1998 年为 4 月 13 日。当春季回暖较早时受低温、霜冻的侵袭,百合幼苗生长会受到抑制,如 1993 年和 1999 年的霜冻过程。

随着气候变暖,兰州地区≥0℃积温增加趋势显著,倾向率为 182.5℃/10a($R=0.715$),热量资源足以满足百合生长所需。百合在生长前期和中期很喜光照,尤其是现蕾开花期,兰州地区 4—8 月平均日照时数为 1 182 h,用六阶多项式模拟显示(图 3.1a),1985—2000 年日照时数增加趋势明显,1980—1985 年以及 2000—2007 年减少显著;同时极端最高气温在 20 世纪 90 年代中期到 21 世纪初期迅速增加,2000 年最高温度 39.8℃,持续高温使百合茎叶枯黄死亡,尤其在 7—8 月生长旺盛期,高温会使其生育状态受到严重抑制。

在 6—8 月水分保障的关键时段(图 3.1b),20 世纪 90 年代中期之前主产区降水量基本持续增加,降水相对充裕,1994 年达到 268.6 mm,此后降水呈减少趋势,2006 年只有 50 mm,还不足历年平均值的 30%,严重制约了"雨养农"为主的百合生产,2007 年降水有所增加。在关键生育期内,降水减少和光照不足将对百合生长和品质带来不利影响,需要加强田间小气候环境的改善。

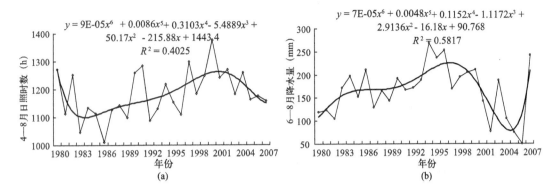

图 3.1　百合生育时段 4—8 月日照时数(a)与 6—8 月降水量(b)的变化

3.2.3　气候生态适生种植区域

通过以上分析和调研考察,选取年≥0℃积温、无霜期和花期至鳞茎膨大期(6月中旬—8月上旬)降水量作为主导指标,平均产量作为辅助指标,确定百合气候生态适生种植区划综合指标体系,根据气候相似原理和主导指标叠加结果,结合辅助指标将主产区划分为5个区域(表3.1)。划区结果与实地考察情况完全吻合。

表 3.1　百合气候生态适生种植区划综合指标体系及种植分区

项目	Ⅰ最适宜种植区	Ⅱ适宜种植区		Ⅲ次适宜种植区		Ⅳ可种植区		Ⅴ不宜种植区	
≥0℃积温 (℃·d)	2 550~2 850	850~3 000	2 350~2 550	3 000~3 150	2 050~2 350	3 150~3 300	1 900~2 050	>3 300	<1 900
无霜期(d)	120~130	130~135	110~120	135~140	100~110	140~145	90~100	>145	<90
关键期 降水量(mm)	300~330	250~300	330~350	200~250	350~380	150~200	380~400	<150	>400
海拔高度(m)	2 000~2 200	1 900~2 000	2 200~2 300	1 800~1 900	2 300~2 500	1 700~1 800 (阴坡)	2 500~2 600	<1 700	>2 600
产量(kg/hm²)	20 000~25 000	15 000~20 000		13 000~15 000		10 000~13 000		<10 000	
地域范围	兰州的西果园、魏岭、黄峪、花寨子、湖滩;榆中的银山、兰山、兴隆山	兰州的西果园、魏岭、黄峪、花寨子、湖滩、阿干镇、金沟;榆中县的银山、兰山、兴隆山、马坡、上庄、新营、城关、小康营;临洮县的何家山、马家山		兰州的西果园、黄峪、阿干镇、彭家坪、金沟、新城、皋兰山;榆中县的银山、兰山、马坡、上庄、三角城、中连、龙泉;永登县的连城、河桥、大有、民乐;临洮县的何家山、马家山		兰州的彭家坪、花寨子、金沟、新城;榆中县的三角城、中连、龙泉、连塔、和平、哈砚、来紫堡、梁坪、甘草、定远、贡井、夏官营、高崖;永登县的通远;皋兰县的西岔、黑石;临洮县的何家山、中铺、五户、上梁、改河、上营、云谷、峡口、站滩;定西市的称沟、符川;永靖县的关山、陈井		—	

续表

项目	Ⅰ最适宜种植区	Ⅱ适宜种植区	Ⅲ次适宜种植区	Ⅳ可种植区	Ⅴ不宜种植区
分区评述	本区属山区二腰山坡地，气候冷凉湿润，土层肥厚疏松。关键期的花期（7月）、鳞茎膨大期（8月—9月中旬）气温适宜，降水较多	本区由最适宜区上升或下降100 m的两层山坡地带，气候向寒冷湿润和冷凉半湿润过渡，土层肥厚疏松。关键期气温、降水适宜	本区由适宜层带继续上升或下降100～200 m。上层热量略欠、无霜期较短，下层温度略高、水分略欠，土质略差，产量和品质不稳定	本区属高山坡和浅山、沟壑、坪台地带，气候向高寒阴湿和温和半干旱过渡。热量欠缺，冻害明显，百合鳞茎小，产量低；下层气温偏高，水分欠缺，土质差，品质差	本区属高寒阴湿和温和半干旱、干旱高山、坪川地区，过冷、过热是百合不宜生长的主要因素

3.3　栽培管理技术

3.3.1　选地整地

应选择土壤肥沃、地势高爽、排水良好、土质疏松的沙壤土栽培。前茬以豆类、瓜类或蔬菜地为好，每亩施有机肥 3 000～4 000 kg（或复合肥 100 kg）作基肥。每亩施 50～60 kg 石灰（或 50％地亚农 0.6 kg）进行土壤消毒。整地精细，做高畦，宽幅栽培，畦面中间略隆起利于雨后排水。

3.3.2　繁殖方法

目前生产上一般采用无性繁殖。主要有鳞片繁殖、小鳞茎繁殖和珠芽繁殖 3 种方法。

3.3.2.1　鳞片繁殖

秋季，选健壮无病、肥大的鳞片在 1∶500 的苯菌灵或克菌丹水溶液中浸 30 min，取出后阴干，基部向下，将 1/3～2/3 鳞片插入有肥沃沙壤土的苗床中，密度（3～4）cm×15 cm，盖草遮阴保湿。约 20 d 后，鳞片下端切口处便会形成 1～2 个小鳞茎。培育 2～3 a 鳞茎可重达50 g，每亩约需种鳞片 100 kg，能种植大田 1 hm² 左右。

3.3.2.2　小鳞茎繁殖

百合老鳞茎的茎轴上能长出多个新生的小鳞茎，收集无病植株上的小鳞茎，消毒后按行株距 25 cm ×6 cm 播种。经一年的培养，一部分可达种球标准（50 g），较小者，继续培养1 a 再作种用。

3.3.2.3　珠芽繁殖

珠芽于夏季成熟后采收,收后与湿润细沙混合,储藏在阴凉通风处。当年 9—10 月,在苗床上按 12～15 cm 行距、深 3～4 cm 播珠芽,覆 3 cm 细土,盖草。

3.3.3　种植方法

主要用子鳞茎繁殖。采收时选根系发达、个大、鳞片抱合紧密、色白形正、无损伤、无病虫的子鳞茎作种。并用药剂消毒,可用农用链霉素浸种 30 min,喷 800～1 000 倍多菌灵闷 30 min,或用 2%福尔马林浸 15 min,晾干后下种。百合的栽种季节以农历 9—10 月最适宜。此时栽种,可以充分利用冬前有效温度,促进主根的生长,有利于其早春出苗。种植时,开浅穴(13 cm)栽种,一般行距 25～30 cm 或依据实际种植地情况增大至 40 cm,株距 17～20 cm,盖土 7～10 cm。再把种肥土杂灰堆在株间,把腐熟栏肥铺在畦面上。再盖一层落叶或稻草防冻保湿。每亩 1～1.5 万株,用种量为 150～250 kg。

3.3.4　田间管理

3.3.4.1　前期管理

春季出苗前松土锄草,提高地温,促苗早发;盖草保墒。消灭杂草和防大雨冲刷,并不让表土板结。夏季应防高温引起的腐烂;天凉又要保温,防霜冻,并施提苗肥,促进百合的生长。一般下种至出土,中耕 2～3 次。到生长中期再松土 2～3 次,以疏松土壤,清除杂草,并结合培土,防止鳞茎裸露。

3.3.4.2　中、后期管理

一是清沟排水。百合最怕水涝,应经常清沟排水,做到雨停土壤渍水干。二是适时打顶,春季百合发芽时应保留其一壮芽,其余除去,以免引起鳞茎分裂。在小满前后,当苗高长至 27～33 cm 时,及时摘顶,控制地上部分生长,以集中养分促进地下鳞茎生长。对有珠芽的品种,如不打算用珠芽繁殖,应于芒种前后及时摘除,结合夏季摘花,以减少鳞茎养分消耗。最适时机是:当花蕾由直立转向低垂时,颜色由全青转为向阳面出现桃红色时,时间是 6 月份。三是打顶后控制施氮肥。以促进幼鳞茎迅速肥大。夏至前后应及时摘除珠芽、清理沟墒,以降低田间温、湿度。

3.3.4.3　追肥

第 1 次是稳施腊肥,1 月份,立春前,百合苗未出土时,结合中耕亩施人粪尿 1 000 kg 左右,促发根壮根。第 2 次是重施壮苗肥,在 4 月上旬,当百合苗高 10～20 cm 时,每亩施人畜粪水 500 kg、发酵腐熟饼肥 150～250 kg、进中复合肥 10～15 kg,促壮苗。第 3 次是适施壮片肥,小满后于 6 月上中旬,开花、打顶后每亩施尿素 15 kg、钾肥 10 kg,促鳞片肥大。同时在叶面喷施 0.2%的磷酸二氢钾。注意此次追肥要在采挖前 40～50 d 完成。秋季套种的冬菜收获后,结合松土施一次粪肥;待春季出苗后,再看苗追施粪肥 1～2 次,促早发壮苗,一般每次亩施稀薄人粪水 30～40 挑,磷肥 10～15 kg。

3.3.5 病害防治

常见病害有绵腐、立枯、病毒、叶枯、黑茎病。

防治:做好种球消毒;轮作换茬;清沟沥水;清除杂草;增施磷钾肥,拔除病株烧毁,用多菌灵、托布津、代森锌喷淋 3～4 次。

3.3.5.1 百合疫病

疫病是常见病害之一,多雨年份发生重,造成茎叶腐败,严重影响鳞茎产量。病菌可侵害茎叶、花和鳞片。茎基部被害后成水渍状缢缩,导致全株迅速枯萎死亡。叶片发病,病斑水渍状,淡褐色,呈不规则大斑。发病严重时,花、花梗和鳞片均可被害,造成病部变色腐败。

防治方法:实行轮作;选择排水良好土壤疏松的地块栽培或采用高厢深沟或超垄栽培,要求畦面要平,以利水系排除;种前种球用 1∶500 的福美双或用 40% 的甲醛加水 50 倍浸种 15 min;加强田间管理,注意开沟排水;采用配方施肥技术,适当增施磷钾肥料,提高抗病力,使幼苗生长健壮;出苗前喷 1∶2∶200 波尔多液一次,出苗后喷 50% 多菌灵 800 倍液 2～3 次,保护幼苗;发病初期喷洒 40% 三乙磷酸铝可湿性粉剂 250 倍液或 58% 甲霜灵、锰锌可湿性粉剂、64% 杀毒矾可湿性粉剂 500 倍液、72% 杜邦克露可湿性粉剂 800 倍液。发病后及时拔除病株,集中烧毁或深埋,病区用 50% 石灰乳处理。

3.3.5.2 病毒病

受害植株表现为叶片变黄或发生黄色斑点、黄色条斑,急性落叶,植株生长不良,发生萎缩。花蕾萎黄不能开放,严重者植株枯萎死亡。

防治方法:选育抗病品种或无病鳞茎繁殖,有条件的应设立无病留种地,发现病株及时清除;加强田间管理,适当增施磷肥、钾肥,使植株生长健壮,增强抗病能力;生长期及时喷洒 10% 吡虫可湿性粉剂 1 500 倍液或 50% 抗蚜威超微可湿粉剂 2 000 倍液,挖治传毒蚜虫,减少病虫传播蔓延。发病初期喷洒 20% 毒克星可湿性粉剂 500～600 倍液或 0.5% 抗毒剂 1 号水剂 500 倍液,隔 7～10 d 喷 1 次,连喷 3 次。

3.3.5.3 灰霉病

防治办法:选用健康无病鳞茎进行繁殖,田间或温室要通风透光,避免栽植过密,促植株健壮,增加抗病力。冬季或收获后及时清除病残株并烧毁,及时摘除病叶,清除病花,以减少菌源。发病初期开始喷洒 30% 碱式硫酸铜悬浮剂 400 倍液或 36% 甲基硫菌灵悬浮剂 500 倍液,60% 防霉宝 2 号水溶性粉剂 700～800 倍液,50% 速克灵可湿性粉剂 2000 倍液,50% 扑海因可湿性粉剂 1 000～1 500 倍液。为防止产生抗药性,应提倡合理轮换交替使用,采收前 3 d 停止用药。

3.3.5.4 细菌性软腐病

防治办法:选择排水良好的地块种植;必要时喷洒 30% 绿得宝悬浮剂 400 倍液或 47%

加瑞农可湿性粉剂 800 倍液、72％农用硫酸链霉素可溶性粉剂 4 000 倍液。

3.3.5.5 基腐病

防治办法：可施用腐熟的有机肥，以抑制土壤中有害微生物；合理轮作；及时清除病株；保持通风，避免高湿和过热；种球消毒，用 40％福尔马林 120 倍液浸种 35 h，防效明显。喷洒 36％甲基硫菌灵悬浮剂 500 倍液或 58％甲霜灵、锰锌可湿性粉剂 500 倍液或 60％防霉宝 2 号水溶液粉剂 800～1 000 倍液。

3.3.6 虫害防治

常见虫害有：蚜虫、金龟子幼虫、螨类。

蚜虫危害，常群集在嫩叶花蕾上吸取汁液，使植株萎缩，生长不良，开花结实受影响。

防治方法：清洁田园，铲除田间杂草，减少越冬虫口；发生期间喷杀灭菊酯 2 000 倍液，或 40％氧化乐果 1 500 倍液，或 50％马拉硫磷 1 000 倍液，蚜虱净，"大功臣"。金龟子幼虫可用马拉硫磷、锌硫磷防治。螨类可用杀螨剂防治。

3.3.7 收获与加工

定植后的翌年秋季，待地上部分完全枯萎，地下部分完全成熟后采收。龙芽百合一般在大暑前后（7 月下旬）选晴天采挖。收后，切除地上部分、须根和种子根，放在通风处储藏。加工可分为如下几步。

3.3.7.1 剥片

将鳞片分开，剥片时应把外鳞片、中鳞片和芯片分开，以免泡片时老嫩不一，难以掌握泡片时间，影响质量。

3.3.7.2 泡片

待水沸腾后，将鳞片放入锅内，及时翻动，5～10 min 后待鳞片边缘柔软、背部有微裂时迅速捞出，在清水中漂洗去黏液。每锅开水，一般可连续泡片 2～3 次。

3.3.7.3 晒片

将漂洗后的鳞片轻轻薄摊晒垫，使其分布均匀，待鳞片六成干时，再翻晒直至全干。以鳞片洁白完整，大而肥厚者为好。

3.4 提高气候生态资源利用率的途径

3.4.1 加快百合种植基地建设，走集团化经营之路

独特的气候生态环境造就了"兰州百合"独特的品质，在国内外市场享有很高声誉。在最适宜和适宜种植区确定为发展百合种植基地，以市场为导向，进一步完善公司＋基地＋协

会＋农户的运营机制。在海拔 1 700～1 900 m 黄河两侧坪台沟坝引黄提灌区,以及可种植区的浅山坪台地,由于春旱较重,可采取深耕土壤、改良土质,发挥科技优势,建立母籽繁殖基地,对发展山区经济、改变贫困面貌十分有利。

3.4.2　建立优质种球繁育基地,彻底解决品质退化问题

种植方面从繁育优质种球和无公害化种植入手,对百合种球进行提纯复壮。严格按照种植无公害农产品生产行动计划要求进行。选择适宜季节培育种球。用小鳞茎培育种球,在临冬和早春均可以播种,但该地区春旱经常发生而深秋雨水比较丰富,土壤墒情较好,因此,多宜采用临冬播种,次年出苗早、生长快。加强田间管理,使其由粗放向精细化方向发展,全面提升百合品质。

3.4.3　根据百合生长特点提高栽培管理技术

百合是多年生鳞茎植物,从小鳞到成品一般需要 6 a 左右。据观察,鳞茎生长至第 2 年为第 1 年的 4.5 倍,第 3 年为第 2 年的 9 倍,以后 3 年增重比例减小,但绝对值最高。由于周期长,要总结不同气候年型种植经验和栽培管理技术,如选择优质种球、合理密植、除草、及时打摘花蕾、防治病虫害等,结合高新技术推广,提高产量和品质。

第4章 黄花菜

黄花菜（*Hemerocallis fulva*、*Orange Daylily*）是萱草科萱草属植物，旧的克朗奎斯特分类法中属于百合科。别名有"忘忧草""金针菜""宜男草""疗愁""鹿箭"等。又因为花蕾和花蕊带有柠檬色，外国人称之为"柠檬萱草"。它是一种营养丰富、栽培管理方便、投入产出比高的传统经济作物，同时又是传统的出口商品。

4.1 基本生产概况

4.1.1 作用与用途

黄花菜能治头晕、耳鸣、心悸、腰痛、吐血、衄血、大肠下血、水肿、淋病、咽痛、乳痈。常吃黄花菜能滋润皮肤，增强皮肤的韧性和弹力，可使皮肤细嫩饱满、润滑柔软、皱褶减少、色斑消退。黄花菜有抗菌免疫功能，具有中轻度的消炎解毒功效，并在防止传染方面有一定的作用。除此之外，它还有健脑抗衰、降低血清胆固醇作用及清热、利湿、利尿、健胃消食、明目、安神、止血、通乳、消肿等功能。

黄花菜是重要的经济作物。它的花经过蒸、晒，加工成干菜，即金针菜或黄花菜，远销国内外，是很受欢迎的食品，还有健胃、利尿、消肿等功效；根可以酿酒；叶可以造纸和编织草垫。

4.1.2 分布区域与种植面积

截至 2005 年，全国黄花菜种植面积有近 5.52 万 hm^2，主要分布在甘肃、湖南、河南、四川、湖北、安徽等省。甘肃省的陇东地区产的黄花菜色泽亮黄、肉厚味醇、营养更为丰富，品种居全国同类产品之首，截至 2013 年种植面积 3.1 万 hm^2，占全国种植面积的 60%，产量已达 4 050 万 kg。

4.1.3 产量品质与发展前景

受黄土高原独特的气候条件和地理环境影响，甘肃庆阳黄花菜经加工后的干菜，条长色鲜，肉厚味醇，色泽黄亮，经济价值高，营养丰富，久煮不散，质量在全国名列前茅，多年来远销欧美、日本、新加坡、马来西亚、泰国、印度尼西亚等国和港澳地区。国家外贸部于 1984 年为其颁发了黄花菜出口产品《荣誉证书》。1990 年庆阳黄花菜被国家外贸部誉为"蓓蕾牌西北特级金针菜",1992 年荣获中国首届农业博览会银质奖,2001 年元月在甘肃省优质瓜果蔬菜展销会上被认定为名牌产品。庆阳市政府已规划建设规模化黄花菜基地,使其成为农村经济的支柱产业。消费者对产品反映良好,产品供不应求,逐步由沿海大中城市为主的国内消费拓展到以沿海城市为窗口的东南亚及欧美国际市场。

4.2　作物与气象

4.2.1　气候生态适应性

4.2.1.1　生态特点与气候环境

每年春天旬平均温度在 5℃ 以上时,幼叶开始生长,发出"春苗",15～20℃ 是叶片生长的最适温度,花蕾分化和生长适温为 28～33℃,且昼夜温差较大时,植株生长旺盛,抽薹粗壮,花蕾分化多。最高临界温度 40℃。冬季进入休眠期,地上部的叶片枯萎死亡,但地下部的根、茎可抵御 -38℃ 的低温。

黄花菜具有含水量较多的肉质根,耐旱力颇强,可在山坡上生长良好。它的需水规律是:在苗期需水量较少,抽薹后需土壤湿润,盛花期需水量最大。故在花期遇长期干旱,会使花蕾脱落,采摘期缩短,产量降低。

4.2.1.2　物候特征与气象指标

陇东黄花菜于每年的 4 月上旬开始进入春苗生长期,6 月中旬开始抽薹现蕾,7 月上旬进入开花期,9 月上旬冬苗生长开始,10 月下旬进入休眠,全生育期为 198 d 左右(表 4.1)。

表 4.1　陇东黄花菜物候期

生育期	春苗生长	抽薹现蕾	开花	冬苗生长	休眠
开始日期(月-日)	03-14	06-16	07-10	09-08	10-29
株高(cm)	4	35	93	20	—

黄花菜在春苗生长期,适宜温度为 10～15℃;开始抽薹至现蕾,适宜温度为 12～18℃;开花期适宜温度为 19～22℃。9 月上旬冬苗生长开始,10 月中下旬进入休眠。陇东黄花菜既能在炎热的夏季生蕾、开花、结实,又能在 -20℃ 以下的低温条件下安全越冬。从春苗生长至休眠整个生长期,需要 ≥0℃ 积温为 3 100～3 400℃·d,日照时数为 1 200～1 600 h,降水量为 400 mm 左右(表 4.2)。

表 4.2　陇东黄花菜生育期主要的气象要素

生育期	春苗生长	抽薹至现蕾	春苗生长至休眠
日照时数(h)	174.1	174.1	1 323
≥0℃ 积温(℃·d)	951.8	458.4	3 163
降水量(mm)	116.9	58.0	397

4.2.1.3　产量与气象

根据黄花菜的生理特点,一般年份陇东旱作农业区大部分地区日照、气温都不是影响其生长发育的主要因素。黄花菜的产量与整个生长期的降水量、土壤含水量存在着一定的关系,尤其受制于抽薹现蕾至开花期间的降水量及土壤含水量。此期间降水多,土壤含水丰富,养分、水分输送畅通,则花芽分化好,现蕾数多,采摘时间相对延长;反之则缩短。在生长旺盛期水分供应不及时,还会造成大量落蕾。如1989年5—7月的持续干旱,致使抽薹现蕾至开花期50 cm土层含水量只有约田间持水量的50%,落蕾率达76.4%,产量大幅降低。

黄花菜落蕾的高峰期一般在采摘的最盛期,即开始采摘的第10~15 d左右,此时段的落蕾数占整个采摘期落蕾量的60%~70%。这是因为采摘盛期,每天成熟花蕾多,需要消耗大量水分和养分,部分花蕾因缺水缺养分而萎黄脱落,如遇水分供应不畅,落蕾数还会更多。

陇东地区虽为甘肃省黄花菜主要产区,但各地产量高低不一且极不稳定,品质也优劣不等。除了不同地理、土壤因素外,其种植地域跨度大,各产区的小气候条件不同,也是影响其产量的主要因素。陇东地区的黄花菜产量主要受春苗生长期至开花末期(4月—8月上旬)温度、降水量及主要采摘期(6—7月)日照时数制约(表4.3)。

表4.3　陇东地区黄花菜产量与不同时段气象要素的相关系数

气象要素	4—8月上旬≥0℃积温	4—8月上旬降水量	6—7月日照时数
相关系数	0.6823**	0.7425**	0.6875**

注:** 为通过0.05显著性水平检验。

4.2.2　气候变化及其对黄花菜生产的影响

4.2.2.1　气温变化

近50年陇东地区≥0℃积温平均为3 645℃·d($SD^{①}=144$,$CV^{②}=4\%$),1961—2010年以65℃/10a($R=0.4354$,$P^{③}<0.001$)的线性趋势增加,突变年份出现在1994年(通过$\alpha=0.05$的信度检验),1961—1994年线性增加趋势为13.5℃/10a($R=0.0201$,$P>0.1$),1994—2010年线性增加趋势为45℃/10a($R=0.0541$,$P>0.1$)。≥0℃的日数平均为258 d($SD=9$,$CV=3\%$),线性增加趋势为3.2 d/10a($R=0.2789$,$P<0.05$)。突变年份出现在1987年,1961—1987年线性增加趋势为2.8 d/10a($R=0.1004$,$P>0.1$),1987—2010年线性增加趋势为3.1 d/10a($R=0.0606$,$P>0.1$)。20世纪80年代末及90年代初至21世纪头10年,≥0℃的积温及日数增幅较大。积温与日数的突变年份相差7 a。20世纪60年代到21世纪头10年,≥0℃积温增加了7%(273℃·d),≥0℃的日数增加了5%(13 d)(表4.4)。

---

① SD为标准差,反映一组数据的离散程度。下同。
② CV为变异系数,是标准差与平均数的比,也反映数据的离散程度。下同。
③ P为概率,统计学根据显著检验方法得到P值,一般以P<0.05为显著,P<0.01为非常显著。下同。

表 4.4　陇东地区 1961—2010 年各地≥0℃期间的积温年代际变率(℃/a)

站点	1961—1970 年	1971—1980 年	1981—1990 年	1991—2000 年	2001—2010 年
环县	27.1	−15.8	5.2	38.9	53.1
西峰	−3.8	0.5	16.9	49.3	53.1
平凉	−11.0	−6.9	13.3	41.4	39.4
静宁	−21.1	−18.0	10.4	41.4	20.7

在关键生育时段,主产地光照条件充裕,4—8 月累计积温 2 700～3 100℃·d,增幅为 66℃·d/10a,基本能保障黄花菜生长需求,因此,在陇东旱作地带光热资源基本适宜黄花菜的生长发育,其品质与产量的提升主要依赖于生育期水分供给,尤其是现蕾到开花期的降水。

4.2.2.2　降水量变化

近 50 a 陇东地区年均降水量的变化分为两个阶段(图 4.1),1960s 降水量稳定增加,倾向率为 15.6 mm/10a,而 1971—2010 年降水量表现出明显波动下降趋势,倾向率为 −13.4 mm/10a。1960s 年均降水量处于稳定期,1970—1980 年呈波动下降趋势,1980s 中期年均降水量开始普遍低于近 50 a 的平均值(530.9 mm),自 1990s 起显著下降,1995 年达到近 50 a 最低降水量(360.3 mm),2003 年达到最高降水量(735.2 mm),说明 1990s 以来降水的不稳定性增加,极端降水事件增多。

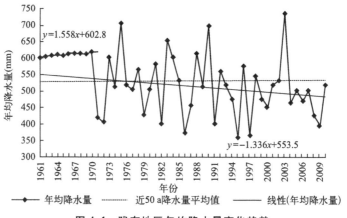

图 4.1　陇东地区年均降水量变化趋势

对 1980—2007 年黄花菜生育关键期 4—8 月降水量分析(图 4.2b),从平均值看,4—8 月降水量应该占全年 70% 才能满足关键生育期的需水量,但随着气候变暖,大气环流形势也在不断调整之中,该时段降水量以 17 mm/10a 的速度减少,2001 年、2007 年降水仅占全年 50% 和 55%,降水分布已远远不能保障关键时段的需求。如果指定≤历年平均值的 20% 为干旱条件,从图 4.2b 中看到,春旱发生频率为 43%,2000 年以来春旱占 75%,严重制约了苗期生长。伏旱也是影响雨养农区的气象灾害,分析发现伏旱占 46%,2000 年该时段降水只有 41.6 mm,仅占正常值的 39%,在抽薹—采蕾期,严重伏旱可以引起大量落蕾,产量下降,对黄花菜生长极为不利。

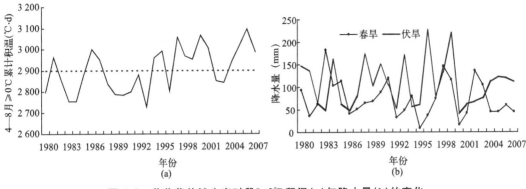

图4.2 黄花菜关键生育时段≥0℃积温(a)与降水量(b)的变化

4.2.2.3 气候变化对其影响

由于全球气候变化,陇东黄花菜主要出产地区自20世纪90年代以来,气候明显变暖变干,对黄花菜的单产水平有一定影响。但随着积温的升高,有利于适宜种植区域扩大,黄花菜总产量将会增加。光照的变化在适宜范围之内,对其生产没有大的影响。

4.2.3 气候生态适生种植区域

通过分析,选取4—8月上旬≥0℃积温、4—8月上旬降水量、6—7月日照时数区划指标,将主产地陇东地区黄花菜生态种植区划分为4个区域(表4.5)。

表4.5 主产地黄花菜气候生态适生种植区划综合指标体系及种植分区

项目	Ⅰ最适宜种植区	Ⅱ适宜种植区	Ⅲ次适宜种植区	Ⅳ可种植区
4—8月上旬 ≥0℃积温(℃·d)	2 200~2 450	2 150~2 200	2 000~2 150	≤2 000
4—8月上旬 降水量(mm)	280~320	220~280	200~220	>320
6—7月 日照时数(h)	>500	480~500	460~480	<460
产量(kg/hm²)	1 000~1 200	800~1 000	600~800	500~600
海拔高度(m)	1 000~1 200	1 200~1 400	1 400~1 500	1 500~1 700
地域范围	北缘为环县的演武、曲子等乡镇,华池的上里塬,正宁的西坡、三嘉;南缘为平凉崆峒山东麓的麻武、回麻及华亭的山寨、马峡、西华、上关等乡镇;西北与东南分别与宁夏、陕西二省(区)接壤,包括合水的固城、宁县的早胜、正宁的宫河等部分乡镇,庆阳、镇原、西峰的全部,平凉地区的泾川、灵台、崇信全部,平凉市的柳湖等,共约139个乡镇,1 809 km²	主要分布在环县的三角城、环城及华池的桥川等乡镇一线,南部与最适宜区相接,西部与宁夏相连,东部沿子午岭林区的林镇、山庄、紫坊畔等乡镇为一线。包括华池乔河等大部分乡镇,环县的木钵等部分乡镇。约跨17个乡镇,496 km²	分布在庆阳地区生态气候适宜区以北,环县的虎洞等大部分乡镇,平凉地区的陇山山脉以西沿通边、永宁、韩店三乡镇一线。包括静宁的全部,庄浪的柳梁等大部分乡镇,共约49个乡镇,1 016 km²	庆阳地区分布在子午岭西麓,平凉地区则分布在陇山的东西坡,大约包括11个乡镇,482 km²

续表

项目	Ⅰ最适宜种植区	Ⅱ适宜种植区	Ⅲ次适宜种植区	Ⅳ可种植区
分区评述	该区为典型的黄土高原残塬区，黄土层深厚，山、川、塬地并存，热量充沛，降水适中，气象因子匹配较好。陇东绝大部分黄花菜产于该地，质量上乘	该区热量条件好，光照充足，降水较多，气候条件优越，是黄花菜较为理想的栽培地域	该区北部地区热量丰富，光照充足，唯一不足之处是在开花期常因干旱造成大量落蕾，产量不理想。东部平凉境内，降水充足，只是热量稍逊、日照不足而影响黄花菜的质量	该地域地势较高，土质黏潮，对黄花菜生长不利，较低的气温及荫蔽寡照天气偏多是影响该地黄花菜品质及产量的主要因素，不宜大量栽种

4.3　栽培管理技术

4.3.1　基地选择

黄花菜适应性较广，平原、山冈、土丘等都可栽植，对土壤的要求不太严格。但是根据黄花菜的生育特性，要达到高产，黄花菜生产基地要求能保水、保土、保肥，排灌设施齐全，才能达到高产、稳产。并逐步做到区域化、规模化和标准化，达到进行产业化生产的要求。

垦荒建园的，应根据平地、缓坡（5°以内）、斜坡（5°~20°）等不同地势进行耕作。一般平地、缓坡地依照栽植的行距，每15行左右做成一畦；斜坡地先要筑成梯田。一般坡度在10°以内的，梯田的畦可宽一些，每块梯田栽8~10行；坡度在10°~20°的可按每块栽5~6行的宽度筑梯田；坡度在20°~25°的应作窄梯田，每块梯田密植2~4行。

利用平地熟土建园的，按计划栽植的行距整畦开沟。一般两畦之间的沟宽25 cm左右，深15~18 cm。面积较大且平整宽广地每隔4~5畦开一条宽25~30 cm以上的围沟，以利排水。

黄花菜的根系发达，适应性强，对土壤要求不严。但黄花菜是多年生作物，一般栽植3~4年后，可继续采收15年以上。以选择土质肥沃、pH值为6.5~7.5、土层深厚、排水良好、水源条件较好的地方为宜，以沙质壤土或黏质壤土为好。

土壤选定以后，应于上年伏天深翻45 cm以上，任其日晒雨淋，以促进土壤风化，改良土壤结构，提高土壤肥力，增强土壤的蓄水、保肥能力。开沟做畦，一般4~6行为一畦，以便于进行田间管理。

4.3.2　繁殖技术

4.3.2.1　分株繁殖法

选择生长健壮的多年老黄花菜，从母株丛挖出一部分或全部根茎，抖去泥土，剪去根茎下部的老根、病根，并一株一株地分开，把根状茎的四周黄褐色衣毛扒去，露出主侧芽，每个根状茎保留2~3层新根栽植于大田。特点是操作简单，成活率高，一年四季都可进行，但以春秋两季为好，是生产中常用的一种无性繁殖方法。

4.3.2.2 分芽繁殖法

黄花菜的根是肉状茎,每个肉状茎上着生许多小突起叫隐芽簇,每个隐芽簇含有六个隐芽,交替排在肉状茎的两侧,隐芽一般不萌芽,只有在主侧芽受到损伤时,萌发长出一个新的小芽。分芽繁殖根据黄花菜的这一特性,把根状茎按照隐芽簇的分布,有意用刀切开,通过培养,一个月隐芽萌发长出一个新的植株。这种方法技术性强,繁殖系数高,因此要选择生命力强、发育快、成活率高、年限短的根状茎进行分芽。一般一个单株可分 4～10 株,每亩老黄花菜通过分芽繁殖,可新栽黄花菜 4～6.70 hm²。

4.3.2.3 种子繁育法

选择生长健壮、无病虫、栽植 5～8 年的黄花菜,初花期每个花薹上留 5～6 个粗壮花蕾不采摘,让其结果,留作种子。其余花蕾继续采摘,作为商品出售。采种用的黄花菜初花期每隔7～10 d 喷 1 次氨基酸 2000 倍液,喷 2～3 次,待蒴果成熟,顶端稍裂口时,摘下脱粒。种子要放在通风干燥处,妥善保管。选择阳畦或温室等场地,用肥沃的菜园土做苗床,并进行土壤消毒。种子用 25℃的温水浸种 48 h。播种时每畦(1.50～7 m)施腐熟过筛的有机肥 200 kg,把畦平整后浇足底水,待水渗后,按行距 15 cm,株距 3 cm 开沟点种,播后覆土 2 cm。采用阳畦育苗,可在上面插小拱杆盖膜,棚内温度白天保持 25℃,晚上不低于 12～15℃,1 周可出苗,出苗后逐渐降低棚温,适应外界气候,防止幼苗徒长。在苗期要加强田间管理,保持土壤湿润。注意防病治虫,要多中耕并喷一些叶面肥,促进幼苗生长发育,为来年的移栽培育大苗、壮苗。

4.3.3 栽培方法

把种块直接栽大田。整地做畦,施农家肥 5 000 kg、硝酸磷肥 40 kg,畦宽 2 m,每畦栽 2 行,大行距 1.20 m,小行距 80 cm,株距 50 cm 开穴。每穴放切好的种块 3～4 块,芽向上,根向下放展,覆土 3 cm,栽后用小水浇足,水渗后覆膜。1 个月后注意放苗,要加强苗期管理,达到早发苗,发壮苗。先育苗再移植,把切好的种块栽在苗床上,行距 15 cm,株距 10 cm,每亩苗 4.50 万株,苗龄 2 个月可移栽大田。这种方法发芽快,苗壮,成活率高。

黄花菜的根群是从短缩茎周围的节上发出的,它具有一年一层,自下而上,发根部位逐年上移的特点。因此,栽植黄花菜一般应适当深植,过浅,易受当年秋、冬干旱的威胁,影响成活,栽后 1～2 a 内还常易被大雨冲刷表土,致使蔸部外露,遭受伏旱危害。一般以栽植10～12 cm 深为宜。在确定具体深度时,还要因土制宜,例如沙性重的土壤宜适当深植,黏性重的土壤就适当浅栽;品种分蘖力弱的品种应偏浅。总的要求是应把种苗短缩茎顶部栽入土中 2～3 cm,种苗上部露出土表 4～5 cm 为宜。

4.3.4 加工储藏

黄花菜为无限花序,第一花茎陆续形成花蕾,采收必须在花蕾未开放前数小时内进行,才能保证产量高、品质好。而且需要每天都进行采收,晴天、阴天均不能间断。具体标准应掌握以花蕾饱满含苞未放、花蕾中部色泽金黄、两端呈绿色、顶端紫色退去时采摘为最好。如提早或延迟采摘,产量降低,干制后颜色也较差。采摘时用中指抵住花梗与花蕾连接离层处,然后用食指和拇指捏住花蕾,轻轻往下掰压即可分离。不能直接硬扯。每一丛自上而下,由外向里,逐一采摘。这样采收的花蕾才能做到大小整齐,干制后产品均匀一致。花蕾采收后,必须立即进行蒸制,以免消耗养分,降低品质。蒸制的方法是先将花蕾放在蒸笼中,等锅中水开后,再将蒸笼放在锅上密闭蒸 10～12 min,最初 5 min 要大火猛烧,然后用文火。这样蒸出来的花蕾,可以全部熟透但不过熟。若蒸制过度,则出干菜率低,成品绵软,形状也不好看。一般以颜色由原来的鲜黄绿色变为黄色,手捏略带绵软,呈半熟状态,体积约减少 1/2 时出锅为适度。蒸好后要先摊晾。摊晾时不要用手翻捏,以免发酵变酸。当天下午蒸好后,要摊晾到次日早上。当晾到表面微白色稍有结皮时用烘干设备烘干。若无烘干设备,可将蒸好的花蕾放入缸内,放时要装一层花蕾放一层盐,踏实压好,一般可保持 6～7 d 不霉烂。经盐处理防霉变后所得干品,要另行包装标记。鲜黄花菜不耐储藏,在 0～5℃ 和 95% 以上的相对湿度条件下可储藏 1 周。干燥后的黄花菜储藏在密闭的空间,应避免太阳光的照射和高温的环境,放于阴影处。若黄花菜储藏在非密闭空间,应放于通风的地方,或是经常晾晒,让其始终保持绝对的干燥。

4.4　提高气候生态资源利用率的途径

4.4.1　大力发展商品基地建设

黄花菜在陇东种植有天时地利优势。在最适宜种植区内,建立育种、栽培示范基地,向生产、加工、销售规模化、规范化发展;在适宜种植区内选择地势较平坦、蓄墒透水性好的地块进行连片大面积栽培,大力发展商品种植基地,进行规模化生产。

4.4.2　不同气候年型采取不同管理措施

干旱年份有条件地方在需水关键期补灌 1～2 次,以减少落蕾数,提高产量和品质。黄花菜为多年生植物,定植一次可多年采收,10～15 a 才进行更新,可根据不同气候年型,加强田间管理,如施肥、中耕等农业技术措施。

4.4.3　利用有利天时及时采摘花蕾

采摘时间直接影响产量和品质,应充分利用有利天气条件,掌握在花蕾充分长大而又未开放时及时采摘,花蕾采摘后要及时蒸制。

4.4.4　培育龙头企业,发挥带动作用

发挥黄花菜龙头企业的带动作用,只有龙头带基地,基地连农户,千家万户才能通过龙头带动进入市场。要有先进又经济合理的加工工艺流程,最先进的加工技术和设备助力于黄花菜的生产。

第 5 章　啤酒大麦

大麦（*Hordeum vulgare*）属禾本科、大麦属，是一种主要的粮食和饲料作物，其中二棱大麦（*Hordeum vulgare* ssp. *distichon* Hsü.）籽粒淀粉含量高，制麦芽质量好，是酿造啤酒的主要原料。据各地考古资料，我国西北地区早在 5000 年前就广为栽培大麦，是世界大麦的起源中心之一。

5.1　基本生产概况

5.1.1　作用与用途

大麦具有保健食疗价值。大麦味甘性平，有益气和胃、消渴除热、益气调中、宽胸下气之功效。大麦胚芽中含有大量的维生素 B1 与消化酶、膳食纤维，无胆固醇，低脂肪；可消积进食，刺激肠胃蠕动，有利尿通便的作用；还可降低血液中胆固醇的含量，预防动脉硬化、心脏病等疾病。

大麦还是上好的饲料。由于大麦籽粒的粗蛋白和可消化纤维均高于玉米，是牛、猪等家畜、家禽的好饲料。欧洲、北美等发达国家和澳大利亚，都把大麦作为牲畜的主要饲料。

大麦是啤酒工业的主要原料。大麦具有淀粉含量高而蛋白质含量适中、绝干浸出物高、糖化作用很强的特点，用它酿造的啤酒含淀粉、糖类、淀粉酶和 18 种氨基酸及大量维生素，营养价值很高，同时不易产生沉淀物质而混浊，饮用啤酒具有卫生、解渴、提神、助消化、减肥等功效，有"液体面包"的美称。

5.1.2　区域与面积

20 世纪 80 年代中期，随着啤酒酿造技术的引进，啤酒大麦由原来的小杂粮逐渐成为大宗酿造原料。我国在华东的浙江、西北的甘肃和东北的黑龙江等地筹建了啤酒大麦生产基地。啤酒大麦产量从 1979 年的 51 300 万 kg，增加到 2008 年的 344 000 万 kg。2011 年全国啤酒大麦主产区面积达到 45.4 万 hm²。目前国内啤酒大麦主要有三大产区。一是西北地区，集中在甘肃、新疆等省（区）。二是江浙地区，主要是浙江、江苏等省。三是东北地区，有内蒙古、辽宁、黑龙江三个省（区）。另外，近几年来，西南地区云南、贵州两个省发展较快，开始形成了第四个大麦产区。

　　甘肃省是全国 4 个面积超过百万亩啤酒大麦产区中产量最大、品质最好的地区,生产量约占国内生产总量的 40% 左右。啤酒大麦生产区分布在河西走廊及白银市、兰州市、定西市和临夏州,以河西地区及沙漠沿线沿黄灌区面积最大。全省种植面积从 1985 年的 0.08 万 hm² 增加到 2000 年的 4.5 万 hm²,总产量从 92.4 万 kg 增加到 27 200 万 kg,约占国产啤酒大麦总产量的 25%。目前已形成以河西走廊、引黄、引大灌区为主体,以中南部半干旱区为补充的优质啤酒大麦生产基地。2003 年,永昌县被国家列为啤酒大麦标准化生产示范县,并成为全国优质啤酒大麦生产主产县。2008 年永昌县的啤酒大麦种植面积达到 2.61 万 hm²,占全县农作物种植面积的 46%。

5.1.3　特点与优势

　　西北地区啤酒大麦主产区耕地资源丰富、土地肥沃、灌溉条件良好,光、热、水、土等条件非常适宜啤酒大麦的生产。尤其在甘肃省河西走廊地区,日照时间长,辐射强度大,昼夜温差明显,气候干燥,非常有利于啤酒大麦光合产物的合成、运输和积累。较低的大气相对湿度有利于抑制啤酒大麦病虫害的发生。特别是大麦灌浆成熟阶段光照充足,相对湿度低,昼夜温差大,有利于光合产物的积累,生产出的啤酒大麦原料色浅皮薄、千粒重高,蛋白质含量适中(11%～12%),发芽率高(≥95%),水分含量 12%～15%,完全达到了国家优质啤酒大麦的生产标准,可与澳麦媲美,深受国内啤酒厂家的青睐,特别适合于我国大众喜爱的淡爽型啤酒的酿造,是国内公认的啤酒大麦最佳优生区。

　　甘肃省近年育成的新品种甘啤 3 号、甘啤 4 号和甘啤 5 号不仅丰产性好、适应性广,而且品质优良,其原麦千粒重、发芽率、蛋白质含量及浅色麦芽的糖化时间、色度、α－氨基酸含量等指标均优于国家优级标准。如甘啤 4 号为中晚熟,农艺性状突出,茎秆韧性好,抗倒伏能力强,丰产稳产性好,产量 7 500～9 000 kg/hm²,酿造品质优良,目前已经被新疆、青海、宁夏、内蒙古等省(区)推广种植。2008 年,"甘啤系列"啤酒大麦新品种在全国推广 27 万 hm²,总产量达 150 000 万 kg,占全国啤酒大麦播种面积和总产的近 50%,成为国内外大麦科技、麦芽加工、啤酒酿造企业的名牌品种,甘啤系列品种有力地支撑着全国啤酒大麦产业的发展。

　　此外,啤酒大麦的抗盐碱和耐瘠薄能力较强,西北地区有大片的盐碱地、可耕荒地和干旱、瘠薄、盐碱较重的中低田不宜种植其他作物,发展大麦对充分利用和改造这些土地具有重要作用。在轻度盐碱条件下,大麦比小麦籽粒产量高 20%～30%,是公认的盐碱地和新垦荒地的"先锋作物",生态效益明显。

5.1.4　发展前景

　　近几年受国际、国内啤酒大麦市场价格波动影响,大麦种植面积、产量均有所下降,农户种植大麦的积极性也受到一定影响,但从啤酒消费量来看,我国远远低于世界平均消费水平,目前全国人均啤酒消费量为 17 L,仅为世界人均消费量 24 L 的 70%。从啤酒原料需求看,目前,国产啤酒大麦的年需求量在 340 000 万 kg 以上,而自给率仅为 1/3,大部分依赖进口。我国每年进口啤酒大麦 200 000 万 kg 左右,进口量占国际啤酒大麦贸易量的 1/2,市场需求潜力巨大。甘肃、宁夏、新疆三省(区)被国家确定为优质啤酒大麦生产基地后,国家有关部门及各省(区)都十分重视基地建设工作,对啤酒大麦产业在政策和资金上给予大力扶持。2001 年、2003 年国家发改委对甘肃省啤酒大麦科研体系建设、基地建设、良种繁育及加工体系建设给予了资金扶持。2006 年甘肃省农牧厅将啤酒大麦产业作为"十一五"重点产业予以扶持。目前,甘肃啤酒大麦的生产已形成了科研、生产、加工、经营销售、储藏、运输为一体的产业化生产基地,为甘肃啤酒产业的健康发展打下了坚实的基础。《甘肃省农作物种业发展规划(2014—2020)》中明确提出,建成优质啤酒大麦种子生产基地 10 万亩,年产种量达到 3 500 万 kg 以上,发展空间广阔。

5.2 作物与气象

5.2.1 气候生态适应性

5.2.1.1 生态特点与气候环境

大麦是低温长日照作物,喜光、耐低温冷凉、喜昼夜温差大,具有早熟、耐旱、耐盐、耐瘠薄等特点,因此,栽培非常广泛,从亚寒带到亚热带,它都能生长。

甘肃河西地区啤酒大麦主产区地处北温带,大陆性气候特征十分明显,属干旱和半干旱灌溉农业区。区内光能资源充足,太阳辐射强,气候干燥,昼夜温差大。年日照时数 2 660～3 660 h,≥10℃ 的活动积温 2 200～4 030℃·d,无霜期 122～188 d。年降雨量 30～200 mm,年蒸发量 2 000～4 000 mm,年平均气温 6～10℃。大麦生育期间虽降水稀少,但有祁连山雪水灌溉保证。病虫害发生轻,农药污染轻,非常适宜啤酒大麦生产和高产优质。

5.2.1.2 物候特征与气象指标

河西地区啤酒大麦在 3 月下旬—4 月上旬播种,7 月下旬—8 月上中旬成熟,全生育期120～130 d(表 5.1)。适宜播种的时期是日平均气温稳定通过 1℃ 左右,大麦播种的适宜土壤水分含量在 18%,低于 15% 种子不能正常萌发。全生育期需要 ≥0℃ 积温 1 600℃·d 左右。成熟期比春小麦早 10～15 d,需要 ≥0℃ 积温比春小麦少 200～300℃·d。啤酒大麦产量形成的两个主要关键时段幼穗分化期和灌浆期对气温有较严格要求。在幼穗分化期与春小麦比较,其不同点是穗分化起步早、进程快,其相似之处是在适温范围内要求偏低的气温,有利于幼穗分化期延长发育充分和形成较多小穗数,适宜温度为 9～12℃。在灌浆期气温偏低,灌浆期延长,有利于籽粒饱满、籽重增加,适宜温度为 16～19℃。

根据试验,啤酒大麦全生育期需水较少,约为 300 mm。全生育期共灌水 3 次,分别在 3

叶 1 心、挑旗或抽穗期、灌浆期。前两次灌水定额为 900 m^3/hm^2，第三次为 600 m^3/hm^2，合计 2 400 m^3/hm^2。

表 5.1　河西走廊啤酒大麦物候期(月-日)

地点	海拔(m)	播种	出苗	分蘖	拔节	抽穗	成熟	全生育期(d)	资料年代
肃南	2 312	04-10	05-01	05-24	06-07	06-24	08-14	126	1993—1999 年
永昌	1 976	04-01	04-21	05-15	05-29	06-16	08-02	124	2005 年
古浪	2 073	03-25	04-16	05-28	05-05	06-10	07-25	122	2005 年

5.2.1.3　产量、品质与气象

据甘肃河西地区啤酒大麦分期播种试验，大麦产量与播期呈显著负相关($R=-0.9326$)，回归方程为：$y=408.40-0.28x$，随播期的推迟，产量有直线递减的趋势。这是由于播期推迟，发育期相应后延，抽穗—灌浆期间气温偏高，使灌浆期缩短，千粒重下降。

分析发现，播种—出苗期最高气温与发芽率呈显著负相关($R=-0.63$)，即气温升高，发芽率降低，因此，晚春播种的大麦发芽率低，应适期早播。发芽率与开花—成熟期相对湿度呈显著负相关($R=-0.70$)，即开花—成熟期空气相对湿度高，阴雨寡照，啤酒大麦的发芽率降低(表 5.2)。

优质啤酒大麦无水蛋白质的含量二棱在 12% 以内，多棱在 12.5% 以内。据计算，拔节—抽穗期最高气温、开花—成熟期气温日较差与蛋白质含量呈显著负相关(相关系数分别为 -0.64 和 -0.71)，即拔节以后最高气温高、日较差大，蛋白质含量降低。另外，当抽穗—成熟期日照时间长，相对湿度低、日较差大时，啤酒大麦浸出物含量相应亦高，大麦籽粒含水量亦低(8.97%～12.46%)，属优质大麦标准。

据研究，生育期内的气温是影响蛋白质含量的主要因素，气温低，土壤中有效氮含量少，植物呼吸减弱，植物体内过氧化氢酶活性强度也弱，新陈代谢作用降低，不利于蛋白质的合成，因而种子中蛋白质含量也少，其影响关系式为 $y=-6.9007+1.0285x$，相关系数 $R=0.8424$，为了控制其蛋白质含量应尽量争取早播。

从以上大麦品质性状分析看出，啤酒大麦适宜种植在气温日较差大、最高气温较高、日照时间长、降水量少、空气相对湿度低的地区，同时，春季应适当早播，有利于控制啤酒大麦蛋白质含量升高，增加浸出物含量，提高发芽率，增加粒重，全面提高产量和品质。

表 5.2　啤酒大麦发芽率、无水蛋白质与气象要素相关分析

品质指标 项目	发芽率		无水蛋白质		
	播种—出苗	开花—成熟	拔节—抽穗	抽穗—开花	开花—成熟
相对湿度	-0.47	$-0.70*$	-0.41	-0.13	-0.14
最高气温	$-0.63*$	-0.18	$-0.64*$	$-0.63*$	-0.54
日较差	-0.23	-0.41	-0.58	-0.29	$-0.71*$

注：* 为通过 0.05 显著性水平检验。

5.2.2　气候变化及其影响

5.2.2.1　对生长发育和适宜种植区域的影响

啤酒大麦属喜凉作物。全生育期 120～130 d,需要≥0℃积温 1 600℃·d 左右。据研究,日平均温度越高、日照时间越长,啤酒大麦生育期则越短。日平均温度升高 1℃,生育期缩短 1.6～4.5 d,平均日照时数增加 1 h,生育期平均缩短 0.3～3.2 d,海拔每升高 100 m,生育期则延长 3～4 d。河西啤酒大麦主产区关键生育期平均气温呈上升趋势,分蘖－拔节期平均气温线性倾向率永昌、肃南分别为 0.272℃/10a(图 5.1),0.403℃/10a(图 5.2),开花－乳熟期分别为 0.475℃/10a(图 5.1),0.529℃/10a(图 5.2)。由于气候变暖,种植高度提高了 150～200 m,种植区域扩大。适宜区从海拔 1 700～2 000 m 向 2 000～2 200 m 冷凉区发展,种植最高上限达 2 800 m。

5.2.2.2　对产量和品质的影响

幼穗分化期和灌浆期是啤酒大麦产量形成对气温有较严格要求的 2 个关键时段。幼穗分化期要求适温偏低,有利于幼穗分化发育充分和形成较多小穗数,适宜温度为 9～12℃。灌浆期气温偏低,延长灌浆期,有利于籽粒饱满、籽重增加,适宜温度为 16～19℃。由于气候变暖,1987—2008 年和 1971—1986 年相比,幼穗分化期平均增温幅度肃南为 0.6℃,永昌为 0.3℃,高于适宜温度 4～5℃。气温偏高,缩短了幼穗分化时间,小穗数减少 1～2 个。灌浆期平均增温幅度肃南为 1.1℃,永昌为 0.8℃,气温处在适宜灌浆温度的上限,对正常灌浆产生负面影响,千粒重下降 2～3 g。河西啤酒大麦品质与气温有一定关系(表 5.3)。随海拔高度增加,灌浆期气候凉爽、气温适宜,淀粉含量有增加趋势,变异系数变小;而蛋白质含量则正好相反。灌浆时间长,利于光合产物输送积累和增加,因而淀粉含量较高,蛋白质适中,品质优良。

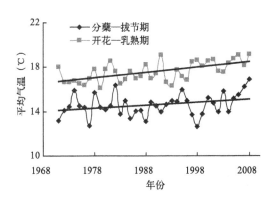 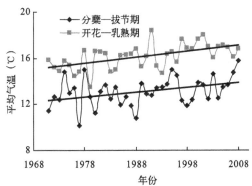

图 5.1　永昌啤酒大麦关键生育期气温历年变化　**图 5.2　肃南啤酒大麦关键生育期气温历年变化**

表 5.3　河西走廊啤酒大麦品质测定表

地点	海拔高度(m)	淀粉含量		蛋白质含量	
		平均值(%)	变异系数	平均值(%)	变异系数
民勤	1 320	50.7	4.4	10.4	10.3
甘州	1 420	51	6.8	10.6	16.1
永昌	1 520	52.3	3.3	9.6	7
黄羊镇	1 783	54.2	3.6	9.4	8.1
民乐	2 510	54	2.5	9.6	5.1

5.2.3　气候生态适生种植区域

通过以上分析和调研考察,选取年≥0℃积温、幼穗分化期(5月上旬—6月下旬)和灌浆期(6月下旬—7月中旬)平均气温作为主导指标,产量和品质作为辅助指标,根据气候相似原理将主产区河西地区划分为 5 个区域(表 5.4)。

表 5.4　啤酒大麦气候生态适生种植综合区划指标体系及种植分区

项目		Ⅰ 最适宜种植区	Ⅱ 适宜种植区	Ⅲ 次适宜种植区	Ⅳ 可种植区	Ⅴ 不宜种植区
≥0℃积温(℃·d)		2 600～3 000	3 000～3 500	3 500～3 750	1 700～2 600	<1 700
幼穗分化期平均气温(℃)		12.0～14.5	14.5～18.0	18.0～20.0	9.5～12.0	<9.5
灌浆期平均气温(℃)		15.5～17.5	17.5～21.5	21.5～23.0	13.0～15.5	<13.0
平均单产(kg/hm²)		7 500～8 000	6 500～7 500	5 000～6 500	3 000～5 000	<3 000
品质	淀粉(%)	52～55	52～55	50～52	47～50	<47
	蛋白质(%)	9.5～10.0	9.5～10.0	10.5～11.0	9.0～9.5	<9.0
海拔高度(m)		1 900～2 400	1 500～1 900	1 100～1 500	2 400～2 700	>2 800
地域范围		玉门、酒泉、肃南、张掖、山丹、民乐、永昌、武威、古浪、天祝等沿山和浅山地带	玉门、酒泉、张掖、山丹、永昌、武威等	敦煌、瓜州、嘉峪关、酒泉、金塔、高台、临泽、张掖、武威、民勤等	山丹、民乐、肃南、古浪、天祝等	祁连山区
分区评述		本区气候冷凉、热量适中,光温配合好。幼穗分化期和灌浆期气温适宜,利于幼穗分化充分,小穗数多,灌浆期长,籽粒饱满,产量高,品质好	本区气候温和,热量条件好,光照充足。幼穗分化期和灌浆期气温基本适宜,后期有轻微高温影响。产量较高,品质较好	本区气候温暖,热量丰富,光照充足。幼穗分化期和灌浆期气温略高,后期高温有一定危害,产量和品质一般	本区气候寒冷,气温偏低,光照不足。幼穗分化期和灌浆期气温偏低,生育缓慢,后期低温连阴雨概率增大,产量和品质较差	本区处高寒山区,后期低温和早霜冻危害重,成熟度差,产量低、品质很差

5.3 栽培管理技术

5.3.1 整地与土壤处理

选择玉米、甜菜、油菜、马铃薯、豆类及向日葵等中耕作物作为前茬。前茬作物收获后立即深耕晒垡或深耕灭茬。早春及时耙糖保墒,一般应在午后地表开始解冻时进行顶凌早耙。冬灌未耙地块,如果墒情充足,可于早春浅耕 1 次,或者用圆盘耙、钉字耙耙地;早春积雪多的地区,可以趁冻糖雪,促使积雪早融,以便按时播种。播前地块做到齐、平、细、松、净的标准。

结合播前整地,用大型喷药机械或小四轮喷药机进行土壤处理,消灭燕麦危害。具体操作是以 40%燕麦畏乳油 3.00~3.75 kg/hm² 对水 300~375 kg/hm² 均匀喷施地表,紧跟着进行耙地混土,间隔不超过 2 h,耙地深度达到 6~8 cm,使药土充分混合均匀。

5.3.2 选种与种子处理

河西及中部灌区适宜选择的啤酒大麦优良品种主要有甘啤 4 号、甘啤 6 号等。高寒阴湿旱作区宜选用高产、优质、抗倒伏、早熟啤酒大麦品种甘啤 5 号、甘啤 7 号。

播前选用 3%敌委丹包衣剂按种子量的 0.2%包衣。或采用 0.89‰立克锈＋6‰磷酸二氢钾＋0.2‰福乐定＋1.2‰代森锰锌＋1.5‰硫酸锌＋1‰黏合剂进行混合包衣。或直接购买包衣种子,可防治大麦条纹病的发生,并对根腐、叶斑病和黑穗病有一定的防治效果。供用种子包衣前必须经过精选机精选,使种子达到大小均匀,无破碎,无草籽,纯度 99%以上,净度 99%。

5.3.3 播种量

据试验,河西地区适宜的密度范围为 375~525 万穗/hm²,具体应视各地的土壤状况及环境条件而定。海拔 2 000 m 以下的嘉峪关以东地区,适宜播量为 262.5~300.0 kg/hm²;嘉峪关以西地区和海拔 2 000 m 以上地区,适宜播量为 300.0~375.0 kg/hm²。土壤肥力较高、管理措施较好、土壤墒情充足时可取播量的中下限;土壤瘠薄、水肥条件较差、土壤墒情欠佳时可取播量的上限。或高产田(6 750 kg/hm²)按播种量 300~315 kg/hm²、中高产田(4 500~6 750 kg/hm²)按播种量 330~345 kg/hm²、低产田(4 500 kg/hm² 以下)按播种量 345~375 kg/hm² 进行播种。

5.3.4 肥水管理

5.3.4.1 施肥

宜使用啤酒大麦专用肥,主要以磷肥、钾肥和有机肥为主。施肥量为啤酒大麦专用肥

600 kg/hm² + (75～150)kg/hm² 尿素,最好全部作基肥。基肥施入深度为 3～4 cm。栽培上应注意不要施用过多的氮肥,尤其是开春拔节之后更要少施。因为氮多会提高大麦籽粒中的蛋白质含量。正确的施肥方法是氮磷钾配合,以底肥为主,苗肥为辅,播种质量要求播量准确、播深一致、下籽均匀、不重不漏、覆土严密、镇压结实、杜绝浮籽。

5.3.4.2 灌水

根据啤酒大麦发育快、幼穗分化早的特点,适期早灌头水可促进分蘖成穗和增加穗粒数。应于 2 叶 1 心至 3 叶 1 心期灌头水,最晚不应迟于分蘖初期;挑旗前至挑旗灌二水,与头水间隔 25～30 d;开花至灌浆初期灌三水。有条件地区还可灌麦黄水 1 次。河西及中部灌区宜采用"垄作沟灌"技术。

5.3.5 病虫害防治

啤酒大麦病害主要有条纹病、网斑病等。病虫害防治可结合根外追肥同步进行。条纹病可通过种子处理进行;网斑病等病害防治可于抽穗期喷施石硫合剂 1 次;抽穗以后及时喷施代森锰锌、抗枯灵等防治。啤酒大麦虫害主要为蚜虫,掌握在抽穗后百穗蚜量 500 头时及时喷施乐果防治。严格按照无公害农产品生产规程选择使用农药。

5.3.6 适时收获

大麦成熟后要适时收获,人工收获时应在蜡熟末期(即 75％以上的植株茎叶变成黄色,籽粒具有该品种正常的色泽),机械收获时应在完熟期(即所有的植株茎叶变黄)。收获期应避免雨淋受潮,以保证大麦籽粒具有鲜亮的光泽、较高的发芽势和发芽率。收获后应在晴朗天气尽快脱粒充分晾晒,籽粒含水量降到 13％ 时及时包装入库,含水量超过 13％,籽粒呼吸强度大,易霉变,粒色加深,影响酿造品质。同时要做到分级储藏,分收分藏。

5.4 提高气候生态资源利用率的途径

5.4.1 建立优质商品产业基地,发展规模化产业化生产

甘肃河西地区啤酒大麦 80％以上种植分布在千家万户的小农户中,种植规模小,品种布局混乱,经营分散,造成啤酒大麦原料质量参差不齐,未能形成规模优势。要以生产优质啤酒大麦为目标,按照标准化、规模化、集约化发展要求,积极推广"基地＋企业＋农户"生产经营模式,大力发展订单农业。在最适宜和适宜种植区内,建设啤酒大麦原料生产基地,以满足国内外啤酒加工企业对优质大麦原料的需求。建立加工企业及营销网络,实行科、农、工、贸相结合,形成产、供、销、加一条龙,以促进优质大麦生产基地的稳步发展。对光照资源不足,农业综合条件极为薄弱,生产大麦色泽差、籽粒休眠期长,发芽率低,品质差,单产低,不适应种植大麦的地区,调整发展其他农作物。

5.4.2　充分合理利用生态资源,有效提高产量和品质

适期播种是大麦全苗壮苗的关键和趋利避害的有效措施。要充分利用早春有利大麦生长的生态气候条件,为大麦形成高产、优质打好前期基础。据试验,适播期以平均气温稳定在 0～2℃,表土解冻到适宜播深时播种为宜。啤酒大麦生育期较短,出苗后气温回升较快,生殖生长速度加快,各生育阶段完成时间缩短。因此,适期早播能延长播种至出苗时间,有利于根多根深,抗旱吸肥能力增强,使幼穗分化期处于适宜的低温范围内,利于延长幼穗分化时间和大穗形成,使成熟期提前,从而躲避后期高温、干热风、连阴雨等灾害的影响。河西地区春季多风、蒸发量大,土壤跑墒快,适期早播有利于提高土壤水分利用效率,形成全苗、壮苗,促进根系下扎和分蘖成穗。为此,通过秋施基肥,将地整成待播状态,翌年可免耙直播。根据不同品种生育特点,采取合理密度。对二棱品种而言,针对分蘖成穗率高的特点,保苗数以 300～375 万穗/hm² 为宜。利于个体健壮,群体合理,充分利用有效资源,提高光合生产能力,从而达到穗多、穗大、粒多、粒饱的高产优质目的。

5.4.3　积极推广高产、优质、高效、节水栽培技术

要在一定的生产区域内按照栽培技术规程,尽量统一品种,防止多、杂、乱,以减少大麦不同品种间、大麦与小麦间的混杂机会,提高原料的纯度;要统一栽培技术,如适当降低氮肥施用量、增施磷肥、重视有机肥料和生物肥料的施用,有效控制蛋白质含量,提高千粒重和啤酒大麦原料的整体品质;进行种子的专业化生产,扩大优良品种的生产推广力度,实现生产用种良种化,避免以原料代种的现象发生。在甘肃省河西走廊及中部沿黄灌区及青海、宁夏、新疆、内蒙古等省(区)同类地区推广种植酿造品质优良、高产、稳产、抗倒伏、抗病性、抗干热风能力强的甘啤 3 号、甘啤 4 号。在甘肃中南部旱作雨养地区和河西海拔 2 200 m 以上冷凉地区推广种植早熟、抗旱、稳产、优质特点的甘啤 5 号;河西走廊种植区光照充足、大气干旱,一切栽培管理技术措施均要抓一个“早”字,促进早发壮苗。海拔较高的冷凉区大麦种植可采取地膜覆盖措施,改善热量状况;生育后期要防止啤酒大麦倒伏,避免引起千粒重下降,蛋白质含量上升,品质变劣,栽培应采用肥水控制或化学控制的办法,达到增产防倒伏效果。

在节水方面,积极推广垄作栽培、垄作沟内覆草等模式,能有效提高水分利用率。据试验,在相同的灌溉定额下,啤酒大麦通过垄作栽培方式,穗粒数、千粒重、产量均高于平作栽培方式,垄作栽培的水分利用效率均高于平作栽培 1.95～3.30 kg/(mm · hm²),增幅为13.86%～26.83%,节水效果明显(边金霞等,2007)。特别是垄作沟内覆草模式能显著提升土壤养分含量,且水分利用效率最高,为 17.57 kg/(mm · hm²)。在河西内陆河灌区,垄作沟内覆草模式是啤酒大麦增产节水的最佳栽培模式(张久东等,2011)。另外,改变传统的冬季储水灌溉为春季储水灌溉,在适宜灌水定额条件下,可减少储水灌溉水量 75 mm,减少土壤蒸发 37.4%(丁林等,2014),水分利用效率提高 26.2%,是应对气候变化和暖冬效应,提高水资源利用率的有效措施之一。

第6章 啤酒花

啤酒花(*Humulus lupulus*)简称酒花,又名忽布(英语俗名 hop)、香蛇麻花、酵母花、唐花草等,为桑科草属多年生草本植物,雌雄异株,花单性,雌性球穗花序简称酒花。它是生产啤酒的重要原料之一,与麦芽一起被称为啤酒之魂。

6.1 基本生产概况

6.1.1 作用与用途

首先,啤酒花是生产啤酒不可缺少的重要原料之一,它含有啤酒酿造不可缺少的关键性成分 α—酸和 β—酸,使啤酒具有特异的芳香气味和令人神清气爽的"苦"味,所含的丹宁具有澄清麦芽汁的作用,防止啤酒浑浊。在啤酒酿造过程中能把发酵所产生的乳酸菌、酪酸菌杀死,防止啤酒腐败变质,增强啤酒的保存性能。

其次,啤酒花也是一种药材。其味苦、平,啤酒花内含有维生素 C、树脂类、挥发油、黄酮类、鞣质、胆碱、粗纤维、氨基酸等多种功效成分,具有健胃、利尿、镇静、安神、止咳化痰、杀菌和助消化之功效。对革兰氏阳性菌和结核菌有抑制作用。可治肺结核、胸膜炎、胃炎、老年性支气管炎、失眠症、神经衰弱、月经不调以及消化不良等疾病。最新医学研究证实,啤酒花还可治疗糖尿病和预防癌症。

此外,啤酒花适宜在西北干旱少雨地区旺盛生长,它的广泛栽植在增加当地农民经济收入的同时,对于土壤防沙固沙,调节农田局地小气候,绿化美化农业生态环境效果明显,对于维护西北的生态有着重要的作用。

6.1.2 区域与面积

啤酒花原产于欧洲、美洲和亚洲等温带、亚寒带、寒带地区。欧洲栽培最早,远在公元736 年就有关于啤酒花的记述。但作为啤酒工业原料始于德国。目前,世界种植啤酒花的主要地区为欧洲和北美洲,澳大利亚和新西兰也有部分种植。

中国于 20 世纪 20 年代初引入啤酒花后首先在黑龙江省种植,现已遍及西北、华北、东北和华东各地,是世界第三大啤酒花生产国。种植地区位于 40°～50°N,主要分布在甘肃、新疆、宁夏、黑龙江、山东等地。甘肃省啤酒花从 1962 年大面积种植以来已有 40 年的历史,主要分布在张掖、酒泉、玉门市,其中以玉门市种植面积最大,已成为当地的支柱产业之一。

2010 年以前,我国啤酒花种植面积近 0.8 万 hm^2,干花产量近 2 000 万 kg,其中甘肃省酒花种植面积超过 0.4 万 hm^2,干花产量 1 200 万 kg,约占全国总面积与产量的 50% 以上。近年来受市场价格波动影响,种植面积有所下降,通过采取政府补贴、企业保护价收购等措施,目前甘肃省酒花面积稳定在 0.2 万 hm^2 左右,2013 年啤酒花种植面积 0.267 万 hm^2,总产 400 万 kg。

6.1.3　特点与优势

我国的西北地区特别是甘肃河西走廊地区属温带干旱气候,其特点是日照长、温差大、降水量少、蒸发大,光热条件优越,具备啤酒花适宜生长的气候生态条件,极适宜啤酒花的生长。南部祁连山雪水和地下水资源丰富,适宜灌溉利用,且保灌程度高。与国内其他产区相比,酒花不但产量高而且品质优。经多次采样化验,α-酸含量在 7.5%~9.8%,最高达 11.5%,均超过部一级标准,被称为陇上特优产品,因此,河西走廊地区成为重要的啤酒花生产基地。河西啤酒花平均产量在 2 400~3 300 kg/hm^2,最高产量达 5 761 kg/hm^2。其中,甘肃酒泉地区的啤酒花以高产而闻名,玉门等地 2 年花单产可达 3 000 kg/hm^2,5 年花单产可达 3 750~4 500 kg/hm^2,15 年后,单产平均为 3 450 kg/hm^2,经济寿命可达 30 多年。啤酒花已成为提高区域资源转化率、农业产业结构调整的重要作物之一。

6.1.4　发展前景

啤酒花在我国主要用于啤酒加工业,其需求量主要受国产啤酒产需变化、生产单位啤酒所需酒花的用量、啤酒花的进出口比例及其有效成分(甲酸)含量等因素影响。中国啤酒需求量每年增长 1 000~1 500 万 L,即啤酒市场每年至少扩大 7%,也是吸引国际啤酒花产业同行目光的原因,啤酒消费增长意味着啤酒花用量的增加。近年生产啤酒企业每年需啤酒花甲酸 95 万 kg 左右,按啤酒花平均甲酸含量 6.5%~7.0% 计算,我国每年需用啤酒花量约 1 570 万 kg,而近年只能满足需求量的 50% 左右,其余的主要靠进口,2012 年进口颗粒酒花达 144.46 万 kg。因此,从长远来看,酒花市场需求的缺口较大,发展前景广阔。2009 年、2013 年甘肃酒泉成功举办了第一、二届中国啤酒花节,来自全国的啤酒花经销商和种植农场共同探讨啤酒花市场发展事宜,加强了交流合作,推动了甘肃啤酒花优势产业的发展。

6.2　作物与气象

6.2.1　气候生态适应性

6.2.1.1　生态特点与气候环境

啤酒花为长日照作物,喜温凉干燥、喜光,喜昼夜温差大。一般适宜的温度是 14~25℃,

在阳光充足、温差大、降水少、空气干燥但有灌溉条件的干旱地区生长良好。高温多雨季节易遭霜霉病和红蜘蛛危害。酒花对土壤土质的要求不严,一般的土壤均可种植,尤以土层深厚、疏松、肥沃、通气性良好的壤土为宜,pH 值要求中性或微碱性土壤均可。

6.2.1.2　物候特征与气象指标

啤酒花为多年生宿根植物,它的年生长周期是每年从地下根茎上萌芽、出苗、长蔓、分枝、开花、成熟和地下根茎的成熟,以地下根茎留存于土壤越冬,来年再生长。

据多年资料分析,甘肃河西地区啤酒花 3 月下旬—4 月初割芽,平均气温在 5℃ 左右;4 月下旬—5 月上旬幼苗开始生长,气温在 9～14℃;6 月下旬—7 月上旬现蕾开花期,气温在 16～21℃;8 月上旬—9 月中旬花体成熟,气温在 15～21℃。全生育期 160～170 d,≥5℃ 积温在 2 700～3 000℃·d。生长季日照时数在 1 500～1 800 h(表 6.1)。

表 6.1　河西啤酒花不同生育期的热量条件(℃)

地点	海拔高度(m)	发育期日期	出苗 4 月下旬—5 月上旬	开花 6 月下旬—7 月上旬	成熟 8 月上旬—9 月中旬	全生育期 4 月下旬—9 月中旬	≥5℃ 积温(℃·d)
肃州	1477	平均气温	12.9	19.1	19.8	17.8	2950
		气温幅度	12～14	16～21	22～15	12～22	
玉门镇	1526	平均气温	11.1	20.1	16.7	15.9	2700
		气温幅度	8～15	19～21	20～14	8～21	
甘州	1483	平均气温	12.9	18.5	19.5	17.0	2890
		气温幅度	12～14	15～21	22～15	12～22	
凉州	1531	平均气温	13.3	19.0	19.7	17.3	2980
		气温幅度	12～14	16～22	22～15	12～22	
黄羊镇	1766	平均气温	11.7	19.1	19.7	16.8	2790
		气温幅度	9～15	18～20	19～14	9～20	

河西走廊地处巴丹吉林、腾格里沙漠边缘,具有典型的内陆干燥气候特征,降水稀少,全生育期降水量 65～120 mm;气温日较差非常明显,在 13～16℃ 之间;日照充足,生长季日照时数 1 500～1 800 h。因此,啤酒花 α—酸、花色、花粉均能满足需求,啤酒花的色泽黄绿、"花粉"丰满,香味浓郁。

6.2.1.3　产量品质与气象

利用甘肃省酒泉市 1983—1990 年啤酒花产量与生育期间气象要素计算相关系数发现(表 6.2),平均气温与产量相关系数较小,说明气温在整个生育时期基本适宜,只是在成熟期对温度条件要求较高。最高气温在营养生长中后期至现蕾前(5—6 月)与产量呈负相关,最高温度过高导致过早开花和多次开花,花体成熟不一致,不利于产量提高,而出苗期(4 月)最低气温与产量呈正相关,最低气温高,土壤解冻早,根芽发育快,割芽期提前,有利于及早萌发生长。降水量与产量相关系数在幼苗生长期、现蕾开花期最大,均为正相关,降水多有利于萌发生长和盛夏旺长期对水分的需求。成熟期(8—9月)降水量与产量呈负相关,雨水过多枝叶徒长通风透光差,地面潮湿容易发生霜霉病,不利于产量和品质形成。日照时数与产量大多时期呈正相关,尤其在苗期和成熟期,前者需要充足的阳光进行光合作用有利于及早搭建丰产架型,后者有助于提高有效花枝和有效花率。8—9月是酒花甲酸含量和产量形成的关键时期,要求气温略高、日照充足、降水少,有利于形成高产和优良的品级。例如1998年玉门市9月份平均气温(16.7℃)为1960年以来同期最高值,加之降水特少(0.6 mm),日照充足(277 h),啤酒花甲酸含量高达20%~25%。而其他年份甲酸含量仅在5%~7%之间。说明在啤酒花成熟采摘和晾晒期光热条件好,对啤酒花生产质量有显著影响,也因此避免了酒花因潮湿而发热变质。另外,啤酒花成熟期间的连阴雨天气对啤酒花产量和质量有明显影响。若遇连续3 d以上的降水且日雨量>3 mm,过程降雨量≥20 mm,可造成塌架,致使啤酒花枝叶、花蕾落地,对产量和质量影响较大。

酒花适宜时间采收十分重要。过早采收,α—酸含量低,达不到标准,花球不充实,影响产量;过晚采收,花球花粉散落,α—酸含量急剧下降,花球松散变黄,质量降低。据研究,当年生酒花甲酸含量累积高峰期开始与结束均迟于多年生酒花。而当年生酒花的甲酸含量高峰期的持续时间却明显比多年生酒花长。所以,采摘当年生酒花的最佳期应比采摘多年生酒花提前为宜。

表6.2 酒泉啤酒花产量与生育期间气象因子相关系数

要素	4月	5月	6月	7月	8月	9月	样本数
平均气温	0.118	−0.148	0.157	0.382	0.124	0.467	8
最高气温	0.035	−0.638*	−0.419	0.403	−0.182	0.540	8
最低气温	0.599	0.099	0.117	0.002	−0.141	0.307	8
降水量	0.608	0.196	0.355	0.569	−0.608	−0.405	8
日照时数	−0.105	0.649*	0.314	0.166	0.404	0.579	8

注:* 为通过0.10显著性水平检验。

6.2.2 气候变化及其影响

6.2.2.1 啤酒花生长发育期间农业气候资源的变化

从表6.3可见,甘肃啤酒花主产区生育期间主要气象要素各年代发生着明显的变化。7月份最高气温玉门、武威分别由20世纪70年代的31.2℃、28.4℃升至21世纪头10年的33.2℃、29.9℃,倾向值分别为0.66℃/10a,0.33℃/10a;8—9月平均气温由70年代的17.6℃、17.5℃分别升至21世纪头10年的18.2℃、18.7℃,倾向值分别为0.21℃/10a、0.37℃/10a;5—9月日照时数各年代虽有波动但增减趋势不明显;≥5℃积温两地均有明显增加,分别由70年代的3 289℃·d、3 312℃·d增加至21世纪头10年的3 545℃·d、3 620℃·d,倾向值分别为87.9℃·d/10a,104.0℃·d/10a;4—9月降水量玉门各年代在 45.3～65.3 mm 之间,倾向值为－4.9 mm/10a,武威降水条件较好,各年代在 130～162.5 mm 之间,且呈增加趋势,倾向值为 12.0 mm/10a。以上诸要素中,两地日照时数基本维持不变,玉门降水量呈逐年减少趋势,武威呈增加趋势,热量两地均呈增加趋势。随着产区后期热量条件的改善,有利于优质酒花的形成,对增加产量和甲酸含量,提高品级十分有利。

表 6.3　甘肃省玉门、武威各年代啤酒花生育期间气象要素变化

地点	气象要素	1971—1980 年	1981—1990 年	1991—2000 年	2001—2010 年
玉门	7 月最高气温(℃)	31.2	32.1	32.8	33.2
	8—9 月平均气温(℃)	17.6	17.9	17.8	18.2
	5—9 月日照时数(h)	1 533	1 572	1 504	1 530
	≥5℃积温(℃·d)	3 289	3 343	3 398	3 545
	4—9 月降水量(mm)	65.3	54.6	45.3	53.3
武威	7 月最高气温(℃)	28.4	28.8	29.3	29.9
	8—9 月平均气温(℃)	17.5	17.6	17.8	18.7
	5—9 月日照时数(h)	1 278	1 172	1 318	1 264
	≥5℃积温(℃·d)	3 312	3 337	3 428	3 620
	4—9 月降水量(mm)	130.0	135.3	156.1	162.5

6.2.2.2　主要气象灾害对啤酒花生产的影响

由于啤酒花属草本缠绕植物,体型高大,最易遭受大风危害,因此,大风是影响啤酒花生产的主要气象灾害。开花期(6 月下旬)至成熟期(9 月中旬)是河西啤酒花生育的关键期,此阶段最怕风,若遇 8 级以上大风且持续 5 h 以上,可造成枝条折断等机械损伤。如玉门 1991 年 6 月 23 日持续近 9 h 8 级以上大风,造成各农场啤酒花受损严重,受损面积占总面积 30%～40%。按当时受损情况测定,平均断枝 0.9～13 枝/株,枝梢磨损减少花蕾数 9%～20%,平均亩产受损 11～16 kg。2008 年 5 月 7 日,玉门出现大风、沙尘暴、扬沙天气,瞬间最大风速达 18.2 m/s(8 级),酒花受灾面积 65.37 hm²,此次风灾共造成包括啤酒花在内的经济损失达 1 116.11 万元。

统计河西地区历年(1951—2000 年)大风日数年际变化(姚正毅等,2006),河西三个代表性气象站西部(安西[①])、中部(张掖)、东部(武威)大风日数呈逐年代减少趋势(图 6.1)。1963—1976 年是大风天气的频发期,之后呈波动式减少趋势,20 世纪 90 年代是大风天气的低发期。从季节上划分,安西年内大风日数集中于春末夏初的 3—6 月,占全年大风日数的 50.3%。张掖、武威的大风日数主要分布在 4—7 月,分别占全年的 61.1% 和 65.2%。随着大风日数的减少,对酒花树体的机械损伤程度明显减轻,有助于提高产量,有利于促进啤酒花产业的健康发展。

[①]　2006 年 2 月 8 日,民政部(民函[2006]31 号)批准:同意将甘肃省安西县更名为瓜州县。

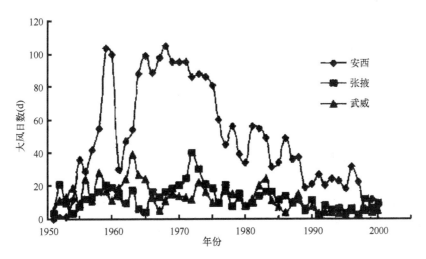

图 6.1　安西、张掖、武威大风日数年际变化

6.2.3　气候生态适生种植区域

通过调查考察和资料分析,选取≥5℃积温和开花期气温日较差为主导指标,生长季日照时数和海拔高度为辅助指标,产量为参考指标,确定为气候生态区划综合指标体系,将河西地区啤酒花种植区划分为5个区域(表6.4)。

表 6.4　河西地区啤酒花气候生态适生种植综合区划指标体系及种植分区

项目	Ⅰ最适宜种植区	Ⅱ适宜种植区	Ⅲ次适宜种植区	Ⅳ可种植区	Ⅴ不宜种植区
海拔高度(m)	1 450~1 700	1 100~1 450	1 700~1 800	1 800~1 900	>1 900
≥5℃积温(℃·d)	2 950~3 400	3 400~4 000	2 750~2 950	2 500~2 750	<2 500
开花期气温日较差(℃)	14~16	16~18	14~16	14~15	<14
生长季日照时数(h)	1 600~1 800	>1 800	1 500~1 700	1 400~1 600	<1 400
平均产量(kg/hm²)	3 000~3 500	2 600~3 000	2 400~2 600	2 000~2 400	<2 000
地域范围	玉门镇、肃州、甘州、凉州等地的大部;瓜州、嘉峪关、古浪、永昌等地的个别乡镇	敦煌、瓜州、金塔、临泽、高台、民勤等地的全部;玉门市、凉州等地个别乡镇	肃州、凉州、古浪等地的部分乡镇	民乐、山丹、古浪、凉州、永昌等地的部分乡镇	除前4个区域以外的地带
分区评述	属温和干旱气候类型。气温适中,气温日较差大,光照充足。灾害性天气较少。产量高,品质优	属温暖和温和特干旱气候类型。热量丰富,气温日较差大,光照充足。干热风和大风发生概率较大,对产量和品质造成不利的影响	属温凉半干旱气候类型。气温基本适宜,气温日较差大,光照充足。与Ⅰ、Ⅱ区相比,产量略低,品质一般	属温凉半干旱气候类型。热量、气温日较差和日照基本满足需求。易受霜冻危害,产量不高,品质较差	热量条件较差,超过种植上限,全生育期积温不能满足生长发育需要

6.3　栽培管理技术

6.3.1　种前准备

（1）土地选择。种植啤酒花要选择土层深厚，土质疏松，肥力中上，脱盐彻底，周围无障碍物，灌排方便、保水保肥能力好的平地。浇冬水前平地开沟、搭设网架。根据所栽植品种，确定好旱塘宽度。一般高甲酸、香花型品种旱塘宽度为 2.50 m，青岛大花为 3 m，苗带宽60 cm。在旱塘苗带一侧施腐熟的纯羊粪 45 000 kg/hm²，施肥深 20 cm，做到粪土掺匀，修平苗带。饱灌冬水后将苗带上的土耙松压实，以利保墒。

（2）品种选择。啤酒花种植品种应以优质、高产、抗病虫、抗逆性强、适应性广、商品性好的高甲酸香花型品种为主，如马可波罗、马拳努门、那格特扎依香、哈拉通等。

6.3.2　栽植与管理

当春季土壤化冻 25 cm 开始栽植啤酒花。栽植前先将啤酒花苗带深翻，拍碎土块，在距旱塘边 10～15 cm 处挖 20 cm 深的栽植槽，选择无病害、无损伤、种苗长 10～20 cm、直径1 cm 以上芽眼饱满而不过长的啤酒花根头或跑条，按 25 cm 或 50 cm 一株进行均匀摆放，使芽眼向上，然后进行整苗覆土。覆土时保证每株啤酒花有 2～3 枚芽直立向上，苗中、下部土要踩实，上部轻覆土并拍实，啤酒花根芽上方覆土 3～5 cm 为宜，填平苗床。

幼苗出土后，及时插竹竿进行啤酒花引蔓上架工作。当幼苗长至 50 cm，及时在距啤酒花苗 10～15 cm 处每株追施 5 g 磷酸二铵，以后再追施 2～3 次即可。浇水浇至苗带边沿，切忌水淹苗床。及时抓好防虫工作。

6.3.3　割芽

啤酒花根茎丛生不定芽的能力很强，通过割芽修根技术，割弃土壤中多余的根茎、根芽，选留 1～2 个必需壮芽，使养分集中利用促使苗肥苗壮，培肥根茎。所以，割芽是啤酒花高产优质的一项关键技术措施。对于多年生苗，河西走廊（如玉门）为了延长啤酒花生育期，一般采取顶凌割芽，当气温上升至 2℃ 以上，15～20 cm 土层开始化冻时，把根茎周围的化冻土层刨开呈浅窝，使下层冻土直接受到阳光照射加快化冻，到下层冻土化到 30 cm 以下时，把下层化冻的松土层深刨扒土，使根茎全部露出，以便割芽。一般上午扒土，下午割芽，割芽时选留 1 个鲜嫩的主根茎，切除其他根茎，再从选留的主根茎基部以上 2～3 cm 处有 2～3 对丛芽部位起，切弃根茎上端部分，切净母根茎上和所留根茎基部上多余的芽丛，除去老皮、烂皮，选留主根茎基部的新芽，切割完毕后，用乙膦铝 1：300 倍液灌根，并撒少量白灰，再覆土5～10 cm，呈包状，并将发酵的肥料环施于距主根茎 10 cm 处，然后将整个坑窝埋好，深翻旱塘，以提高地温，促进幼苗生长。当年生苗根系细弱，割芽操作与多年生苗不一样，开穴离苗

10 cm 左右,由浅到深挖穴,露出根茎尖,将根茎上的干头割去,施入基肥覆土即可。

6.3.4　苗期管理

当株芽留苗出苗率达 50％,芽长 5～6 cm 时,用手将覆土轻轻扒开,选留 3～4 个香花,高甲酸 8～12 个直立健壮的芽,抹去多余茎,用湿土覆盖,未出土的芽以湿土覆盖 3 cm 左右,让其自然生长。斜生、平生芽等用抹土垫正,切忌将肥土直接堆积在芽苗上。

6.3.5　引蔓上架

啤酒花为缠绕茎草本植物,随着主蔓的伸长和上架扩权,要及时做好插杆、引苗、定苗、疏叶打权、缠蔓布权等工作。一是抹芽完后及时插杆,插杆与地面倾角 45°～60°,所插竹竿隔行相对,"十"字打结,紧缚于铅丝上,竹竿行距要一致。二是当苗高 50 cm 时,以顺时针方向及时引缚苗上竹竿。三是按各品种留苗要求进行选留定苗。一般多年花留苗量:青岛大花 2 250 株/hm²,香花 15 000～24 000 株/hm²,高甲酸 12 000～24 000 株/hm²,多余的酒花苗要及时拔除。四是疏叶、打权。河西走廊啤酒花进入 6 月中旬以后,架上枝繁叶茂,通过疏叶,增强通风透光,使架上各器官均衡受光,提高光能利用率,促进球果的生长,防止后期现蕾的小花因受光不良引起落蕾、落花。同时疏叶还可有效减轻霜霉病的发生。打权是指将架下留枝节位以下的节上发出的小枝随发随抹去,以减少架下隐蔽度和养分的消耗。青岛大花开花节位高,架下至多留一对权,其余全抹去;香花及高甲酸节位低,地面以上 1 m 范围内的权抹去,其余权枝保留。五是缠蔓布权。青岛大花主侧蔓搭配占满网架,枝蔓长至 1 m 左右时即拽下网架,让其下垂生长。香花和高甲酸酒花采用一丛两蔓两头分开,网架上两头距 10～20 cm 时即拽下枝头,下垂生长。

6.3.6　肥水管理

6.3.6.1　施肥

啤酒花属多年生草本植物,地上植株庞大,生物产量高,吸收养分量大,需肥周期长。因此,生产上以基肥为主,追肥为辅。根据高产典型经验,干花产量 3 750～4 500 kg/hm² 应施纯羊粪 45 000 kg/hm²、饼肥 3 000 kg/hm²、过磷酸钙 900 kg/hm²、磷酸二铵 300 kg/hm²、尿素 375 kg/hm²。在施肥方法上,基肥占总施肥量的 70％,追肥在苗期、开花期和球果形成期分别追施 3 次,并叶面喷施钙、铜等微肥,在花体膨大期叶面喷施磷酸二氢钾及少量尿素 2～3 次。施肥应距根茎部 25～30 cm 弧形或环状施入,沟深 16～30 cm,有机肥在下,化肥在上,施后及时灌水。

6.3.6.2　灌水

啤酒花从上架后随着架上生产量的不断增加,对水分的需求也逐渐增大。要根据土壤保水能力、地下水位高低及天气条件,合理确定灌溉量和灌溉次数。从上架到采摘时期,一般每隔 10～15 d 灌水 1 次,灌水量应以"前期满灌、中期浅灌、后期灌后沟内无积水"为原则。重视采摘期灌水,以延缓球果衰老、延长采摘期,提高产量。灌水后应及时松土锄草、清沟和覆土。

6.3.7　病虫害防治

在啤酒花病虫害防治方面,按照无公害生产要求,采取"预防为主,综合防治"的策略。

啤酒花病害主要是霜霉病,在河西啤酒花栽培区均有不同程度的发生。在啤酒花上架后,一是采取农业防治。即通过适时适量疏叶,进行立体布网,形成通风透光的良好田间环境;合理使用氮素化肥,中后期增施磷钾肥,防治枝、叶徒长,增强抗病能力;后期控制灌水量,做到勤灌、少灌,严禁灌后沟内积水;灌水或降水后进行松土锄草,降低蒸发,保持地表干燥。二是采取化学防治。啤酒花上架后每隔 10～15 d 喷施 1 次杀菌剂,连阴天突然放晴或降水后要加喷 1 次。选用 25％瑞毒霉可湿性粉剂 400～700 倍液、40％乙膦铝可湿性粉剂 300 倍液、50％甲霜铜 700 倍液、70％代森锰锌 700 倍液,喷雾喷液量750～900 kg/hm²,不同药剂交替使用效果更佳。

啤酒花上架后虫害主要有蚜虫、红蜘蛛、甘蓝夜蛾、地老虎等,可用 20％氧化乐果 1 500 倍液喷雾防治蚜虫,用 20％甲双眯 1 000 倍液或 15％扫螨净 3 000 倍液喷雾防治红蜘蛛,用 40％敌敌畏 1 000 倍液或敌杀死 1 500 倍液喷雾防治其他害虫,喷雾喷液量750～900 kg/hm²。

6.4　提高气候生态资源利用率的途径

6.4.1　建立优质商品产业基地,发展规模化产业化生产

甘肃河西地区属温带干旱气候,其特点是日照长、温差大、降水量少、蒸发大,光热条件优越,且有灌溉条件保证,对啤酒花正常生长和高产优质十分有利,现为我国啤酒花两大栽培区之一,具有发展啤酒花得天独厚的条件。因此,在气候生态最适宜、适宜区应扩大种植规模,建立啤酒花种植基地。积极推行"公司＋基地＋农户"的产业化经营模式,与农户形成利益共享,风险共担的利益联合体,并依据企业加工能力和市场需求,在现有面积基础上,有计划、适度地新增栽植面积,稳定农户收益,保护种植户的积极性。使基地生产逐步由分散经营向适度规模经营,由粗放经营向集约化经营转变,形成产加销、贸工农一体化、系列化生产,提高基地建设的产业化程度。

6.4.2　充分合理利用生态资源,有效地提高产量和品质

河西地区光热资源充足,为了提高光能利用率,生产上可合理密植,提高单位面积产量。以目前国内大面积种植的青岛大花为例,定植的第一年亩留苗 800～1 000 株,第二年亩留

蔓 300～400 株,第三年亩留蔓 200～300 株为宜。同时,改变目前的种植架型,将低平架改为高架、半高架种植模式,克服架下空间较小、光热资源利用不足、生产潜力有限,田间劳动强度大,生产效率低,以及田间易于荫蔽造成通风不畅,病害易发生流行,无法进行机械作业等弊端。在田间栽植行向上宜采取东西向作塘,避免与当地风向垂直,可有效减轻风压和机械损伤。同时,又可以促进架下树膛内气流流动,增加光照时间,起到通风排湿、减轻病害发生和促进光合作用的目的;为了提高早春地温,促使酒花早生快发,在割芽工作完成后及时深翻水旱塘,每次灌完水后适时松土除草,清洁地表;为了提早割芽时间,便于开挖割芽坑,可在早春采取地膜覆盖,促使冻土融化,便于割芽,及早留强复壮,集中养分恢复树势。通过采取以上措施,最大限度合理利用当地生态资源,有效提高产量和品质。

6.4.3　加强生态资源保护,提高田间规范化管理水平

啤酒花自开始种植到老化其经济寿命约 30 a,晚期植株根系严重老化,抗病性差,根据啤酒花的生物学特性和生长习性,改变传统的以地下匍匐茎切割、插条扦插繁殖方式,利用"二次培养"和"单节扦插"等新技术,实现种苗快速组培,不仅节约大量的采种母条和劳力,而且保证了啤酒花品种更新对优质种苗的需求。引进选育两高(高甲酸、高香型)啤酒花新品种,确定合理的啤酒花苦香种植比例。对退化的主导啤酒花品种青岛大花进行提纯复壮,培育更多适应机械化采收品种。引进具有商品价值和市场占有率高的优质香型啤酒花,优化现有品种布局,且进行早中晚熟品种合理搭配。

积极推广啤酒花优质高产栽培技术标准,进一步规范田间割芽、整芽、施肥、灌水以及主蔓迅速生长期管理、扩权期管理、现蕾开花期田间管理、花体膨大期田间管理、成熟收获及收后管理的技术要求和参数,并根据啤酒花种植地区自然和生产条件,确定产量效益目标及栽培的肥水、植保等各项量化技术指标,从而提高啤酒花生产经营的专业化、标准化水平。

6.4.4　优化灌溉方式,提高水资源利用率

河西走廊啤酒花种植中使用滴灌技术,可较传统灌溉节水 7 557 m^3/hm^2,节水率达 47.7%。植株给水充足而适量,根系最发达区土壤湿度适宜,使水、肥、气热及微生物活动状态良好,田间杂草和病虫害减少,为啤酒花稳产高产创造了有利条件,啤酒花滴灌比沟灌增产 420 kg/hm^2,增产达 10%,增产效果明显。另外,滴灌技术也明显改善了啤酒花品质,α-酸含量增加了 0.5 个百分点以上,提高了产品品质和市场竞争力。

第2篇
瓜果作物

第 7 章　白兰瓜

白兰瓜(*Cucumis melo*)属葫芦科厚皮系统非网纹类型甜瓜的白兰蜜露种群。又名兰州蜜瓜、兰州瓜。它是厚皮甜瓜类的一个栽培变种产品。

7.1　基本生产概况

7.1.1　作用与用途

白兰瓜属厚皮甜瓜,瓜形椭圆,外形美观,洁白匀称、皮白瓤绿、肉质细腻、甜蜜爽嫩、囊厚汁丰、脆而细嫩、清香扑鼻,享有"香如桂花,甜似蜂蜜"之誉。其含糖量高达 15% 左右,并富含钙、磷、铁及多种维生素。白兰瓜不仅香甜可口,富有营养,还有清暑解热、解渴利尿、开胃健脾之功效。因为白兰瓜皮白且硬,耐储藏,宜于运输,所以不仅供应国内各地,而且远销海外。

7.1.2　分布区域与种植面积

1944 年,美国副总统亨利·阿加德·华莱士访问中国,途经甘肃省兰州市,带来了由罗德明博士选送的此瓜种,交给当时甘肃省建设厅厅长张心一博士,作为纪念而将瓜命名为"华莱士"。后因认为"华莱士"有崇美色彩,1956 年,时任甘肃省省长邓宝珊将军,将瓜名改为"白兰瓜",取瓜皮白而出自兰州之意。

白兰瓜原产于美国的红海、京东一带,美国人叫它"蜜露"。主产于中纬度地带的温热干旱气候区。20 世纪 50 年代引入甘肃省靖远等地,80 年代初期开始大面积栽培。在甘肃省的兰州市,种植白兰瓜的历史悠久,中心产区为二滩、糜滩、乌兰、刘川、水果、宝积等乡,其中以兰州市城关区青白石乡的产品最为有名。目前白兰瓜在白银和河西走廊等地有大面积种植,为甘肃主要特产之一,2013 年全省种植面积为 4 167 hm²,总产 15 460 万 kg,单产 3 710 kg/hm²。

7.1.3　产量品质与发展前景

白兰瓜是甘肃主要特色作物之一。大部分地域具有发展生产优势。

（1）自然环境气候优势。兰州市及河西走廊等地属典型的大陆性温带干旱气候类型，日照充足，光热资源匹配好，昼夜温差大，灌溉条件便利，高温高湿时间短，天气干燥，病虫害少，有利于瓜类作物的生长以及干物质和糖分的积累，产品质量高。

（2）资源优势转变为产业和经济优势。由于农业和农村经济发展进入了一个新的发展阶段，经济作物播种面积大幅度增加，农业综合生产能力有了新的提高，以白兰瓜为代表的地域特色产品有了较大发展，将资源优势变为优势产业。振兴白兰瓜品牌及其产业，变资源优势为经济优势。

（3）技术优势和市场需求。由于科技部门的育种与栽培研究，建立了繁育体系，提纯了品种；建立一套栽培管理新技术，为高产优质提供技术支撑。白兰瓜具有外形优美，品质优良，味道甘甜等特点，并且在国内外享有良好声誉。因此，有良好的市场前景和较旺盛的市场需求，有很好的发展前景。

7.2 作物与气象

7.2.1 气候生态适应性

7.2.1.1 生态特点与气候环境

白兰瓜喜光、喜温、喜温差大、喜空气干燥、需水、需土壤通气性好，怕低温冻害和阴雨寡照。

7.2.1.2 物候特征与气象指标

从表 7.1 看出，酒泉的播种期比兰州迟 10～20 d，成熟期晚 15 d 以上，全生育期天数多 10 d 左右，≥10℃积温高 100～500℃·d，日照时数多 100 h 左右。在 5 cm 地温通过 12～15℃时播种较适宜，地温−2℃以下发生瓜苗冻害。播种至出苗适宜气温 15～17℃，出苗至开花 17～23℃，开花至坐瓜 23～26℃，坐瓜至成熟 22～25℃。

表 7.1 白兰瓜生育期与气候生态指标

地点	发育期					全生育期气候指标			
	播种期	出苗期	开花期	坐瓜期	成熟期	全生育期(d)	≥10℃积温(℃·d)	日照时数(h)	干燥度
兰州	3月下旬—4月上旬	4月下旬	6月上旬	6月下旬	7月下旬—8月上旬	110～120	2 100～2 300	1 000～1 200	3～5
酒泉	4月中—下旬	5月上—中旬	6月中旬	7月中旬	8月中—下旬	120～130	2 200～2 800	1 100～1 300	3～7

7.2.1.3 品质与气象

白兰瓜的品质优劣主要以含糖量高低为标准。据研究，白兰瓜的含糖量与生育期间的积温、日照时数、光积温（≥20℃积温与日照时数的乘积）和气温日较差具有较好的相关关系（表7.2）。生育期间积温多、光照充足、气温日较差大，对糖分积累十分有利，含糖量高，品质优。

表7.2 白兰瓜含糖量与气象因子的相关系数

气象因子	≥10℃积温	≥20℃积温	日照时数	光积温	日平均最高气温	气温日较差
全生育期	0.909**	0.960**	0.979**	0.959**	0.899**	—
开花—坐瓜—成熟	0.897**	0.937**	0.939**	0.974**	—	0.907**

注：** 表示通过 0.01 显著性水平检验。

利用表 7.2 的结果，选用全生育期日照时数（S）和≥20℃积温（$\sum T_{20}$）以及糖分累积期（开花—坐瓜—成熟期）气温日较差（T_D）与糖分累积量关系最为密切的 3 个气象因子进行多元回归拟合得出糖分累积气候指数（R）为：

$$R = -0.765 + 0.00189 \sum T_{20} + 0.00455S + 0.3638\ T_D \tag{1.1}$$

方程复相关系数 0.988，经 F 检验[①]，$F=81.98$，查到 $F_{0.01}=9.78$，$F \geqslant F_{0.01}$，方程效果显著。由式（1.1）看出，糖分累积气候指数随积温、日照时数及气温日较差的增加而增大。计算 3 个因子的标准回归系数，$b_1=0.0629$；$b_2=0.0388$；$b_3=0.0304$。说明≥20℃积温贡献最大，其次是日照时数和气温日较差。

用式（1.1）计算不同产地的 R 值：敦煌 15.7%，民勤 13.3%，酒泉 12.8%，凉州 12.9%，兰州 12.5%。用气候指数计算结果与实际生产情况基本一致，较好地反映了白兰瓜品质随地域的分布特征。即大陆性气候越显著的地带，白兰瓜糖分累积气候生态条件越优越；也较好地反映了气候年型的变化，R 值越大，品质越好。

7.2.2 气候变化及其对白兰瓜生产的影响

从图 7.1、图 7.2 可见，河西白兰瓜主产区≥10℃积温呈逐年增加趋势。敦煌≥10℃积温 20 世纪 90 年代较 80 年代平均增加 128℃·d，线性倾向值为 174℃/10a。民勤 2001—2006 年较 70 年代增加 301℃·d，线性倾向值为 109℃/10a。日照时数也呈逐年增加趋势。民勤 70、80、90 年代日照时数分别为 3 005 h，3 059 h，3 156 h，2001—2006 年平均为 3 257 h，较 20 世纪 70 年代平均增加了 252 h，光热条件得到明显改善，使得河西灌溉农业区白兰瓜适生种植高度向南部山区海拔 1 300～1 500 m 地区扩展，范围扩大，种植面积增加。原种植区种植品种将向晚熟品种发展，从而使产量增加。成熟期低温不利影响程度减轻，有利于糖分积累和品质提高，商品品级提高。但与此同时，气候变暖引起的高温干旱概率增大，单位面积土地对水分的需求量也会相应增大。

---

① F 检验法通过比较两组数据的方差，以确定它们的精密度是否有显著性差异。计算得到的回归值 F 与查表得到的 $F_{0.01}$ 值比较，$F \geqslant F_{0.01}$ 表明两组数据存在显著差异，$F < F_{0.01}$ 表明两组数据没有显著性差异。

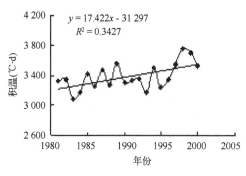

图 7.1　敦煌≥10℃活动积温历年变化

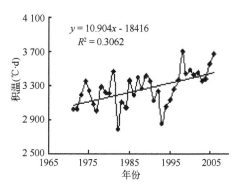

图 7.2　民勤≥10℃活动积温历年变化

7.2.3　气候生态适生种植区域

　　通过以上分析,白兰瓜气候生态适生种植区划主要是品质的气候生态区划。因此,选取糖分累积气候指数为主导指标,生育期≥20℃积温、日照时数和糖分累积期气温日较差为辅助指标,含糖量和海拔高度为参考指标,确定为气候生态区划综合指标体系,将主产地河西走廊及相邻地区白兰瓜品质气候生态适生种植区划分为5个区域(表7.3)。

表 7.3　主产地白兰瓜品质气候生态适生种植区划综合指标体系及种植分区

项目		Ⅰ 最适宜区	Ⅱ 适宜区	Ⅲ 次适宜区	Ⅳ 可种植区	Ⅴ 不宜种植区
海拔高度(m)		1 100～1 200	1 200～1 400	1 400～1 500	1 500～1 600	>1 600
糖分累积气候指数(%)		16～17	14～16	13～14	12～13	<12
全生育期	≥20℃积温(℃·d)	2 000～2 200	1 500～2 000	1 200～1 500	900～1 200	<900
	日照时数(h)	1 200～1 300	1 100～1 200	1 050～1 100	1 000～1 050	<1 000
糖分累积期气温日较差(℃)		15.5～16.5	14.5～15.5	14.0～14.5	13.5～14.0	<13.5
含糖量(%)		15～16	14～15	12～14	11～12	<11
地域范围		敦煌、瓜州西部,金塔和高台的个别乡镇	瓜州东部、玉门的花海,金塔、高台和民勤的大部,肃州和靖远的少部,兰州的青白石和皋兰的什川等地黄河沿岸	玉门镇、肃州、临泽、甘州等地的大部,民勤、凉州、靖远、白银、皋兰等地的部分乡镇	甘州、凉州、靖远、景泰、皋兰、榆中等地的部分乡镇	除前4个区以外的乡镇
分区评述		属温暖特干旱气候类型。热量丰富,日照充足,气温日较差大,产品含糖量高,品质优	属温和干旱气候类型,热量较丰富,日照充足,气温日较差大,产品含糖量较高,品质较优	属温和干旱气候类型,热量、日照、气温日较差条件基本适宜,产品含糖量达一般水平	属温和半干旱气候类型,热量条件较差,日照和气温日较差一般,产品含糖量较低,品质较差。注意防御低温危害	热量到达种植上限,产量很低,品质很差

7.3 栽培管理技术

7.3.1 选地与施底肥

宜选用周边开阔,小气候优越的新砂地作栽培用地。在上年秋按播种行施入基肥,用量为每亩施腐熟牛粪 2 000 kg、磷酸二铵 25 kg、油渣或豆渣 100 kg、磷肥 30 kg,施入后整平整实,平覆砂石后喷足水分留待备用。

7.3.2 大棚搭建

塑料大棚的跨度和长度依地块而定。一般宽度为 3.5～5.5 m,长度为 70～90 m,过长不利于管理。于播种前 7～10 d(2 月 25 日左右)扣好大棚,以利地温回升,备足种植行搭建小棚用的竹竿、薄膜,大棚用膜一般可使用两季。

7.3.3 选种与播种

选择小熟红瓤白兰瓜、大熟白兰瓜等品种。播种以 3 月初为宜,先将种子用纱布包好,用 55℃温水浸泡种子,使之在温水中自然冷却。12 h 后,用清水冲洗,盛籽容器置于 25～30℃恒温下催芽,达到催芽标准后进行播种。每穴播 2 粒(若种子较珍贵也可选饱满种子 1 粒/穴),一般行株距为(0.55～0.75)m×0.75 m,密度为 1 300 株/亩。播后立即在大棚内按播种行搭小行棚,并将薄膜拉紧压实。

7.3.4 田间管理

7.3.4.1 苗期管理

播后 10 d 左右开始出苗。一般 2 周左右达苗齐。随着苗子长大,气温渐升,日间应对大棚通风换气。白天逐渐掀开大棚两端,夜间压紧,同时对小行棚的通风也要循序加大,一般将小行棚内温度控制在 30～32℃为宜,至 5 叶期,视天气情况可逐渐撤去小行棚。

7.3.4.2 整枝与授粉

采用孙蔓 3—2—1 整枝法。花期宜采用人工辅助授粉,以保证正常坐瓜。授粉一般在上午进行。

7.3.4.3 通风换气

通风时间和强度要根据白兰瓜不同生育阶段和当日气象条件确定。幼苗期正值早春,棚外气象因素多变,通风应小些,只是在中午通风 4～5 h 即可。随着幼苗生长,外界变暖,可逐渐增大通风量,延长通风时间。一般要求白天棚内 30～35℃为宜,夜间最低温度不应低于 15℃。坐果以后,为促进果实膨大和糖分积累,白天更应加大通风量,根据天气情况,白天可拉开大棚两端棚膜。后期高温天气甚至可在大棚两侧分段卷膜开通风口,夜间闭合。若遇连阴天,更要注意延长通风时间,以降低棚内湿度。

7.3.4.4　病虫害防治

主要病虫害有:猝倒病、蔓枯病、白粉病、疫病、叶斑病、病毒病和蚜虫等。

猝倒病:防治时应以培育壮苗为主要目标,并做好轮作倒茬,提高植株抗性,也可用敌可松液喷根防治。

蔓枯病:发现病株应立即用代森锰锌喷布全株,以后每隔5~7 d喷一次,也可用福尔马林100倍液涂抹病处。

白粉病:一般多在生育中后期发病,主要危害叶片,发现病叶就要及时全面地喷一次农药。可用50%可湿性多菌灵500倍液或70%甲基托布津800~1 000倍液喷布,或用25%粉锈宁3 000倍液防治。

蚜虫:可用蚜虫净烟雾剂防治,或用乐果1 000倍液喷布。

7.3.5　采收

白兰瓜属于厚皮甜瓜中晚熟种。从播种到采收共用120 d左右。其中,雌花开放到果实成熟需55 d,除了依据果实发育时间采收外,还可根据成熟时的固有色泽采收。采收时可轻压脐部稍感有弹性外,还要特别注意果实触地部分的皮色。白兰瓜果实触地部皮色如果已转变成乳白色,富有光泽,果实就已充分成熟,即可采收。

7.4　提高气候生态资源利用率的途径

7.4.1　建立优质商品瓜生产基地,提高气候生态资源利用率

在最适宜种植区建立外销型优质商品瓜生产基地,打入国际市场;在适宜种植区可发展以外销为主,兼顾国内市场的混合型基地;在次适宜种植区建立以国内市场为主的内销型基地。各区应选择适宜栽培的优质品种种植,加大科技投入,创品牌商品瓜。强化基地建设,实施"公司＋基地＋农户"的产业化生产、经营模式。在基地选择、品种选用、肥料使用、病虫防治、产品包装与运输等全过程进行规范操作。强化基地配套设施栽培,推广标准化生产技术、无公害生产技术、嫁接栽培技术等,实施规模化生产。

7.4.2　优化品种结构,增加花色品种

对品种进行引进和更新,实现品种优质化和多样化。选用优质、商品性好、耐储运和抗性较强的早、中、晚熟品种搭配种植,生产出高产优质的产品。优化品种结构,增加花色品种,生产出试销对路的优质产品,主动适应市场潮流,以满足不同消费者的需求,及时淘汰不受市场欢迎的品种,才能获取较好的经济效益。

7.4.3　改进栽培技术,减轻气象灾害

据研究,不同栽培方式可以提高白兰瓜生育期的热量条件和含糖量,如采用一层地膜加一层薄膜拱棚栽培方式;采取霜前棚内育苗,霜后移苗的措施;冬季采用温室栽培等技术。既可防御霜冻危害,又可增加热量,而且使白兰瓜提早成熟上市,提高产量和品质,增加商品价值和经济效益。在河西采用旱塘栽培技术,使灌水次数减少而水量增加,可蓄水保墒抗旱,防盐碱和土壤板结,对根系生长有利;同时还能提高土壤温度和地表昼夜温差,提高产量和品质。优质商品瓜生产基地,要严禁使用化肥,多施用农家肥,提高品质。

第8章 酿酒葡萄

酿酒葡萄(*Vitis vinifera*)，又名欧亚葡萄或欧洲葡萄，属葡萄科、葡萄属落叶藤本植物，是世界上栽培最早、分布最广的果树之一。原产于地中海地区、中欧及亚洲西南部地区。目前用于酿酒的主要栽培葡萄均来自欧亚种。

8.1 基本生产概况

8.1.1 作用与用途

酿酒葡萄，顾名思义，是酿制葡萄酒的主要原料。由酿酒葡萄汁发酵而成的饮料酒含有多种营养成分，且具有保健作用，是世界公认的对人体有益的健康酒精饮品。葡萄酒内含一种称为白藜芦醇的物质，以红葡萄酒中含量最多，可用于癌症的化学预防。葡萄酒能调节人体新陈代谢，促进血液循环，防止胆固醇增加，同时还有利尿、激发肝功能和防止衰老的作用，长期适量(每天控制在50 ml)饮用，可以起到滋补、强身、美容的作用，可防止坏血病、贫血、眼角膜炎，降低血脂，促进消化，对预防癌症和医治心脏病大有裨益。

在干旱少雨的西北沿沙漠地区种植葡萄，还具有很好的生态保护功能。由于葡萄的浅表根系发达，可直接改善沙漠边缘的土壤结构，增加地表覆盖，从而达到防沙固沙、防止水土流失、遏制荒漠化蔓延的目的，在有效增加当地居民经济收入的同时，具有显著的生态效益和社会效益。

8.1.2 区域与面积

世界公认的酿酒葡萄产区主要分布在北纬30°～52°以及南纬15°～42°之间，在这个气候带里聚集了世界主要的葡萄酒产区。例如法国的波尔多、勃艮第和香槟产区，意大利的托斯卡纳产区，美国加州的纳帕山谷产区，澳大利亚的南澳产区，此外，还有中东的葡萄产区和以中国为代表的亚洲产区。中国的酿酒葡萄主要分布在中国西北和北方气候较为干旱的地区，包括河北、河南、天津、北京、山东、山西、陕西、甘肃、宁夏、新疆、内蒙古、云南、四川、广西、辽宁、吉林等省(区、市)，并已形成河北产区、天津产区、北京产区、山东胶东半岛产区、黄河故道产区、山西黄土高原产区、关中天水产区、河西走廊产区、贺兰山东麓产区、天山北麓产区、内蒙古产区、云南产区、广西产区及东北产区等数十大产区。其中新疆、甘肃、宁夏、河北、山东及北京和天津等 7 个省(区、市),酿酒葡萄种植面积和产量占全国的 90% 以上。

甘肃酿酒葡萄主要分布在河西走廊的武威、张掖、嘉峪关和酒泉,2013 年酿酒葡萄种植面积 1.67 万 hm²,产量达 5 740 万 kg,其种植面积约占全国总面积的 18%。其中武威市酿酒葡萄栽培面积达到 1.51 万 hm²,约占全国酿造葡萄种植面积的 17%,占全省种植面积的 90% 以上。

8.1.3　特点与优势

葡萄酒行业素有"三分工艺、七分原料"之说。"好的葡萄酒是种出来的"这一重要论断已被中国各葡萄酒厂和酿酒葡萄生产基地所公认。西北地区的新疆吐鲁番、甘肃武威、宁夏银川等地由于特殊的地理气候条件,成为我国酿酒葡萄栽培的最佳生态区。以河西走廊为例,该地具有生产酿酒葡萄的最佳光、热、水、土等资源组合优势。从土壤方面看,土壤以沙质土为主,其结构疏松,孔隙度大,有利于葡萄根系生长;沙质土矿物质含量丰富,热交换快,有利于果品的着色和成熟。从气候方面看,光照充足和昼夜温差大,使得果实成熟前有利于糖分积累和风味保持,含酸量适中,品质优良。气候干燥、降水量少、大气透明度高,果品一般无病虫害。当地工业项目少、污染小,适合生产绿色食品。由于河西走廊生产的葡萄成熟充分、糖酸适中、特色突出,因而该地区是我国优质葡萄酒最佳产区之一。宁夏吸引了国内张裕、王朝、长城等知名葡萄酒生产企业投资建厂、建基地。武威市先后引进了山东威龙、美国月色美地、宁夏银广夏、甘肃紫轩等国内外知名葡萄酒企业,基地建设方兴未艾,葡萄酒产业链不断延伸,推动了从葡萄及葡萄酒优质产区向葡萄酒产业聚集区转型。2012年,武威被中国食品工业协会命名为"中国葡萄酒城"。2014 年农业部核准"武威酿酒葡萄"农产品地理标志。

8.1.4　发展前景

随着国家经济社会发展和人民生活水平的提高,中国葡萄酒产量与市场需求以年均15% 以上的速度快速增长,成为全球最大的葡萄酒需求市场。加之人们的消费理念也在发生着巨大的变化,葡萄酒正逐步成为人们酒类消费的首选和主流,消费群体正在慢慢扩大。目前世界葡萄酒年人均消费水平为 7 L,而中国年人均消费只为世界平均水平的 6%。我国葡萄酒市场巨大的消费潜能以及市场发展空间,引起了全球葡萄酒厂商的关注。根据资料统计,2010 年我国进口葡萄酒(含原酒)总量为 30.5 万 kL,占我国葡萄酒产量近 1/3。根据国家优势农产品产业发展布局,今后 10 年内,酿酒葡萄重点向西部和环渤海湾地区两个优势生产区集中发展,尤其是葡萄生态环境优异的中国西部干旱、半干旱地区,将是今后中国优良酿酒葡萄和优质葡萄酒的重点发展区域。

近年来,酿酒葡萄生产受到各级政府部门的高度重视。甘肃省出台了《甘肃省葡萄酒产业发展规划(2010—2020 年)》。武威市也先后出台了《关于加快酿酒葡萄产业发展的意见》《武威市葡萄产业发展规划》和《武威市 100 万亩特色林果基地建设规划》等政策措施，大力发展以葡萄酒为主的"液体经济"，把葡萄产业作为调整农业结构的特色林果业来大力扶持。武威市计划到 2015 年全市酿酒葡萄种植面积达到 30 万 hm²，葡萄酒生产加工能力达到 20 万 kL 以上，到 2020 年，力争把武威打造成国内一流、世界知名的有机葡萄酒生产基地。

8.2　作物与气象

8.2.1　气候生态适应性

8.2.1.1　生态特点与气候环境

酿酒葡萄是多年生喜温植物，生长在干热的暖温带，喜高温、喜干燥、喜光，需要日照充足的生态环境。对土壤的适应能力很强，适于种植的土壤类型非常广泛，但最适宜的土壤类型为沙砾土和沙壤土。葡萄耐寒性较差，越冬条件对其生长发育和产量影响很大。在西北自然气候条件下，必须通过人工埋土才能防寒越冬。

8.2.1.2　物候特征与气象指标

西北产区酿酒葡萄生育期，银川地区早熟种、中熟种一般在 4 月中旬萌芽，9 月上、中旬成熟，生长期平均 143～149 d。晚熟种 4 月下旬初萌芽，9 月下旬成熟，生长期平均 156 d。甘肃河西武威产区早熟、中熟品种 4 月下旬萌芽，9 月中下旬成熟，生长期平均 155 d。中晚熟品种一般在 4 月中旬出土上架，4 月下旬日平均气温稳定通过 10℃为开始萌芽期，芽能抵抗 1～2℃的低温；5 月上旬展叶期，适宜气温 10～12℃，萌发后的嫩梢和叶片在 −1～0℃开始受冻；5 月新枝生长期，气温 14～17℃；6 月上旬开花期，气温 19～22℃；6 月中下旬幼果开始生长，气温 20～21℃；8 月中下旬果实着色期，气温 22～23℃；9 月中下旬成熟采收期，气温 17～19℃，浆果在 −5～3℃时受冻；10 月中下旬进入落叶期，日平均气温下降至 10℃以下；11 月上中旬下架入土，全生育期 150～160 d，需要 ≥10℃积温 2 900～3 000℃·d，气温日较差生长前期 11～14℃，后期 13～17℃；日照时数 1 150～1 250 h，降水量 210～220 mm。

8.2.1.3　产量品质与气象

据相关计算（表 8.1），河西地区酿酒葡萄果粒增长速度与平均气温、最高气温呈负相关，说明果粒增长期气温偏高，对果实增大有抑制作用，这与沿沙漠地区白天增温快，温度过高有关。分析果粒增长速度最快时的气温在 20～21℃，超过 21℃，果实生长缓慢。空气相对湿度、降水量与果实增长量多呈正相关，说明水分增多有利于果实增大。

表8.1　葡萄果实增长量与气象因子的相关系数

品种	平均气温	最高气温	气温日较差	降水量	空气相对湿度	熟性
黑比诺	−0.8942*	−0.9709**	−0.9429**	0.7569	0.3163	中早熟
霞多丽	−0.8732*	−0.9357**	−0.9816**	0.6655	0.4129	中早熟
梅鹿辄	−0.9089*	−0.9093*	−0.6191	0.9162*	0.0266	中晚熟
赤霞珠	−0.4688	−0.5784	−0.8579*	0.5401	0.6762	晚熟
贵人香	−0.7959	−0.8504	−0.8263	0.6529	0.3810	晚熟

注：*，** 分别表示通过 0.05，0.01 的显著性水平检验。

从表8.2可见，两个品种的果粒含糖量与光、热因子均呈正相关，与水分因子均呈负相关，表明在品质形成期，热量丰富、气温日较差大、日照充足、空气干燥有利于糖分累积。

表8.2　葡萄含糖量与气象因子的相关系数

品种	≥10℃积温	日平均气温	日照时数	降水量	气温日较差	最高气温	最低气温	相对湿度	光温积
梅鹿辄	0.479	0.562	0.718*	−0.236	0.735*	0.654*	0.209	−0.625	0.749*
赤霞珠	0.496	0.530	0.848**	−0.386	0.847**	0.659*	0.121	−0.736*	0.867*

注：*，** 分别表示通过 0.05，0.01 的显著性水平检验。

河西走廊葡萄产区地处温带干旱沿沙漠地带，光热资源丰富，夏季气温适宜，成熟期气温日较差大，有利于糖分积累。加之成熟前天气冷凉，果实的芳香物质不易散失，能增加酒香物质，提高酒的品质。如甘肃武威最热月气温多年平均为21.5℃，低于国内其他葡萄产区，而与波尔多地区（21℃）十分接近。8—9月气温日较差较法国波尔多和我国东部葡萄产区相比偏高2~4℃。成熟期平均气温在15~22℃，和法国波尔多基本接近，较我国东部葡萄产区8月份低2.8~4.6℃，9月份低4.4~6.5℃。并且从8月至9月气温下降迅速，幅度达5.5~5.7℃，有利于果实保持一定的酸度，积累足够的酚类物质（单宁）和形成良好的风味口感。

8.2.2　气候变化及其影响

气候变暖后，春季稳定通过≥10℃界限日期初日提前，终日推后，持续日数增加（表8.3）。初日由20世纪70年代的平均4月27日提前到2001—2010年的4月21日。终日由10月3日推后到10月14日，持续日数增加17 d；无霜期延长，由70年代的平均132 d增加到2001—2010年的171 d，增加了39 d；热量条件也得到明显改善，≥10℃积温线性倾向增加值在99.0~115.8℃/10 a。2001—2010年≥10℃积温平均为3 329℃·d，较70年代增加450℃·d，相当于种植高度提高了200 m；成熟期8—9月年平均气温2001—2010较70年代增加1.2℃；生育期4—9月降水呈略增加趋势，但增量不大；热量条件的改善对酿酒葡萄生产布局、生长发育、产量和品质形成均产生十分积极的影响。

表8.3　武威酿酒葡萄主产区农业气候资源年代际变化

年代	≥10℃初日 （月-日）	≥10℃终日 （月-日）	≥10℃持续 日数(d)	≥10℃活动 积温(℃·d)	无霜期(d)	8—9月平均 气温(℃)	4—9月降水 （mm）
20世纪70年代	04-27	10-03	160	2 879	132	17.5	130.0
80年代	04-20	10-06	170	2 956	152	17.7	135.3
90年代	04-23	10-02	163	3 000	148	17.8	156.1
2001—2010年	04-21	10-14	177	3 329	171	18.7	143.5

有利影响：一是生长发育速度明显加快，萌芽期、展叶期等发育期提前，能够迅速恢复树势，延长光合作用时间、促进叶芽、花芽的发育和提高产量。二是无霜期延长，生育后期受低温和早霜冻的不利影响减弱，品质形成期持续时间较长，有利于干物质的积累和果粒着色，促进葡萄果粒完全成熟，增加含糖量。三是葡萄气候适生区域扩大，使种植面积增加，有利于区域化种植、规模化发展。四是葡萄区域栽培品种熟性发生明显变化，种植多熟性葡萄品种成为可能。原来不能种植晚熟品种的地区，由于热量条件改善，无霜期增加，晚熟种也可引进种植，丰富了企业所产酒种类型。原来不能种植区变为可种植区，可栽种早熟品种。

不利影响：一是气候变暖后，葡萄果园小气候也将进一步向干热化趋势转化，各生育期间树体、土壤的蒸腾、蒸发耗水进一步加剧，对水分需求量将进一步增加，对干旱地区来讲，会加剧水需求矛盾。二是最适区、适宜区果实生育期间气温升高，将超出果实膨大适宜温度范围，不利于葡萄果粒的增大，影响产量的提高。三是随着萌芽期提前、扩种面积的增加和品种熟性的改变，极端农业气象灾害对葡萄生产的威胁增大，早晚霜冻、寒潮、秋季低温连阴雨等灾害一旦发生，对坐果率、果实着色、含糖量积累影响明显，严重影响产量和品质及经济收益。

8.2.3　气候生态适生种植区域

在甘肃河西走廊、宁夏河套区、新疆等地，由于干旱少雨，水分主要通过灌溉补充，对果实品质而言，水分不是限制因子。限制因素主要是有效积温和最热月平均气温，它决定了葡萄的成熟进程和成熟度。因此，通过前述分析，选用≥10℃有效积温、最热月平均气温、成熟期气温日较差共同组成气候生态区划综合指标体系（表8.4），用逐步回归法建立了区划指标与各地理信息的小网格模式数理统计学方程，运用地理信息系统城市之星（Citystar）软件平台，将甘肃主产地河西走廊酿酒葡萄生态气候划分为最适宜种植区、适宜种植区、次适宜种植区、可种植区、不宜种植区5个区域（图8.1）。

表8.4 区划指标地理信息方程

区划指标	回归方程	R	F 值
≥10℃有效积温（$\sum T$）	$\sum T = 1792.045 + 84.154\varphi - 1.437H$	0.963	187.1
7月平均气温（T）	$T = 19.899 + 0.3\varphi - 0.007H$	0.974	195.6
8—9月气温日较差（Td）	$Td = 7.278 + 0.3\varphi - 0.003H$	0.828	163.8

注：表中φ为纬度，H为海拔高度，R为复相关系数，F为回归值。

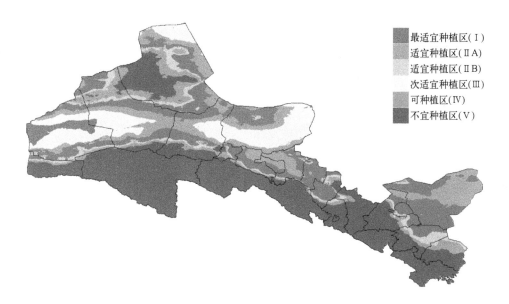

图8.1 河西走廊酿酒葡萄种植气候区划

最适宜种植区（Ⅰ）：包括武威市凉州区东北部、民勤县西南部、金昌市、张掖市的甘州区大部、临泽县、嘉峪关市、酒泉市的肃州区、玉门镇等海拔1 400～1 750 m的地区。生长期≥10℃活动积温2 550～3 100℃·d，最热月平均气温20.0～22.5℃，成熟期气温日较差14.0～15.0℃，是生产酿制干红、干白酒用葡萄的最佳区域，应作为主要生产基地重点发展。适宜种植中早熟、中熟葡萄品种如黑比诺、法国兰、霞多丽、梅鹿辄等。

适宜种植区（Ⅱ）：本区分两个亚区。包括民勤县中北部、高台县大部、肃州区东北部、瓜州县中东部海拔1 300～1 400 m地区和山丹县北部、肃州区南部、民乐县北部、古浪县北部、凉州区西部等沿沙漠、河谷沿岸沙地海拔1 750～1 850 m地区。前一地区生长期≥10℃活动积温3 100～3 300℃·d，最热月平均气温22.5～23.5℃，成熟期气温日较差15.0～15.5℃，适合种植中晚熟、晚熟品种，如梅鹿辄、品丽珠、贵人香等，宜积极扩大种植规模，开展酿酒葡萄基地建设。后一地区生长期≥10℃活动积温2 400～2 550℃·d，最热月平均气温19.5～20.0℃，成熟期气温日较差13.5～14.0℃，适合种植早熟、中早熟品种，如黑比诺、法国兰、索味浓、赛美蓉、霞多丽等。本区因对局地小气候要求较高，发展时要积极稳妥、因地制宜。

次适宜种植区(Ⅲ):包括河西西部的瓜州县、敦煌市、金塔县海拔 1 130～1 300 m 的地区。生长期≥10℃活动积温 3 300～3 550℃·d,最热月平均气温 23.5～24.5℃,成熟期气温日较差 15.5～16.0℃,本区是河西光热条件最好的地区。目前酿酒葡萄种植面积很少,今后要积极引进晚熟葡萄品种如宝石无核、蛇龙珠、赤霞珠、佳利酿、晚红蜜等,通过延长葡萄生育期,提高干酒原料品质,进而提高酒质。

可种植区(Ⅳ):包括永昌、野马街、古浪县北部等海拔 1 850～1 990 m 的地区。生长期≥10℃活动积温 2 200～2 400℃·d,最热月平均气温 18.5～19.5℃,成熟期气温日较差 13.0～13.5℃,适宜种植极早熟、早熟品种如黑比诺、法国兰等,本区因热量条件不足,原料成熟度及品质较差,不宜大面积种植。

不宜种植区(Ⅴ):包括走廊沿山地区海拔高于 1 990 m 的地区。≥10℃活动积温少于 2 200℃·d,最热月平均气温低于 18.5℃,成熟期气温日较差小于 13.0℃,热量严重不足,不能满足葡萄正常生育和成熟,品质极差,不宜种植。

8.3　栽培管理技术

8.3.1　园地选择

选择土壤疏松,土质沙壤,土层深厚,地下水位 1 m 以下,中性或偏碱性土壤(pH 值 6.0～8.0),土壤有机质含量 0.8% 以上的肥沃耕地建园。对于土壤盐碱较重的地块,选用抗盐碱砧木或拉沙压碱,土壤回填后于定植沟中覆厚 10 cm 的细沙以防土壤返碱。漏沙地可挖宽 1.5 m、深 1.3 m 的沟槽,内铺塑料膜,将肥沃的土壤混合有机肥填入沟槽中,以达到保肥保水的目的。

8.3.2　品种选择

依据河西走廊热量条件,酿酒葡萄栽培以中早熟、中熟、中晚熟品种为主。据牟德生等(2004)对国内 70 个品种进行引种试验,根据物候期、果实经济性状、结实力等指标初步筛选出了赤霞珠等 14 个品种。其中红葡萄品种主要有赤霞珠、黑比诺、梅鹿辄、品丽珠、法国蓝、蛇龙珠、西拉等;白葡萄品种主要有霞多丽、意斯林、雷司令、白比诺等。

8.3.3　苗木定植

一般在 4 月下旬,采用南北行开沟定植,行距一般定为 2.5～3 m,株距 1 m,每亩栽植 220～260 株。在定植沟中错开施肥坑每隔 1 m 挖直径 40 cm 的定植穴,将苗木置于穴中,使根系向四方均匀分布,再将挖出的土壤回填,并轻轻将苗木上提,然后踏实,使之高出地面 3～5 cm,灌足底水,将塑料膜顺行铺于定植沟之上,周围用土压实,边覆膜边放苗,并用细沙将苗木四周封严。灌水渗干后及时覆土封埋外露的根系。当定植的成品苗发芽后,对顶芽未萌发的植株,小心地扒开土壤,促使埋在土内的第2芽出土生长。扒出的芽若已萌发,应覆细土保护,防止曝晒致死。

8.3.4　肥水管理

8.3.4.1 施肥

葡萄园施肥前促后控,即前期以施氮肥为主,促进植株旺长;后期以施磷、钾肥为主,控制旺长,促进枝条成熟。主要掌握好重施基肥、关键期施肥、叶面施肥三个环节。

(1)重施基肥。结合深翻进行。幼树8月底—9月初采用穴状施入,每株至少两穴,株施有机肥5～10 kg,过磷酸钙0.5 kg;结果树,每年果实采收后施入,株施有机肥10～15 kg,过磷酸钙1 kg。结果树采用带状沟施入,沟宽30～50 cm,深70 cm。据对四年生梅鹿辄的观测,施基肥比对照(不施)枝粗增加0.18cm,单穗增重46.3%,产量增加21.4%,成熟期提前3～5 d,含糖量增加1.3%,成熟一致,着色均匀,质量好于对照。

(2)抓住关键期追肥。酿造葡萄在施足基肥的前提下,要掌握好三个追肥关键期:花前追肥,以氮为主,于葡萄开花前一周施入,幼树施尿素50 g/株左右,结果树施100 g/株左右,促进开花,提高坐果率;果实膨大期追肥,以氮磷复合肥为主,配以多元微肥,果粒呈豌豆粒大小时,每株施磷酸二铵100～150 g,促进果粒快速膨大,使果粒整齐一致;果实着色期追肥,时间为8月中下旬,以磷钾肥为主,每亩施过磷酸钙50～100 kg、硫酸钾20～30 kg,提高叶的光合效率,增加树体营养储藏,促进浆果成熟,提高质量。

(3)重视叶面追肥。在开花前5～7 d及盛花期分别喷0.2%的硼酸或0.3%的硼酸加0.2%尿素溶液,提高坐果率。品质形成期每隔10 d叶面喷0.4%磷酸二氢钾,共喷3次,促进果实成熟,提高品质,促进花芽分化。

8.3.4.2　灌水

灌水掌握"前期浅、中期勤、后期控"的原则。全年共灌水7～8次。最适合葡萄生长的土壤水分含量为田间最大持水量的60%～70%。根据气候、降水情况适时灌好催芽水、花前水、花后水、催果水、果后水和封冻水。如偶遇多雨时还应排水。关键灌好4次水:花前水(开花前1周)、果实膨大水、浆果着色水、越冬水。其余时间灌水根据土壤、气候灵活掌握。浆果成熟期前2周停止灌水,提高果实可溶性固形物含量。越冬埋土前15～20 d饱灌冬水,以利越冬。

8.3.5　病虫害防治

河西走廊气候干燥,除个别年份发生轻微的霜霉病、白粉病、毛毡病外,很少有其他病虫害发生。发病率最高的是白粉病、白腐病和毛毡病。发病率高低与当年7—8月降水量有很大关系,不同品种抗病性有差异,如品丽珠抗毛毡病较弱,抗其他病较强,梅鹿辄抗病中等,其他品种抗病较强。为确保原料的品质,必须采取"预防为主,综合防治"的原则。冬季修剪后,及时清除园内干枯枝叶及田埂上的杂草,集中堆放,挖坑深埋或点火焚烧,以消灭越冬病虫源。加强夏季管理,增进通风透光,进行合理的水肥管理,增强树势。

8.3.6　灾害性天气管理

在西北葡萄栽培中,灾害性天气主要有早晚霜冻、低温冻害、大风、沙尘暴、连阴雨等。

8.3.6.1　大风、浮尘、沙尘暴天气管理

大风在葡萄开花结果和幼果膨大期,对葡萄损害严重,大风后的浮尘影响授粉,进而影响产量。大风和沙尘暴造成枝蔓、果面及果穗机械损伤致使果实品质下降。因此,要注意加强管护措施。一是在葡萄园四周种植防护林带,可有效降低风速;二是北部沿沙种植区要设置风障,防止表层土壤风蚀露根和流沙侵袭;三是生长后期要适度控制氮肥的施用,防止枝条徒长,促进枝条木质化程度,增强枝条抗风的能力;四是注意及时引蔓绑蔓,防止机械损伤枝、芽和果实。

8.3.6.2　霜冻天气管理

霜冻是对酿酒葡萄生产影响最大、危害最重的一种农业气象灾害,多发生在春、秋转换季节。霜冻多数为受寒潮强降温天气影响后,天气由阴转晴的当天夜晚,因地面强烈辐射降温,夜间气温短时间降至 0 ℃ 以下的低温危害现象。在甘肃河西走廊地区,早霜冻多发生在 9 月下旬末—10 月上旬初,影响果实的正常成熟和采收,特别对晚熟品种影响较大,造成产量和品质下降。晚霜冻多出现在 4 月下旬末—5 月上旬初,此时,酿酒葡萄正处于新梢生长、花序形成阶段,强霜冻发生时可造成新生枝、叶、花序萎蔫干枯死亡,当年葡萄减产严重,经济损失很大。

霜冻防御常用的方法主要有两种:一是烟雾法。就是在霜冻来临之前,在园内燃烧烟雾剂或秸秆等使之产生烟雾,防止降霜。二是覆盖法。就是将聚丙烯棚膜中部搭在最顶的一道铁丝上,两侧压在地面上,形成一个小拱棚。这种方法不但可以解决晚霜对葡萄的危害,而且解决了在低温年份因无霜期短造成的果实无法正常成熟,同时应用覆盖材料具有明显的增产效果。其次注意适时安排出土上架时间,采用延迟出土或分步出土法,避开晚霜的危害;及时采收,以防早霜对成熟期的葡萄造成不利影响。

8.3.6.3　低温冻害天气管理

防止冬季低温冻害的一项重要技术措施即埋土防寒。埋土越冬兼具防冻害与防抽干的双重作用。掌握适宜的埋土时间也很重要,埋土时间过早因土温高,易发生芽眼霉烂;埋土过晚,取土不易,费时费力,加之土块不易打碎,封土不严,易使冷空气侵袭,影响防寒质量,造成冻害。

(1)埋土时期。埋土防寒的时间不能过早或过晚。通常在冬前修剪以后,土壤冻结前进行。河西走廊多在 10 月底—11 月上旬埋土。

(2)埋土前准备。埋土前两周左右灌一次透水,等土壤水分达到适宜湿度时(即手握成

团,一触即散)进行埋土。过干或过湿都不利于葡萄安全越冬。

(3)埋土方法。在修剪后的植株主蔓基部培 20 cm 左右的土堆(俗称土枕头),再将枝蔓顺行压倒,严防弯曲过度造成主蔓基部劈裂,最后再把枝蔓埋严拍实。

(4)埋土规格。埋土的宽度 1～2 年生树 40～80 cm,2 年生以上的植株埋土宽度应保持在 80～100 cm 以上。埋土的厚度,必须超过堆内最高部位枝条 30 cm 左右。埋土应在距植株 80～100 cm 以外的行间挖土。

(5)适时出土。埋土越冬的植株,春季出土,过早或过晚都影响埋土越冬效果。出土过早,根系尚未活动,枝芽易抽干;过晚芽在土中萌发,出土上架时容易碰掉已萌发的芽子。一般在春季气温达到 10℃ 以上(武威市多在 4 月中旬左右)土壤解冻后,植株发芽前出土。每年应根据气候回暖情况灵活掌握。

8.3.7　采收与运输

为了提高酿造葡萄的产量和品质,适期采收是生产中十分重要的一环。葡萄采收应选择晴天的上午或日落前后进行,雨天或雨后初晴不能采收。酿酒葡萄采收成熟度因酿制葡萄酒的种类而异,各类葡萄酒对葡萄果实品质有完全不同的要求,须从浆果着色后对果实的糖、酸变化进行定期监测,以确定合理的采收时期。

8.3.7.1　采收

(1)采收时间。干红葡萄酒品种采收要求含糖量 18%～20%,含酸量 6‰～8‰,完全成熟时采收;干白葡萄酒品种采收要求含糖量 17%～18%,含酸量 8‰～10‰,初熟期采收;甜葡萄酒品种采收要求含糖量 20%～22%,含酸量 5‰～6‰,过熟期采收。

(2)采收方法。用左手持果穗,右手持采果剪从穗柄基部剪下,剪除病果、烂粒,轻轻放入果筐中。

8.3.7.2　运输

采收后及时装车,采用无污染的交通运输工具 24 h 内运至酒厂,不得与有毒有害物品混合装运。运输过程中防止颠簸,防止果粒损伤,保持果实的高品位、高质量。

8.4　提高气候生态资源利用率的途径

8.4.1　建立优质商品产业基地,发展规模化产业化生产

要充分发挥河西地区光热资源丰富、日较差大等气候优势,以少占耕地为原则,在北部沿沙区大力发展酿酒葡萄种植基地,根据各地的气候、土壤等优势,在最适宜区和适宜区集中连片,区域化发展葡萄生产。要对部分建在漏沙地、僵板和盐碱地上的基地土壤进行改良,通过增施有机肥、压农作物秸秆、深翻掺沙、客土、洗盐、覆盖地膜等措施,达到保肥保水

的目的。要突出武威"中国葡萄酒城"区域优势,构架"一城、三区、五镇、七产"的总体发展格局,辐射带动周边 10 万亩酿造葡萄种植和农户的发展,建设一批高端葡萄酒庄,打造集生产加工、观光旅游、文化展示、休闲娱乐为一体的葡萄酒产业综合体,形成具有武威特色的葡萄种植基地。

8.4.2　充分合理利用生态资源,有效地提高产量和品质

甘肃河西沿沙漠地带属沙性土壤,土质疏松,土壤偏碱,含钙高,气候和土壤条件同法国的波尔多、勃根第等著名葡萄产地十分接近,很适宜名贵葡萄的生长。所产葡萄糖、酸适宜,符合国际酿造干酒的葡萄含糖含酸标准。而且,由于气候干燥,葡萄病害少,农药施用量很低,在一些沙漠地区,基本不施用农药,葡萄产品含农药度很低,是生产无公害无污染绿色食品的最佳产地。如古浪县永丰滩、黄花滩、海子滩、马路滩,民勤湖区以南的沙荒区、苏武山及黄羊河林场,凉州区九墩滩及长城、清源沙漠沿线乡镇。通过合理开发利用,为提高葡萄产量和生产优质酿酒葡萄原料提供保障。

8.4.3　改善沙区气候生态资源,提高趋利避害能力

晚霜冻害是西北葡萄栽培中最突出的农业气象问题,为了减轻霜冻危害,以及因霜冻带来的树体恢复慢,产量、品质明显下降等生产问题,在春季葡萄出土后,沿着行向沟内覆 1 m 宽的地膜,可明显提高地温,有效促进前期营养生长和恢复树势。据测定,覆膜地新梢生长量是对照(不覆膜)的 2.3 倍,越冬前新梢粗度较对照增加 0.24 cm,次年结果株率较对照增加 26.4%,产量是对照的 2.5 倍,且果穗大而整齐。另外在葡萄生长后期铺反光膜,可有效增加葡萄的下部反光,促进葡萄的着色,提高品质。

河西走廊水资源短缺,葡萄生长期灌溉不及时会发生果树生理干旱影响正常生育,因此要把水资源的节约利用、增加水资源补给结合起来,在葡萄园积极推广暗灌、膜下滴灌等抗旱节水技术,提高水分利用率。据试验,河西赤霞株(5 年生)覆膜处理条件下,通过膜下滴灌(灌水定额 240 mm)比不覆膜处理产量不仅要高,且总糖和含糖量及平均水分利用效率均高于其他处理,是实现葡萄高品质、产量和水分利用效率的最优组合(李昭楠等,2011)有利于膜下滴灌葡萄在戈壁干旱荒漠区的推广应用。另外,覆草滴灌方式下有利于水分向深层土壤运移,根系数量和水平分布范围都较沟灌有明显提高,可以有效降低地表蒸发,提高水分利用率(毛娟等,2013)。另据研究,新梢生长期适度亏水能够提高酿酒葡萄挂果率,达到增产的目的。浆果成熟期适度亏水可较大幅度提高果实总糖含量,降低可滴定酸含量,且能够保持适量的单宁和花色苷,对改善酿酒葡萄品质具有重要意义(纪学伟等,2015)。

8.4.4　建立规范的苗木繁育体系,加强苗木生产和流通管理

目前,河西地区由于没有建立专门的优质葡萄种苗基地,定植的苗木以外调为主,栽培成本较高。部分品种在抗逆性、品质、适应性等方面都还存在着各种缺陷,特别在抗御病虫

害及低温冷冻天气等自然灾害的能力差,不适合长期发展的需要。因此,建立规范苗木繁育体系,加强苗木生产和流通管理十分必要,要有计划地开展葡萄资源研究和育种工作,脱毒选育已有优势品种,开发和引进葡萄新品种,建立多级苗木繁育中心(或基地),培育品种纯正、适应甘肃省栽培区气候条件的优质健康苗木,保证葡萄产业的健康发展。

第9章　大樱桃

大樱桃(*Cerasum and Cerasus*)是我国北方落叶果树中继中国樱桃之后果实成熟最早的果树树种。属于蔷薇科落叶乔木果树。

9.1　基本生产概况

9.1.1　作用与用途

大樱桃为"水果中的钻石",因为它具有非凡的营养价值,对痛风、关节炎等病有特殊的食疗效果。含铁量较高,比苹果高 20～30 倍,铁是合成人体血红蛋白、肌红蛋白的原料,在人体免疫、蛋白质合成、能量代谢等过程中,发挥着重要作用。同时也与大脑及神经功能、衰老过程密切相关。含有褪黑激素,因此,具有双倍的抗衰老作用,是名副其实"美味又美丽"的水果。含有丰富的蛋白质,维生素 A、B、C,还有钾、钙、磷、铁等矿物质以及多种维生素,低热量,高纤维。维生素 A 比葡萄高 4 倍,维生素 C 的含量更高。最新研究发现,大樱桃还含有花色素、花青素、红色素等,这些生物素都有重要的医药价值。它的有效抗氧化剂,比维生素 E 的抗衰老作用更强,可以促进血液循环,有助尿酸的排泄,能缓解痛风、关节炎所引起的不适,其止痛消炎的效果,被认为比阿司匹林还要好。因此,医生建议,痛风、关节炎病人可每天吃些樱桃。樱桃不仅颜色艳丽,而且味道甘美、营养丰富。

9.1.2　分布区域与种植面积

大樱桃是我国北方落叶果树中成熟最早的果树树种,因此,有"春果第一枝"的美誉。我国的山东半岛及辽东半岛栽培历史较长。20 世纪 90 年代随着气候变暖以及设施农业技术的兴起,大樱桃栽培地域逐渐沿陇海铁路线由河南、陕西等省向西扩展。现在在甘肃东部的渭河流域广有种植,陇东南旱作区大樱桃种植区主要位于天水市地区($33°～37°$N,$104°～108.5°$E),有着地域、气候等优势,是西北地区适宜露地大面积发展大樱桃生产为数不多的地区之一,所产大樱桃果形、口感俱佳,在市场上极具竞争力。经统计,2013 年甘肃省播种面积 0.33 万 hm^2,产量 300 万 kg,具有一定规模和比较成熟的种植经验。

9.1.3 产量品质与发展前景

大樱桃果实生长发育时间短,生产成本低、结果早,经济效益较其他水果高。20 世纪 80 年代末期天水市引进大樱桃至今,全市大樱桃种植面积已成规模发展。秦州"天翠"大樱桃已形成知名品牌,在果实色泽、品质等方面均优于山东烟台和辽宁大连等名产区的产品。由于生育期短,果品价格高,经济效益明显,在甘肃省天水市有广阔的发展前景。

9.2 作物与气象

9.2.1 气候生态适应性

9.2.1.1 生态特点与气候环境

大樱桃最主要的生态条件是温度、水分和土壤,适于凉爽而相对干燥的气候条件种植,最适宜种植区的年平均气温为 10~12℃,年降水量 600~900 mm,年日照时数为 1 800~2 300 h,其中从开始萌芽到落叶全生育期日照时数为 1 300~1 600 h,从萌芽到果实采摘日照时数为 530~610 h。

9.2.1.2 物候特征与气象指标

大樱桃一般于 3 月中旬芽开放,4 月上旬进入开花期,5 月中下旬至 6 月初浆果成熟。大樱桃在天水从萌芽期到落叶期,全生育期为 230 d 左右,其中萌芽期到成熟期为 80 d 左右(表 9.1)。

萌芽至开花期需要 ≥10℃ 以上积温 280℃·d,越冬休眠期的临界低温不得低于 −20℃。大樱桃发芽期适宜的温度为 10℃,开花期适宜温度为 15℃,显蕾后抗寒力降低,花蕾期发生冻害的临界温度为 1.1~1.7℃,开花和幼果发育期冻害的临界温度为 1℃。大樱桃需要日照充足的生态环境,耐寒性较差,春季气象条件对其生长发育和产量影响较大。

表 9.1 天水大樱桃物候期(月-日)

品种	萌芽期	初花期	花期	落花期	果实膨大期	果实成熟期	落叶期
红灯	03-15	04-04	04-05	04-08	05-15	05-19	10-31
巨红	03-15	04-02	04-05	04-06	05-20	06-07	10-31

9.2.1.3 产量与气象

4 月极端最低气温及 4 月上—中旬的平均最低气温为影响天水市大樱桃适宜种植区产量的主要热量因子。此期正值大樱桃开花期,4 月份的寒潮、霜冻导致的低温冻害会使大樱桃花期缩短,受孕时间减少,同时叶片、花芽、茎不同程度、不同部位受冻,严重影响产量。

大樱桃根系分布比较浅,抗旱能力差,叶片大,蒸腾作用强,所以需要较多的水分供应。

一般年份,天水市地区大樱桃生长的水分条件是能够满足的,除渭北地区特别是武山等地因旱影响大樱桃正常生长外,其余各地的降水供应基本满足大樱桃生长的需求。大樱桃生长季降水量在地域分布表现为南多北少,萌芽—浆果成熟期降水总量为 69.5~85.9 mm,其中开花—成熟期为 58.3~72.0 mm。相关分析表明,花期降水与气候产量负相关比较明显,这是由于大樱桃花期虽对水分的需求较多,但降水偏多,会导致气温降低明显,由此带来的冻害远远大于降水偏少的干旱影响;果实增长期降水与产量正相关较为显著,此期降水偏少,对产量会造成一定影响;成熟期间降水与产量负相关较为显著,此期降水日数多将会使成熟的籽粒烂裂、脱落,对大樱桃生长反倒不利。全年降水量与产量相关系数极为显著。

通过对大樱桃产量与日照时数相关计算分析,果实成熟期日照时数与产量正相关较为明显,此期日照充裕,浆果风味好,着色度优,其余各时段日照与气候产量相关均不显著,未通过检验(表 9.2),说明天水市各地年日照时数虽逊于主产区,但在大樱桃主要生育阶段日照比较充裕,不成为影响大樱桃生长的主要因素。

表 9.2　大樱桃各生育期气候因子与产量的相关系数

生育期	最低气温 (℃)	日平均气温 (℃)	≥10℃积温 (℃)	极端最低气温 (℃)	降水量 (mm)	日照时数 (h)
芽开放期 (3 月中—下旬)	0.5259*	0.503	0.3521	0.3421	0.3546	0.3211
开花始期—开花盛期 (4 月上—中旬)	0.6444**	0.2641	0.3789	0.804**	−0.5276*	0.4268
果实增长期 (5 月上—中旬)	0.4123	0.3412	0.4129	—	0.5426*	0.5132
果实成熟期(5 月下旬)	0.2864	0.2214	0.2471	—	−0.5521*	0.5237*
全生育期	—	—	—	—	0.6333**	—

注:*,** 分别表示通过信度为 0.05,0.01 的显著性水平检验。

9.2.2　气候变化及其对大樱桃生产的影响

9.2.2.1　气温变化

天水市各地大樱桃的温度适宜性差异较大。根据果树气候适宜度计算,麦积、秦州、秦安 3 县(区)大樱桃全生育期温度适宜性较好,适宜度为 0.71~0.77;其次为甘谷、武山 2 县,适宜度在 0.50~0.66;清水、张家川 2 县适宜度低于 0.4,不适宜开展较大规模的引种栽培(图 9.1)。

各个生育阶段温度适宜度表明(表 9.3),各地果实成熟阶段的适宜性最好,其次为果实膨大阶段。萌芽阶段温度适宜度较低,将影响叶芽及花芽的发育,对后期发育也有一定干扰。尤其是关山地区的清水、张家川 2 县,适宜性较差,对后期生长影响更大。花期阶段是大樱桃对温度比较敏感的生长发育阶段。春季气温回升较快但稳定性差,1971—2008 年天

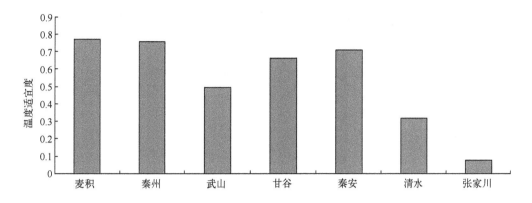

图 9.1　天水市各县(区)大樱桃全生育期温度适宜度

水市各县(区)发生寒潮的概率为 0.2%~0.5%,发生晚霜冻的概率为 2.6%~23.1%。一旦发生寒潮或者比较严重的晚霜冻,就会对大樱桃花蕾的绽放及开花后期的坐果造成较大的影响。这也是花期温度适宜性不高的原因。

表 9.3　大樱桃不同生育期温度适宜度

地点	萌芽阶段	花期阶段	果实膨大阶段	果实成熟阶段
麦积	0.6663	0.6124	0.8464	0.9618
秦州	0.5990	0.6198	0.8444	0.9627
武山	0.0607	0.3785	0.6819	0.8621
甘谷	0.4728	0.5020	0.7562	0.9092
秦安	0.5167	0.5574	0.8138	0.9512
清水	−0.3772	0.2409	0.5953	0.8140
张家川	−0.5783	−0.1878	0.3638	0.7082

　　天水市各地大樱桃全年生育期温度适宜度计算结果显示(图 9.2),温度适宜性最好的为河谷区,主要生育期平均值为 0.88,其次为渭北区,为 0.75,最差为关山区,仅为 0.33。各地温度适宜度的上升主要出现在 20 世纪 90 年代,以河谷区和渭北区上升较为明显,平均线性上升率为 0.12/a,关山区温度适宜度上升趋势不明显。温度适宜度的较明显的谷点分别出现在 1996 年、2001 年及 2006 年,这主要是由于 1996 年 4 月上旬平均气温低,而 2001 年及 2006 年 4 月中旬出现强降温及霜冻冻害导致温度适宜性下降至最低。2000 年以后虽然各地平均气温有偏高趋势,但同时由于基础温度偏高,大樱桃发育期提前,受冻能力明显减弱,使 2000 年以后的冻害更为严重,其温度适宜度反倒上升趋势不明显。

　　大樱桃生长期内的不同阶段,各地温度的适宜性并不一致(表 9.4)。在生长的中后期各地适宜度基本均在 0.6 以上,完全能满足果实膨大及成熟的需要,而在萌芽期及花期,关山区适宜度较差,适宜度在 0.3 以下,不能满足果树开花对热量条件的要求,大樱桃栽培要借

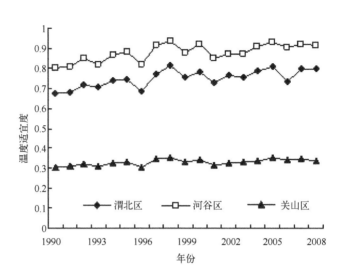

图 9.2　天水不同地区大樱桃温度适宜度

助一定保温设施。渭北区在 0.50 以下,也不能完全满足大樱桃生长需要,河谷区相对较高,在 0.60 左右,说明仍然存在一定的温度不稳定性风险。

表 9.4　大樱桃不同生育期温度适宜度

地点	萌芽期	花期	果实膨大期	果实成熟期
河谷区	0.58	0.61	0.84	0.96
渭北区	0.47	0.50	0.75	0.91
关山区	−0.38	0.24	0.60	0.81

9.2.2.2　降水量变化

从天水市各地大樱桃主要生育期水分适宜度年变化特点来看(图 9.3),关山区水分适宜性最好,平均水分适宜度为 0.48;其次为河谷区,平均水分适宜度为 0.43,最差为渭北区,平均水分适宜度为 0.38。从时间变化看,从 20 世纪 90 年代开始,大樱桃水分适宜度平均值呈现下降趋势。下降的主要时间段集中在 90 年代,下降趋势明显,以河谷区下降最多,线性下降速度为 0.02/a(R^2＝0.5315,$P<0.10$),2001—2008 年下降趋势不明显,亦即进入 2000 年以后,由于气候变暖,各地温度不同程度增高,但同时降水量也相应增多,所以大樱桃水分适宜度下降不显著。

大樱桃在各个生长阶段的水分适宜度与整个生育期并不完全表现一致(表 9.5),各地在初始生长期都是水分适宜度比较差的阶段,此期为大樱桃萌芽到开花始期,证明初春降水量少,蒸散量大是大樱桃水分供求的主要矛盾。其中渭北区水分适宜度为 0.30,水分的亏缺程度最大。开花盛期以后到果实增长阶段,当地降水逐渐增多,水分适宜性开始提升,但温度也开始增高,以温度回升较为缓慢的关山区大樱桃水分适宜性提高最多,为 0.50。大樱桃生长后期,为春末初夏阶段,此期随降水量的增多,水分适宜度也逐渐有所提升。从地域比较,各生长阶段水分适宜度均以关山区最高,河谷区逊于关山区,渭北区最差。

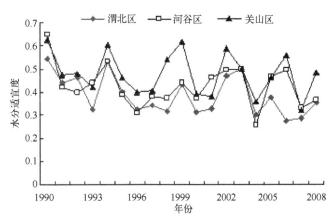

图9.3 大樱桃水分适宜度年变化

表9.5 大樱桃不同生长期水分适宜度

地点	萌芽期	花期	果实膨大期	果实成熟期
河谷区	0.36	0.40	0.49	0.51
渭北区	0.30	0.32	0.41	0.42
关山区	0.39	0.50	0.55	0.57

9.2.2.3 气候变化对其影响

从各地大樱桃综合气候适宜度年变化来看(图9.4),天水市河谷区大樱桃种植的综合适宜度最高,平均值为0.66;其次是渭北区,平均值为0.57;关山区最低,平均值为0.40。从年际变化的多项式趋势线来看,综合适宜度河谷区呈现略微上升的趋势,而渭北区变化平

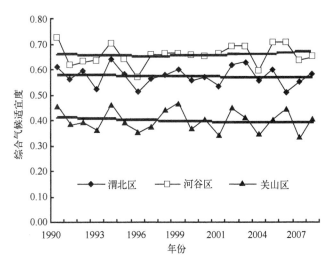

图9.4 大樱桃综合气候适宜度年变化

缓,关山区则为缓慢下降的趋势。2000年以后综合气候适宜度平均值与20世纪90年代相比,河谷区上升了0.2,关山区则由于温度上升趋势不明显,反倒是降水量的增多造成了累积热量的减少,综合气候适宜度下降了0.2,渭北区则持平。

9.2.3　气候生态适生种植区域

大樱桃在天水市种植有一定的气候优势,但也存在一定风险。因寒潮、霜冻导致的春季低温冻害和春旱是影响大樱桃生产的主要因子。天水市大樱桃由于开花早,始花期多在当地晚霜结束之前,花蕾耐低温能力差,因此,春季低温冻害成为影响天水市大樱桃生长的主要农业气象问题。据调查,春季低温冻害轻者可使樱桃减产4~5成,重者可致绝收。例如2001年4月9—10日的寒潮天气24 h气温下降12.4℃,11日最低气温达到−2.4℃,使天水市果树研究所大樱桃减产8成以上。

根据大樱桃多年产量受春季低温冻害及春旱影响程度,建立大樱桃产量影响系数,并以此作为评估大樱桃生长期主要气象灾害对产量影响定量描述的依据。根据计算得出,如果在大樱桃开花的关键发育期,有霜冻或寒潮发生,产量水平将降低75%,如有春旱发生,产量降低10%,霜冻、寒潮及春旱均发生,其产量水平将降低85%;这种估算与实际生产是基本吻合的。

根据春季低温冷害和春旱对各地大樱桃生产危害程度的不同,取霜冻、寒潮对产量的影响系数为0.65~0.75,春旱影响系数为0.10~0.20,用U[4月寒潮、霜冻及春旱气候概率(表9.6)×影响系数]表示大樱桃种植的风险程度,F(F=1−U)表示大樱桃种植的保险率。F的大小可定量描述当地大樱桃种植的气候优劣程度(表9.7)。从表9.7中可以看出,天水市渭河谷地即河谷区种植大樱桃的气候条件最为优越,保险程度最高,风险性最小,渭北地区次之,关山地区的张家川风险性最大。综合分析,天水市大樱桃生长的最适宜种植区为渭河谷地的秦州区及麦积区。

表 9.6　天水市各地4月寒潮、霜冻及春旱气候概率统计(%)(1970—2008年)

项目	秦州	麦积	秦安	甘谷	武山	清水	张家川
霜冻	8.5	2.6	10.8	5.5	6.8	10.0	23.1
寒潮	0.3	0.2	0.3	0.2	0.4	0.2	0.5
春旱	33.3	32.7	42.2	40.1	43.7	31.7	33.3

表 9.7　寒潮、霜冻及春旱对大樱桃产量影响系数及生产保险率(F)

项目	秦州	麦积	秦安	甘谷	武山	清水	张家川
霜冻	0.75	0.75	0.65	0.65	0.65	0.75	0.75
寒潮	0.75	0.75	0.65	0.65	0.65	0.75	0.75
春旱	0.10	0.10	0.20	0.20	0.20	0.10	0.10
F	0.9007	0.9463	0.8434	0.8828	0.8658	0.8918	0.7897

9.3　栽培管理技术

9.3.1　花芽管理

　　樱桃的花芽形成时间比较集中,从春梢停长至采收后 10 d 以内,为生理分化阶段。从采收后 10～50 d 以内,是形态分化阶段。这两个阶段的分化,均需要充足而全面的营养。如果营养不足、元素单一、枝条徒长、叶片受损、严重干旱或积水成涝而影响根系的吸收动能,均能造成雌蕊败育(柱头未长出来),这种败育花显然是不能坐果的。

9.3.2　枝条管理

　　春季遇到同样的低温,树势健壮,储存营养充足的樱桃,花果的冻害只占 0.25%。树势衰弱,营养储存不足的樱桃,花果的冻害占 62.3%。由此可见,如果施肥不足、元素单一、枝条持续徒长、严重干旱、积涝土壤通气不良、早期落叶等,均能造成树体储存营养很少,不但花期容易受冻害,而且因储存营养不足,会造成花后大量落果。

9.3.3　授粉

　　樱桃多数品种自花授粉坐果能力很差,需异花授粉才能正常结果。建园时即使配置了授粉品种,但如果开花期遇到低温、阴雨天气,野蜂、昆虫不活动,花粉不易散发,因授粉受精不良,也会造成樱桃大量萎缩脱落。花期喷 1～2 次 0.3% 硼砂,促进提高坐果率。花后多喷几次 0.3% 尿素,尽量缩短营养转换期。准备鸡毛掸子,进入开花期,用轻扫法进行人工授粉,反复 4～5 次,达到提高坐果率的目的。

9.3.4　施肥

　　进入盛果期的樱桃树,应走出化肥当家的误区、坚持以发酵腐熟的农家肥、沼气肥、优质有机肥为主。这些肥料全营养、多功能,既能保持平衡健壮生长,提高果实品质,恢复果品的原汁原味,又能培肥土壤,增加土壤有机质,改善土壤通气性。进入 5 月份以后,严格控制氮肥的施用,防止枝条持续徒长,影响花芽质量和树体营养的储存。9 月份早施基肥,发酵腐熟的农家肥(人粪尿、猪、牛、羊粪等)亩施 4 000 kg 左右。如果施用有机肥,每亩施 300 kg 左右,以此达到增加树体营养储存的目的。采收后立即追肥,有机肥每亩追施 150 kg 左右,保证充足的营养提高花芽质量。

9.3.5　根系管理

　　从建园开始到每年的土壤管理,要建造一个深厚而通气性良好的活土层,保证根系健壮生长。冬春整地时,树干周围加高 20～30 cm,防止雨后树下积水。遇到干旱及时浇水;进入雨季及时排水防涝；雨后及时松土通气。浇水方便的樱桃园切忌浇水过多，始终保持土壤最大持水量的60%~70%和良好的通气性。山地树下覆草20 cm厚，降低地温，维持根系的持续功能。

9.4 提高气候生态资源利用率的途径

9.4.1 建设栽培基地，发展规模化生产

陇东南地区的天水市是甘肃省唯一大樱桃气候适宜区，应在最适宜区建立栽培基地，发展规模种植。最适宜区和适宜区是发展大樱桃栽培基地建设的理想地带，在此种植能达到最大的经济效益和生态效益。采取企业建基地联农户、大户示范带动等形式，扶持引导广大农民群众集中连片种植大樱桃，将资源优势变为特色优势主导产业重点发展。

9.4.2 充分合理利用生态资源，科学应对气象灾害的影响

大樱桃全生育期对水分要求较高，天水市地区春旱发生频率较高，特别是渭北区年降水量不能完全满足大樱桃生长需求，4月初因寒潮、霜冻、强降温造成的冻害加大了天水市大樱桃种植的风险程度及不确定因素。应合理利用气候资源，在秦州区等大樱桃适宜种植区进一步发展规模种植及品牌效应，引进先进的农技管理技术，科学管理，按时修剪，增加透风、透气和透光条件，及时喷施化学药剂，有条件的地方灌水施肥，提高果树抗旱抗冻能力。如在4月上、中旬冻害易发时段，采用灌水、熏烟等物理和生态法，推迟萌动期，防霜抗冻，减轻或避免冻害，果实生育期注意病虫防治，提高优质果品率，提高产量和品质，使大樱桃产业得以持续稳健发展。

第10章　苹　果

苹果(*Malus pumila* Mill.)属于蔷薇科仁果类,又叫滔婆。苹果原产于西亚或东欧,在世界范围内约有 7 500 个品种。根据成熟期的早晚将其分为早、中、中晚、晚熟品种。

10.1　基本生产概况

10.1.1　作用与用途

苹果味道酸甜适口,营养丰富。据测定,每百克苹果含果糖 6.5～11.2 g、葡萄糖 2.5～3.5 g、蔗糖 1.0～5.2 g。苹果所含的营养既全面又易被人体消化吸收,所以,非常适合婴幼儿、老人和病人食用。

苹果不仅可以调节肠胃功能、降低胆固醇、降血压、防癌、减肥,还可以增强儿童的记忆力。苹果不但含有多种维生素、脂质、矿物质、糖类等构成大脑所必需的营养成分,而且含有利于儿童生长发育的细纤维和能增强儿童记忆力的锌。锌是构成和记忆力息息相关的核酸与蛋白质必不可少的元素,缺锌会使大脑皮层边缘部海马区发育不良。

10.1.2　分布区域与种植面积

我国有着适宜于苹果树生长发育的得天独厚的地理、土壤,2007 年我国苹果种植面积达到 196.2 万 hm²,产量达到 2 786 000 万 kg。优势区域所在的山东、陕西、辽宁、河北、河南、山西及甘肃 7 省的苹果面积和产量分别占全国的 86％和 90％,优势区域平均亩产达到 1 130 kg。

主要有 4 大产区。(1)渤海湾产区:该区域包括胶东半岛、泰沂山区、辽南及辽西部分地区、河北大部和北京、天津两市,是我国苹果栽培最早、产量和面积最大、生产水平最高的产区。该区 2000 年苹果面积 70.79 万 hm²,产量 776 030 万 kg,分别占全国的 28.99％和 38.35％;苹果出口量 13 772 万 kg,占全国的 60.12％,优质果商品率高。(2)西北黄土高原产区:该区域包括陕西渭北地区、山西晋南和晋中、河南三门峡地区和甘肃的陇东地区,2000 年苹果总面积 84.76 万 hm²,占全国的 34.16％;产量 772 790 万 kg,占全国的 38.19％;出口量 3 230 万 kg,占全国出口量的 14.1％。(3)黄河故道和秦岭北麓产区包括豫东、鲁西南、苏北和皖北,面积和产量分别占全国的 11％和 14％,近年秦岭北麓果区面积增长慢,而黄河故道果区则呈显著增长趋势。(4)西南冷凉高地产区:包括四川阿坝、甘孜两个藏族自治州的川西地区,云南东北部的昭通、宣威地区,贵州西北部的威宁、毕节地区,西藏昌都以南和雅鲁藏布江中下游地带。面积和产量分别占全国的 3％和 2％。

西北黄土高原是我国最适宜苹果种植的地区,其中甘肃黄土高原位于黄土高原的腹地,由陇山分为陇西和陇东两部分,土层深厚,黄土层平均厚度超过 100 m,为世界上黄土层最深厚的地方。素有"果王"之称的花牛苹果就生产于陇西黄土高原天水的花牛镇,第一个苹果类注册商标"平凉金果"生长在陇东黄土高原的平凉市。陕西苹果主要分布在渭北黄土高原区,其也被列为中国苹果优势产业带。果业已成为陕西省五大支柱产业之一,但陕西果区地形地貌复杂,大陆性季风气候特征明显,气候脆弱,加之气候变暖加剧,极端气候事件概率增加,导致气象灾害对陕西苹果产量、品质和商品率产生显著影响。另外,甘肃省苹果园面积已达 29.02 hm²,产量达 269 600 万 kg。

10.1.3 产量品质与发展前景

目前农民种植苹果仍有较高的积极性。从国内消费需求看,近年我国人均鲜苹果消费量 13.2 kg/a,超过 8.2 kg 的世界人均消费水平。预计我国年人均鲜苹果消费量将会持续增长。从出口需求看,近年我国苹果出口量年均增幅 19％,预计今后仍将保持波动性上升趋势。近年我国苹果出口贸易额年均递增 14％,居世界第 5 位。继续保持贸易额的现有增长速率,到 2015 年我国苹果的国际市场占有率将提高到 17％。优势区重点提高特级和一级果的比例,满足出口和国内高档市场的需求。我国苹果浓缩汁的国际市场份额将努力保持稳定在目前的 60％。随着生活水平的不断提高和对苹果保健营养价值的认知,全球苹果消费呈上升趋势,世界苹果出口量比 10 年前增长了 40％,我国鲜苹果出口价格年均递增率达到 21.7％,浓缩汁出口价格跃上 1 000 美元/t 大关。尽管目前金融危机导致市场消费疲软,生产成本上升限制了农民及企业收益的上升速度,预期未来 5 年鲜苹果及加工产品的经济效益仍将保持上升趋势。

10.2 作物与气象

10.2.1 气候生态适应性

10.2.1.1 生态特点与气候环境

苹果为喜光果树,光照、光质影响其花芽分化、果实着色、含糖量和枝条健壮生长。一般年平均气温 7～14℃,年降水量 450～800 mm,日照时数大于 1 500 h,均适宜苹果栽培生长。

10.2.1.2 物候特征与气象指标

甘肃省主要苹果产区庆阳、平凉、天水 3 个市主要物候期集中在 4 月—11 月中旬。苹果的主要热量条件:气温≥5℃芽膨大,10～12℃芽开放并展叶,14～16℃后开花,果实迅速膨大生长期7—8月适宜气温为19～23℃,果实成熟前糖分转化积累期(9月上中旬)平均气温14～18℃,平均最低气温为10～12℃。全生育期需积温3 500～3 900℃·d。4—5月晚霜冻影响苹果开花、坐果,造成减产。

水分条件:苹果性喜干燥温凉气候,全生育期需水量为490～640 mm,平均约550 mm,以花芽分化期和果实膨大期需水量最大。

光照条件:苹果为喜光树种,年需日照时数2 000～2 300 h。不同生育时段,需光差异较大。果实膨大及着色的8—9月,日照时数<300 h,会造成苹果着色不良,影响品质。

表 10.1 甘肃庆阳、平凉、天水苹果平均物候期(月-日)

地点	叶芽开放期	展叶始期	展叶盛期	开花始期	开花盛期	开花末期	成熟期	叶变始期	叶变末期	落叶始期	落叶末期
庆阳西峰	04-07	04-11	04-16	04-24	04-27	05-04	09-17	10-02	10-29	10-12	11-17
平凉崆峒	04-08	04-15	04-17	04-22	04-27	05-07	08-25	10-18	11-04	10-25	11-12
天水麦积	04-07	04-13	04-14	05-16	05-23	05-28	08-24	09-21	10-05	10-01	10-28

10.2.1.3 产量、品质与气象

苹果生长发育期间,影响苹果产量、品质的主要气象因素是温度条件,日照和水分条件基本满足苹果正常生长,对产量影响并不突出。但是却对果实的硬度、可溶性固形物、含酸量、糖酸比等均有比较明显的影响(表 10.2)。

表 10.2 气象因子与苹果质量的相关系数

相关系数	去皮硬度	可溶性固形物	含酸量	糖酸比	果形指数	产量
≥10℃积温	−0.63**	0.42**	−0.60**	0.73**	0.03	0.01
7—8月平均气温	−0.75**	0.49**	−0.71**	0.82**	−0.09	0.12
6—8月平均气温	−0.4	−0.58**	0.1	0.05	0.06	0.23
当年7月上旬平均气温	—	—	—	—	—	0.64**
当年8月上旬平均气温	—	—	—	—	—	0.67**
当年6月平均气温	—	—	—	—	—	0.60**

注:** 表示通过 0.05 的显著性水平检验。

10.2.2 气候变化及其对苹果生产的影响

甘肃黄土高原位于黄土高原的腹地,由陇山分为陇西和陇东两部分,处于半湿润和半干旱过渡气候带,对气候变化比较敏感。该地域土层深厚,土壤容纳水分量大,透气、透水性好,是苹果等果树栽培的适宜地区之一。在果树生长季节内,该地域热量充沛,昼夜温差大,光照丰富,太阳辐射强度大,所产苹果含糖、含酸量适中、着色度好,是甘肃省优质苹果出产地之一,素有"果王"之称的花牛苹果就产于陇西黄土高原天水的花牛镇。近年来,随着气候

等生长环境因素的变化,该地的苹果生长发育节奏有了比较大的变化,果品质量也因此受到影响。

10.2.2.1 气候变化对苹果生育期的影响

气候变暖使得各种界限的活动积温和有效积温增多。从 20 世纪 70 年代开始果树主要生长期(3—10 月)≥10℃积温呈现明显增加趋势(图 10.1),20 世纪 90 年代较 80 年代陇西黄土高原增加了 110℃·d,陇东黄土高原增加了 183℃·d。历年积温(1971—2005 年)随时间的变化为二次函数[陇西黄土高原(天水):$y=0.556x^2-15.65x+3717,R^2=0.303,P<0.01$。陇东黄土高原(西峰):$y=1.0009x^2-27.19x+2968.9,R^2=0.5115,P<0.01$]。

90 年代以来,甘肃黄土高原≥30℃及≥35℃高温日数明显增多,陇西黄土高原的天水 1997 年≥30℃日数达 66 d,≥35℃日数达 8 d,创造了气象极值纪录。高温日数的增多及持续时间加长,加快了土壤水分蒸散速度,增多了伏旱的出现频数及加剧了其严重程度,会引起苹果生殖、生理上的较大变化。

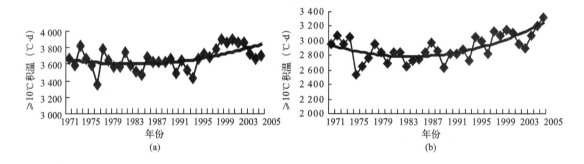

图 10.1 黄土高原天水(a)和西峰(b)≥10℃积温的变化

气候变暖,加快了苹果的生长发育速度,使得苹果成熟以前生育期随着时间普遍提前,成熟后叶变色及落叶时间普遍推后(图 10.2)。蒲金涌等(2008)计算分析得出,甘肃陇东黄土高原 1984—2005 年苹果叶芽开放期平均线性提前趋势为 0.7 d/a($P<0.01$),展叶盛期 0.7 d/a($P<0.01$),开花盛期 0.7 d/a($P<0.01$),叶变色平均推后线性趋势为 0.5 d/a($P<0.1$),落叶 0.5d/a($P<0.1$)。陇西黄土高原 20 世纪 90 年代以来,苹果生育期明显提前,叶芽开放、始花期、展叶及果实成熟平均日期分别出现在 3 月 29 日、4 月 23 日、4 月 24 日和 10 月 2 日,分别较 1981—2000 年平均日期提前 6 d、7 d、7 d 和 7 d。随着海拔高度的增加,生育期的提前越明显。其中以海拔>1 300 m 的天水关山区偏早最多,分别为 6 d、7d、7 d 和 8 d;海拔在 1 000~1 300 m 的渭河河谷及其以北地区最少,为 5 d、6 d、6 d 和 6 d(表 10.3)。据调查及有关文献显示,陕西果区苹果树的初花—盛花期,80 年代初主要出现在 4 月中、下旬,而 2001—2006 年物候观测资料显示,初花—盛花提前到 4 月上、中旬(表 10.3),花期普遍提前 5~7 d,个别年份和局部地区甚至提前 7~10 d。

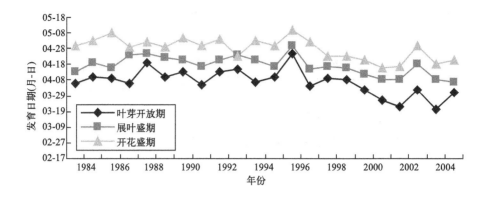

图 10.2　1984—2006 年陇东黄土高原(西峰)苹果成熟前各主要生育期的变化

表 10.3　1991—2004 年陇西黄土高原天水不同地区苹果物候期(月-日)及距平

地点	海拔高度(m)	品种	叶芽开放	开花始期	开花盛期	开花末期	展叶	成熟
张家川	1 867	元帅系	04-05	05-02	05-07	05-11	05-03	10-05
清水	1 378	元帅系	04-04	04-27	05-03	05-07	04-30	10-03
秦安	1 223	元帅系	03-24	04-22	04-26	05-01	04-23	10-02
麦积	1 085	元帅系	03-21	04-10	04-16	04-20	04-10	09-29
平均			03-29	04-23	04-28	05-03	04-24	10-02
1981—2000 年平均			04-04	04-23	04-28	05-03	04-24	10-02
距平(d)			6	7	5	4	7	7

10.2.2.2　气候变化对苹果坐果及品质的影响

据研究,黄土高原的苹果,当落花后 2 d 日平均最高气温 29℃以上,3 d 日平均最高气温 27℃以上或 4 d 日平均最高气温 26℃以上时,坐果率均低于 15%;盛花期 2 d、3 d 或 4 d 日平均最高气温 35℃、32℃或 30℃以上,均能使正处开花授粉受精的花粉发芽受阻,代谢失调萎缩失去受精能力,甚至灼伤致死而不能坐果。盛花期后的 10 d 日平均最低气温不足 5℃时,花粉母细胞活性下降,影响花粉发芽;3℃以下时,花药不能开裂,花粉发育受阻,或受精后的花粉母细胞不能坐果。气候变暖,高温天气增多,较严重地影响了苹果的坐果率。90 年代较 80 年代偏低 7.1 个百分点。气温升高给苹果产业带来了负面影响。

气温的升高对苹果生产的影响是多方面的。根据试验资料显示,自 1981 年以来标志苹果品质的含糖(酸)量、硬度、果形指数、着色度等发生了变化。陇西黄土高原天水地区的优质苹果的含糖量指标为 14%~15%,含酸量 0.20%~0.25%,适中硬度 7.6~9.0 kg/cm²。20 世纪 80 年代各指标平均值分别为 14.2%、0.22%和 8.5 kg/cm²,品质优良,可口性好;90 年代以来的 1991—2004 年各指标分别为 14.7%、0.19%和 7.6 kg/cm²,与 80 年代相比含糖量增加 0.5 个百分点,线性上升速度为 0.023 kg/(cm²·a)($R=0.0182$,$P<0.01$)。含酸量下降了 0.3 个百分点,线性下降速度为 0.0019($R=2161$,$P<0.01$),硬度下降了 0.9 kg/cm²,线

性下降速度为 0.058 kg/(cm² · a)(R=0.5067,P<0.01)(图 10.3)。

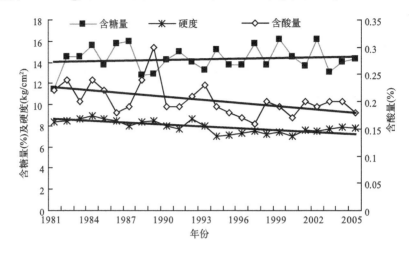

图 10.3　1981—2005 陇西黄土高原(天水)各年份苹果硬度、含糖量和含酸量的变化

从 1981 年开始,陇西黄土高原的"元帅"系列苹果硬度逐年下降,线性下降速度为 0.064 kg/(cm² · a)(R=0.5504,P<0.01)。硬度不足、口感绵软、不耐储运,不利苹果产业的进一步拓展。

10.2.2.3　气候变化对苹果花期冻害的影响

苹果花期冻害是影响西北地区苹果生长最主要的气象灾害之一。经调查发现,近年来,随着气候变暖加剧,苹果花期遭遇低温冻害的概率和强度明显增加,苹果生产风险进一步加大。根据甘肃省经济作物气象台历次灾害实地调查及有关文献资料,苹果开花期受冻的临界温度为-2℃,在-2.0～0℃出现低温冻害,中心花受冻率达 30% 左右;冻死率 50% 的温度为-4℃,出现明显低温冻害;温度低于-4℃,出现严重低温冻害,中心花受冻高达 70%,对产量、品质、商品率产生严重影响。随着气候变暖,陇东苹果花期明显提前,花期基本出现在 4 月中下旬。此期正是该区晚霜冻多发时期,虽然 20 世纪 80 年代以后气候增暖,4—5 月份发生霜冻的概率有所下降(表 10.4),但 4 月中旬发生霜冻的概率却比较高,西峰站甚至比整个分析期的平均值还高。崆峒和西峰 4 月中旬的极端最低气温在 90 年代以后年际间波动较大。2001 年 4 月中旬分别出现了-5.6℃和-3.4℃的极端最低气温,为 20 多年来的同期最低值;从历年晚霜冻结束时间看,崆峒和西峰的多年平均晚霜冻结束期均为 4 月 30 日,20 世纪 80 年代以来平均晚霜冻结束期有所提前(表 10.5),特别是 90 年代以后提前较明显,但个别年份晚霜冻结束期仍偏迟,如 2004 年两站均在 5 月 16 日结束,远大于平均日期,为分析期中最迟的一年。气候变暖导致的苹果花期提前,使苹果抗寒能力减弱,发生花期冻害的概率提高,增加了对苹果生产的不利影响,可能会加大防治冻害的投入。

表 10.4　1961—2007 年崆峒、西峰发生霜冻天气的概率(%)

年代	4 月		5 月		4 月中旬		4 月下旬		5 月上旬	
	崆峒	西峰	崆峒	西峰	崆峒	西峰	崆峒	西峰	崆峒	西峰
1961—1970	30.2	34.0	3.7	4.0	28.9	33.8	10.6	13.3	8.3	9.8
1971—1980	33.2	37.2	4.2	5.6	29.4	32.1	11.0	15.3	9.5	12.6
1981—2007	28.1	31.7	3.2	2.9	29.2	35.0	9.6	11.9	8.5	7.7

表 10.5　1961—2007 年崆峒、西峰晚霜冻结束日期(月-日)

年代	1961—1970	1971—1980	1981—1990	1991—2000	2001—2007	平均
崆峒	04-29	05-04	04-30	04-27	04-25	04-30
西峰	05-05	05-06	04-29	04-26	04-25	04-30

10.2.2.4　夏季高温热害对苹果生产的影响

高温热害是气候变暖所引发的突发气象灾害之一,高温热害对果树的危害主要是加速植株蒸腾,破坏树体水分代谢活动,与大气或土壤干旱结合,往往造成果树叶片干枯、脱落,树干局部灼伤,或果实灼伤萎缩、脱落及畸形果等。也有研究认为,"温度过高会引起局部组织细胞新陈代谢活动异常,毒素积累而导致坏死"。随着气候变暖加剧,高温热害气象灾害对苹果的危害逐渐引起人们关注。据刘映宁等(2010)研究,陕西苹果高温热害主要发生在关中和渭北东部果区,并且 20 世纪 90 年代起有明显增加的趋势,对果品产量、品质及商品率的危害进一步加重。结合气温资料统计和生产实际调查,2001 年以来关中和渭北东部果区发生高温热害的年份有 4 年(2002、2003、2005、2006 年),其中 2002 年和 2005 年危害严重。

据天水农业气象试验站研究,暖干气候对天水花牛苹果影响表现为,以盛花期后 4 d 内日平均最高气温、10 d 内大气平均相对湿度影响最为明显,当落花后 2 d 日平均最高气温 29℃以上,3 d 日平均最高气温 27℃以上或 4 d 日平均最高气温 26℃以上时,坐果率均低于15%;盛花期 2 d、3 d 或 4 d 日平均最高气温 35℃、32℃或 30℃以上,均能使正处开花授粉受精的花粉发芽受阻,代谢失调萎缩失去受精能力,甚至灼伤致死而不能坐果;盛花后 10 d 平均大气相对湿度小于或等于 56%,影响正常受精,坐果率不足 15%。

10.2.2.5　气候变化对苹果产量的影响

近年来,随着对苹果产业的重视程度的提高以及科技进步、栽培措施的不断改进,西北地区苹果种植区产量增加十分明显。但由于暖干气候影响,不仅使苹果发育期提前,而且影响产量因素的主要气象要素和各要素的影响时段也发生了较大变化,苹果单产波动较大(图10.4)。据杨小利(2014)对崆峒区苹果产量变化及生育期间各个不同时段的光、温、水资料与气候产量进行相关分析发现,影响崆峒区苹果气候产量的主要气象因子为 4 月份最低气温($R=0.6705$,$P<0.001$)、1 月上旬($R=-0.848$,$P<0.001$)降水量、6 月中旬的日照百分

率($R=0.5540$，$P<0.01$)、7—8月最低气温($R=0.5797$，$P<0.01$)。

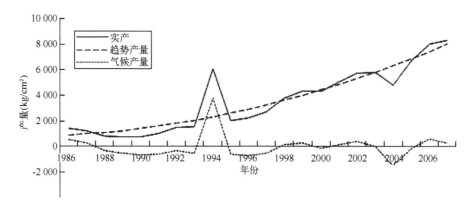

图 10.4　崆峒区苹果产量变化

由表 10.6 可见，20 世纪 80 年代以后，该区 4 月份的最低气温上升明显，1981—2007 年 4 月份的最低气温较 1961—1980 年升高了 2.2～2.4℃。春季冻害对苹果产量影响很大，4 月份是花期冻害高发时期，最低气温的上升，减少了冻害威胁，对苹果产量提高有利；1 月上旬降水量与苹果产量呈负相关，由于 1 月降水量与冬季寒流侵袭关系密切，而冬季温度过低会使树体受冻，影响果树的花芽分化。40 多年来，1981—2007 年 1 月上旬降水量较 1961—1980 年增加 0.8～0.9 mm，在一定程度上反映出冬季寒流发生愈加频繁，对苹果产量形成不利；6 月上旬苹果刚刚进入果实膨大期，对光照较为敏感，充足的光照利于果实膨大。1981—2007 年 6 月上旬日照时数较 1961—1980 年减少了 14～27 h，光合作用有所减缓，对苹果产量形成会有不利影响；7—8 月是苹果迅速膨大到果实成熟的时期，是光合积累最旺盛时期，较大的温度日较差有利于光合积累，也有利于苹果糖分增加，7—8 月的最低气温与苹果产量正相关显著，能够反映出此阶段日较差对苹果产量的贡献。1981—2007 年 7—8 月最低气温较 1961—1980 年升高 0.8～1.2℃，对苹果产量形成和品质都有不利影响（表 10.6）。

表 10.6　崆峒区和西峰 1961—2007 年影响苹果产量的主要气象要素变化

	4 月最低气温(℃)		1 月上旬降水量(mm)		6 月上旬日照时数(h)		7—8 月最低气温(℃)	
	1961—1980 年	1981—2007 年	1961—1980 年	1981—2007 年	1961—1980 年	1981—2007 年	1961—1980 年	1981—2007 年
崆峒	−3.9	−1.5	0.2	1	91	78	9.3	10.1
西峰	−3.6	−1.4	0.4	1.3	95	81	10.4	11.6

10.2.2.6　苹果水分适宜度年际变化

天水苹果年生理需水量为 745 mm，在生长期内平均降水量为 452 mm。水分满足度为 0.6。平均水分适宜度为 0.53。1971—2009 年大于平均适宜度的年份为 19 a，正距平最大为 0.25，小于平均适宜度的年份为 20 a，负距平最大达 0.16。适宜度连续正距平年份集中出现在 20 世纪 90 年代以前。自 1971 年以来,水分适宜度以 $0.0009/a(R=0.1032,P>0.01)$ 的线性趋势降低。水分满足度变化趋势与水分适宜度基本相同(图 10.5)。水分适宜度负距平年份,适宜度与满足度差异不大。降水较少年份,生长发育期内降水在时间分布比较均匀。水分适宜度正距年份,适宜度与满足度差异较大。降水较多的年份,降水量在时间上分布相对集中。

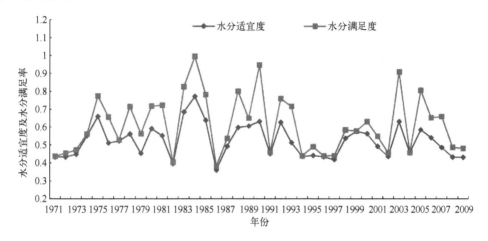

图 10.5 天水市苹果历年年水分适宜度和水分满足度的变化

10.2.2.7 各生育期水分适宜性变化

苹果各生育期的生理需水量差异较大(表 10.7),初始生育阶段需水量占全生育阶段需水量的 19%,旺盛生育阶段占 68%,后期生育阶段占 13%。初始生育阶段降水量占全生育期的 17%,旺盛生育阶段占 63%,后期生育阶段占 20%。初始、旺盛生育阶段需水量与降水量所占全生育期总量的比例基本相同,后期生育阶段降水量所占比例大于需水量所占比例。20 世纪 70 年代到 21 世纪初,初始生育阶段需水量呈增加趋势,降水量呈减少趋势,水分满足度及水分适宜度呈降低趋势(表 10.8)。除 20 世纪 90 年代外,各年代平均水分适宜度均在 0.50 以下。21 世纪初水分满足度小于 0.50,其余各年代均大于 0.50。旺盛生育阶段各年代需水量差异不大,20 世纪 90 年代需水量较大,降水量较小;80 年代需水量较小,降水量较大。20 世纪 80 年代水分适宜度及满足度较高,90 年代水分适宜度及满足度均小于 0.50。水分对果树的生长胁迫较大。后期生育阶段需水量各年代差异较小,降水量呈逐年代增加趋势,水分满足度均在 80% 以上,21 世纪初降水总量大于需水总量。各年代水分适宜度均在 0.5 以上,是全生育期水分供应最为充足的时段。

表 10.7 苹果各生育阶段平均需水量与降水量

项目	初始生育阶段		旺盛生育阶段		后期生育阶段	
	需水量	降水量	需水量	降水量	需水量	降水量
数值(mm)	142	78	504	283	100	91

表 10.8　不同年代各生育阶段需水量、降水量、水分满足度、水分适宜度

年代	初始生育阶段				旺盛生育阶段				后期生育阶段			
	需水量(mm)	降水量(mm)	满足度	适宜度	需水量(mm)	降水量(mm)	满足度	适宜度	需水量(mm)	降水量(mm)	满足度	适宜度
1971—1980	140	74	0.53	0.49	511	273	0.54	0.46	99	88	0.91	0.65
1981—1990	136	102	0.76	0.61	480	320	0.67	0.56	101	79	0.81	0.57
1991—2000	142	69	0.51	0.44	519	254	0.49	0.46	101	92	0.92	0.63
2001—2009	147	66	0.46	0.41	505	285	0.57	0.48	99	110	1.13	0.66

后期生育阶段水分满足度与水分适宜度差异较大,其次为旺盛生育阶段,初始生育阶段差异较小。后期生育阶段时跨主汛期,降水多以大(暴)雨的形式出现,水分利用效率较低。

10.2.2.8　苹果水分适宜性与产量

水分的供需状况是影响天水市地区苹果单产高低的主要因素之一(蒲金涌等,2008)。从 1981—2009 年天水苹果单产与各生育阶段的水分适宜度进行相关性分析得出,旺盛生育阶段水分适宜度与苹果单产相关比较显著(表 10.9),此阶段苹果需水量大,降水量满足度较小,水分供需缺口比较大。其次为初始生育阶段,该地春季降水较少,水分供需矛盾比较突出。后期生育阶段水分适宜度与翌年苹果产量的相关性不能通过信度为 0.1 的显著性检验。

表 10.9　1991—2009 年天水苹果产量与水分适宜度的相关系数

生育阶段	初始生育阶段	旺盛生育阶段	生长后期
相关系数	0.2813*	0.3425**	0.1632

注:** ,* 分别表示通过 0.05,0.10 的显著性水平检验。

10.2.3　气候生态适生种植区域

以海拔高度、年平均气温、果实膨大期平均气温及年≥10℃积温为指标,做出甘肃苹果主产区气候生态适生区区划(表 10.10)。

表 10.10　甘肃苹果主产区生态气候适生区区划

项目	Ⅰ最适宜种植区	Ⅱ次适宜种植区	Ⅲ适宜种植区	Ⅳ可种植区	Ⅴ不宜种植区
海拔高度(m)	1 000~1 300	1 300~1 500	1 500~1 900	1 900~2 400	>2 400
年平均气温(℃)	8.8~11.7	8.0~11.0	5.0~8.0	5.0~8.0	<5.0
膨大生长期 6—8 月 平均气温(℃)	19~23	18~23	16~20	15~18	<15

项目	Ⅰ最适宜种植区	Ⅱ次适宜种植区	Ⅲ适宜种植区	Ⅳ可种植区	Ⅴ不宜种植区
年≥10℃ 积温（℃·d）	3 200～3 700	3 000～3 800	2 200～2 700	<2 200	<1 600
年降水量（mm）	370～570	370～640	450～550	450～550	410～500
地域范围	庆阳市包括西峰区黄土董志塬、正宁、宁县塬区等黄土高原残塬区，平凉市包括静宁、灵台、崆峒区南北2塬区，天水市包括秦州、麦积大部分地区	庆阳市包括马莲河、蒲河流域的川区，平凉市包括泾河流域，天水市包括渭河北部大部分地区	庆阳市包括北部干旱区及西部林农交错地带，平凉市包括南部灵台、崇信、华亭等县部分地区，天水市包括北部关山地区海拔较低地区	庆阳市包括西部的林缘地带；平凉市包括南部灵台、崇信、华亭等的林缘地带，天水市包括西北武山南部及秦州、麦积的林缘地带	庆阳市包括西部、平凉市及天水市包括关山南北麓高海拔地区
分区评述	本区光热资源丰富，花期一般极少有晚霜冻危害，果实膨大期温度适宜，糖分累积期气温日较差大，所产苹果含糖量较高（14%以上），硬度、糖酸比适中，着色好，产量高，品质优	本区内气候温和，果实膨大期气温适宜，春季气温波动较大，个别年份低温、晚霜冻危害较重；糖分积累期日照略逊于最适宜区，所产苹果含糖量一般在13%～14%间，含酸量一般在0.19%～0.26%，硬度7.1～9.0 kg/cm²，品质、产量较好	本区气候温凉，光照较差，无霜期150～160 d，花期易遭晚霜冻危害，果实膨大期及糖分积累期日照较少，所产苹果含糖量一般在12%～13%间，含酸量较高，果实硬度较大，耐储藏	本区热量条件较差，花期平均气温<10℃，无霜期<150 d，晚霜冻严重；果实膨大期及糖分积累阴雨较多，光照条件差，所产苹果皮厚味酸，硬度大	本区为高海拔区，气候寒冷阴湿，低温、霜冻造成苹果生长不良

10.3 栽培管理技术

10.3.1 大苗栽植

选择合适的砧穗组合，推广大苗栽植技术。采用带6～9个分枝的大苗建园，株距80～100 cm，果树成形后冠幅很小，栽植时整形工作基本完成，很快就可以进入结果期。而且，商业化苗圃生产的苗木全部为无病毒苗木，非常健壮，高度1.5 m以上，直径1～1.3 cm，根系发达，大多数根长度超过20 cm，毛细根密集，一般为3年生苗。同时苗木育成后可以储藏起来，随时需要随时栽培，从而实现四季栽培。

10.3.2 综合管理

解决大小年问题并非解决果树某一方面的问题,仅靠一种手段难以完成,往往要综合运用多种手段才能解决。对于解决苹果大小年问题,首先要严格疏花疏果,避免过度负载,同时应避免霜冻等原因造成负载太低。其次要综合运用各种促花措施,促进花芽形成,以防树势过旺。

10.3.3 积极预防自然灾害和病虫害

近年来,早春低温霜冻、大风,夏季冰雹、干旱,对果品生产的影响非常大。但是,根据预测预报积极预防的果园,受到的影响都不是很大。病虫害防治方面,要严防腐烂病、早期落叶病和红蜘蛛等。

10.3.4 提高果园整齐度

(1)建园时预备一成多的苹果苗假植在一边,以便及时补栽。

(2)合理栽植授粉树,授粉树比例不宜过高。具备人工授粉条件的果园可不栽植授粉树。

(3)栽植品种不宜过多。

10.3.5 增施有机肥,推行配方施肥,实行科学灌溉

果园施肥可以保证供给果树生长所需要的各种营养元素,改善土壤理化性质,有利于土壤生物的活动,从而不断提高土壤肥力,为果树生长发育创造有利条件。但无论哪种元素过多或过少都会对果树造成伤害,因此只有合理搭配施用有机、无机肥料,才能达到高产、优质、高效的目的。灌溉不仅能保证苹果树对水分的需求,而且还能调节地温,但灌水不当也会造成较大损失,因此应根据苹果的需水规律,适时科学地进行灌水。

10.3.6 依据品种特性合理修剪整形

要根据树体特性进行,如在红富士苹果修剪上,要逐步改剪为管,少剪多放,综合运用各种整形调势手段平衡树势,使其快速成形,早果丰产。

10.4 提高气候生态资源利用率的途径

10.4.1 适当提高建园的海拔高度,减轻气候变暖对苹果生长的影响

受气候变暖的影响,苹果叶芽开放、展叶、开花等成熟前的各物候相日期均有所提前,减少了果实的生长时间,缩短了营养量累计时段;苹果的叶变色、落叶等成熟后的各物候相均

有所后延,延长了果树的生长季,缩短了休眠时间,加大了水、养分的无效消耗。坐果期的干热高温还使得苹果的坐果率趋低,含糖量、含酸量等品质指标也有所变化,同一品种硬度出现逐年下降的趋势,对苹果产业的持续发展不利。因此,在建园上应充分考虑应对气候变化对苹果生产的不利影响。

10.4.2 掌握好适宜采收期

红富士苹果果实生育期要求 175 d 以上,以 195 d 左右为最佳。果实生育期指盛花末期到采收所经历的日数。最迟采收时间决定于当年强寒流霜冻到来的时间。在生产上采用分期分批采收,可以获得较好效益。

10.4.3 确保果实膨大期对水分的需求

陇东旱塬区,水分对苹果产量及质量影响较大,在果实膨大期要积极采取灌水等有效保墒增墒措施。

第11章　苹果梨

苹果梨(*Pyrus bretchneideri* Rehd.)属蔷薇科、梨属,系北方寒温带地区名贵果品之一。在我国栽培已有80多年的历史,因其外形丑陋又称"中华丑梨"。其果形扁圆,果面带有点状红晕,酷似苹果,故名苹果梨。具有果圆果大、内脆汁多、酸甜适口、极耐储藏等显著特点,享有"一代梨王"的美誉。

11.1　基本生产概况

11.1.1　作用与用途

苹果梨富含多种维生素(C、B1、B2)以及钙、磷、铁、纤维素、胡萝卜素、硫胺素、烟酸、抗坏血酸等人体必不可少的营养物质。除生食外,还可加工梨酒、梨汁和罐头等。具有清肺润肺、燥湿健脾、软化血管、和胃止呕止泻、消痰止咳及促进肠道蠕动、利尿等保健功能,被营养学家誉为"保健食品"、"功能食品"。

11.1.2　区域与面积

我国的苹果梨是20世纪20年代从朝鲜引入,在吉林延边地区栽培,后引种到辽宁、内蒙古、青海、新疆等北方14个省(区、市)广为栽培。其中吉林延边、辽宁鞍山、内蒙古河套、甘肃民乐县等地栽培面积较大。据不完全统计,全国苹果梨栽植面积已达8万 hm^2。甘肃省自20世纪50年代从吉林延边引入栽培,主要分布在河西走廊海拔2 000 m以下的酒泉、张掖、金昌、武威等地。1986年,张掖民乐苹果梨基地被列为国家"星火计划"项目,张掖市被列为全国苹果梨商品基地。2012年,张掖市栽植面积已达1万 hm^2,年产苹果梨6 000万 kg。

11.1.3　特点与优势

河西走廊的苹果梨,经过长期的栽培和推广,对当地生态气候条件具有很强的适应性。具有丰产性好,抗旱、抗寒,耐瘠薄,耐盐碱,适应性广等特点,果实极耐储藏,能耐－30℃低温,在不加任何保温设备的半地下式果窖中能储藏240 d左右,果实采摘后可储藏至翌年5

月。据测定,在河西经济林树种中,苹果梨相对含水率高,水势值低,组织吸水力强。束缚水/自由水比值高,细胞组织持水力强,水分利用效率高,综合抗旱性能在所有树种中最强。因此,在河西走廊因不宜种植农作物而遗弃的荒滩、荒地、盐碱地均可进行连片开发种植,在增加产量和农民经济收入的同时,对于增加植被,抑制土壤沙化,防治沙漠前移,降低风速,减少沙尘暴发生次数,提高空气质量,改善河西农业生态环境具有良好的生态效应。

11.1.4 产量与品质

甘肃河西走廊苹果梨栽后第 3 年开始结果,果实个大,平均单果重 220 g,最大可达 500 g 以上。酒泉、张掖、金昌、武威四地历年平均单产在 5 311～9 770 kg/hm²,最高单产平均在 38 900～64 000 kg/hm²,有的年份产量可达 90 000 kg/hm²。采摘储存 20 d 后,皮底色变金黄,油光发亮,色泽艳丽。果肉乳白色,质地细脆,汁液多,果心小,石细胞极少,表皮蜡质厚,微香,品质极佳。经分析,果实含总糖 8.83%、还原糖 7.68%、有机酸 0.0013～0.0022 g/g、可溶性固形物 13.5%～14%、水分 84.94%、粗蛋白 0.42%、粗纤维 1.19%、无氮浸出物 12.32%、粗灰分 1.17%、维生素 C 0.01～0.046 mg/g,硬度 9.0kg/cm²。根据甘肃省 11 个种植地点采样,果实外观和内部品质两项指标评定结果,以河西地区的民乐、武威、张掖、酒泉等果实品质最佳。

11.1.5 发展前景

甘肃河西走廊发展苹果梨产业具有诸多有利条件,特别是张掖地区区域特色明显,除具备光照充足、光质条件好,昼夜温差大,水资源充沛等生产优质果品的自然条件外,在多年的生产实践中已探索和总结了一整套比较成熟的生产管理经验,苹果梨面积已达果树总面积的 40%以上,产量占 57.6%,已成为西北五省区最大的苹果梨生产基地。产品也曾多次荣获国家、部、省级优质产品奖,在国内已有一定的知名度。2014 年,张掖甘州区进一步完善政策措施,加大资金扶持力度,出台《关于深化改革创新加快推进国家现代农业示范区建设意见》,积极推行丰产栽培示范、标准化生产、低产果园改造、有害生物防控等一系列行之有效的措施。所有这些有利条件为苹果梨进一步扩大种植基地、实施名牌战略打下了良好的基础,苹果梨产业发展前景广阔。

11.2 作物与气象

11.2.1 气候生态适应性

11.2.1.1 生态特点与气候环境

苹果梨是温带落叶果树,生态指标与梨类似,喜温凉半干旱气候,适宜在温和、温凉半干旱、半湿润地区种植。苹果梨优质生长要求气候温凉、干燥,光照充足,昼夜温差较大,夏季不热,采收期凉爽,灌溉方便等条件。通过对甘肃省不同生态区苹果梨生长状况及果实品质的综合考察和研究结果表明,苹果梨在年平均气温 5.0～8.0℃,≥10℃积温 2 400～3 500℃·d,年日照时数在 2 400～3 500 h,日照百分率 50%～70%,空气相对湿度在 40%～60%,夏季平均温度 16.0～24.0℃,1 月平均温度—12.1～—5.5℃的条件下,都能正常生长结果,并且能满足优质丰产对气候条件的要求。

河西地区由于地势开阔,通风、透光,光照充足,可适当增加栽植密度,提高单株和产量。温凉干旱的气候生态环境,符合苹果梨生长的习性。冷凉灌区生长期间无 40℃以上的高温,干热风天气出现概率小,光合作用在全生育期中都能正常进行。河西走廊是我国气温日较差高值区之一,昼夜温差大,光合作用和碳水化合物的积累,对果实迅速膨大起重要作用,有利于增加单果重和营养物质积累。特别在后期品质形成期,日较差更大,含糖量增多,有机酸含量少,风味浓郁香甜适口。此外,河西地区特有的尤其是有适应性强的沙质壤土,土层深厚,通气性好,对雨水和浇灌渗透性强,有效吸收水分,利于根系发达茂盛,树体健壮。

11.2.1.2 物候特征与气象指标

据试验观测(表 11.1),苹果梨在河西张掖地区一般于 4 月上、中旬芽萌动,4 月下旬—5 月上旬开花,5 月上旬展叶、抽枝,5 月中旬幼果出现,9 月下旬果实完熟,10 月下旬落叶。从坐果至采收,川区约 126 d 左右,冷凉区约 132～140 d。

表 11.1 河西走廊苹果梨主要物候期

年份	地点	海拔高度(m)	物候期(月-日)					
			芽萌动	开花	新梢生长	幼果出现	果实完熟	落叶
1973	张掖九公里园艺场	1 550	04-11	04-29	05-08	05-17	09-20	10-22
1984	民乐园艺场	1 761	04-19	05-02	05-09	05-16	09-25	10-22
1989	高台县气象站	1 332	04-09	04-26	—	05-10	09-20	—

苹果梨性喜温凉,对热量条件要求较低。据调查,目前种植高度分布在 1 200～2 300 m,其中以地处 1 800 m 左右地带品质最优。统计该地苹果梨芽萌动期日平均气温为 7℃,开花期为 12～13℃,幼果开始发育期为 14℃,生育期间 4—9 月需日照时数为 1 400～1 600 h,需稳定通过≥7℃活动积温 2 300～2 800℃·d,开花至果实成熟需≥10℃活动积温 2 100～2 600℃·d。苹果梨果实生长期间不耐高温,喜光,耐寒性及抗霜冻能力较强,在河西冬季—28.5℃的低温条件下,树体及花芽均无冻害,越冬性强。如张掖嫁接的一年生苗可露地越冬,盛花期可忍耐—3.6℃的低温。

11.2.1.3 苹果梨果实发育动态

据试验测定,民乐县苹果梨果实从 6 月下旬—7 月中旬生长较慢,7 月下旬—8 月下旬生长加快,9 月上旬又趋于缓慢(图 11.1),其生长规律可用逻辑斯蒂增长模型来描述,拟合方程式见表 11.2。

表 11.2　民乐园艺场苹果梨果径增长数学模型

年份	拟合方程式	残差平方和	剩余均方误
1987	$W_{横径} = 9.70/(1+e^{1.349-0.028t})$	0.93	0.31
1987	$W_{纵径} = 8.64/(1+e^{1.147-0.023t})$	0.33	0.18
1987	$W_{平均} = 9.15/(1+e^{0.627-0.031t})$	0.48	0.22
1983	$W_{平均} = 7.80/(1+e^{0.627-0.031t})$	0.12	0.02

注：方程式中 W 为果径生长累积量（cm），t 为距初次测定前 10d（08-06）的日数。

对表 11.2 中公式求一阶导数，得到果径在单位时间内的生长率（CGR）。从 CGR 曲线可以看出，果实纵径生长最快时段在 7 月 8 日—8 月 18 日，日增长 0.047～0.050 cm/d，占总增量的 47.7％；横径生长最快时段在 6 月 28 日—8 月 28 日，日增长 0.059～0.068 cm/d，占总增量的 65.8％。在果径增长的整个时期，横径生长速度始终快于纵径生长速度。从 1983、1987 年两年纵、横径平均值来看，增长最快时段为 7 月上旬—8 月中旬，平均增长量占总增量的 55.7％，是果实膨大关键期。

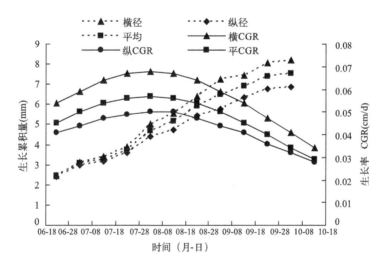

图 11.1　民乐县苹果梨果实生长动态曲线

11.2.1.4　产量品质与气象

（1）产量与气象

果径生长速度：根据 1983、1987 年试验资料统计，民乐园艺场果径生长最快时段 7 月上旬—8 月下旬日平均气温，1983 年为 15.8～20.1℃，平均 16.8℃，平均果径增长量为 0.047 cm/d；1987 年在 18.5～21.3℃，平均气温 18.2℃，平均果径增长量为 0.051 cm/d。可见，在一定温度范围内，气温略高，有利于果径增大。分析 1983 年和 1987 年两年果实膨大期间日平均气温与果径增长量之间的关系，二者呈二次抛物线曲线关系，拟合方程式如下：

1983 年：　　　　$\Delta W = -2.5344 + 0.3144T - 0.008T^2$　　　　$(F=6.46, P>0.05)$　　(11.1)

1987 年：　　　　$\Delta W = -6.446 + 0.7483T - 0.0199T^2$　　　$(F=12.2, P>0.01)$　　(11.2)

式(11.1)(11.2)中，ΔW 为两次果径测定差值(cm)，T 为测定时平均气温(℃)。对公式求一阶导数，求得果径增长速度最大时的日平均气温分别为 19.7℃ 和 18.8℃，最大增长量为 0.055 cm/d 和 0.059 cm/d，结合实测资料，得出适于果径增长的适宜温度范围在 15～21℃，令 $\Delta W=0$，求得果径停止生长的上限温度两年平均为 26℃，下限温度为 12℃，适宜温度持续时间越长，对果实膨大越有利。由图 11.1 可见，从 7 月下旬以后，即当日平均气温下降到 20℃ 以下时，生长速度横径明显快于纵径，故苹果梨多为扁圆形，外形颇似苹果，果形指数在 0.70～0.99 之间。

果重：在一定的日温周期范围内，日较差大，果实内储存的碳水化合物等有机物多，呼吸消耗少，果实重。据研究，植物光合作用在适宜温度范围内是随温度升高而增强，呼吸作用则随温度升高而呈指数曲线增强。可见，适宜的昼夜温差及其相配合的有效日温周期振幅变化，极其有利于光合物质的积累。分析果重与生长期间气温日较差呈幂函数正相关，关系式如下：

$$W = 1.0095T^{1.9415}\qquad (R=0.997, P>0.05)\qquad\qquad(11.3)$$

式(11.3)中，W 为果实重量(g)，T 为生长期间气温日较差(℃)。

统计河西不同海拔高度果实生长期间气温日较差，以海拔 1 500～1 900 m 为最大，平均单果重达 220 g 左右。从果实生长阶段看，生长后期 9 月—10 月上旬日较差比 7 月、8 月两月更大，故后期增重快。

果重与 ≥0℃、≥10℃ 积温呈幂函数负相关，即当积温满足果实生育以后，积温再增加，对果实膨大反而不利，说明苹果梨喜温凉的气候特点。关系式如下：

$$W = 3.199 \times 10^{17}\sum T_0^{-4.344}\qquad (R=-0.846, P>0.05)\qquad(11.4)$$

$$W = 3.162 \times 10^{12}\sum T_{10}^{-3.005}\qquad (R=-0.783, P>0.05)\qquad(11.5)$$

式(11.4)(11.5)中，W 为果实重量(g)，$\sum T_0$ 为 ≥0℃ 积温(℃·d)，$\sum T_{10}$ 为 ≥10℃ 积温(℃·d)。

经计算，平均单果重达到 200 g 所需 ≥0℃、≥10℃ 积温分别为 3 162℃·d 和 2 477℃·d，对应的海拔高度大致在 1 700 m 左右。

(2)品质与气象

民乐苹果梨品质形成时期主要在 9 月—10 月上旬，此时果径增长很慢，果实内部却发生着一系列质的变化，如淀粉含量逐渐下降，水分、糖分含量逐渐增加，同时积累一些复杂的酯类和醛类物质，并经酶的分解产生香味物质，外观色泽也由深绿变黄绿，阳面着红晕等。

苹果梨可溶性固形物含量是果品评定中主要考虑因素，它的含量的多少，直接影响品级的高低。分析张掖地区不同种植区果实可溶性固形物含量与生育期 ≥0℃ 积温呈幂函数负相关，积温多，含量低，积温少，含量高。计算可溶性固形物含量达 14.0% 时需 ≥0℃ 积温 3 152℃·d，与实际观测值(3 108.2℃·d)十分接近。

分析气温日较差与苹果梨的含糖量、含酸量分别为幂函数正相关和线性负相关，日照时数与含糖量亦呈幂函数正相关(表11.3)。在适温范围内日较差越大,光照充足,含糖量越高,含酸量越少。计算含糖量在9%~11%时,需气温日较差在12.8~16.2℃,气温日较差每增加1℃,含糖量提高0.6%,含酸量减少0.0144%。测定中发现,果实向阳面由于日照多,含糖量高于背阴面,含酸量则相反。

表 11.3 民乐苹果梨品质与气象条件

项目	方程式	相关系数	信度	资料来源
含糖量(%)	$Y=0.9957T^{0.8627}$	0.999 3	0.001	民乐园艺场(1987年)
	$Y=0.9995S^{0.2876}$	0.996 6	0.001	民乐园艺场(1987年)
含酸量(%)	$Y=0.4243-0.0144T$	−0.716 3	0.02	甘肃省各地(1985年)
固形物含量(%)	$Y=465.6\sum T_0^{-0.435}$	−0.846 9	0.05	张掖地区(1987年)
带皮硬度(kg/cm²)	$Y=20.56R^{-0.035}$	−0.878 9	0.05	张掖地区(1989年)

注:T为8—9月气温日较差,S为5—9月日照时数,$\sum T_0$为≥0℃积温,R为5—9月降水量。

硬度的大小主要与自然降水有关,经分析二者亦呈幂函数反相关。降水多,硬度小,降水少,硬度大。由于河西降水随海拔高度升高而增加,因此,一般果实硬度低海拔地区高于高海拔地区,带皮硬度在9.5~10.3 kg/cm²,表现为皮硬、石细胞多,口感较差。而海拔较高地区皮较薄、石细胞少,肉质细密,口感好,带皮硬度在8.0~9.0 kg/cm² 之间。

11.2.2 气候变化及其影响

11.2.2.1 气温变化

以河西地区苹果梨主产地民乐县为例,年平均气温呈逐年代增加趋势,年气温倾向率为0.47℃/10a,特别从20世纪80年代中后期(1987年)开始升温加速,1987—1996年10 a平均气温(3.7℃)较前10 a(1977—1986年)年平均气温(2.9℃)增加0.8℃。1997年以来又进入一轮明显升温期,1997—2006年平均气温(4.8℃)较1987—1996年平均(3.7℃)升高1.1℃;苹果梨生长季(4—9月)平均气温呈"U"形曲线变化(图11.2a),总体亦呈逐年代增加趋势,气温倾向率为0.28℃/10a。其中,20世纪60年代前期维持较高温度状态,后期开始呈下降趋势,1979年为谷值。之后,生长期气温呈现升高趋势,气温倾向率达0.73℃/10a。特别从90年代中期以来,进入快速升温期,1997—2006年4—9月平均气温为13.1℃,较1987—1996同期(12.0℃)升高1.1℃;最小值出现在70年代末(1979年为10.7℃),最大值出现在21世纪的2008年,为13.8℃,最高年较最低年增幅在3.1℃。

11.2.2.2 降水变化

苹果梨主产区民乐县年降水量呈逐年代增加趋势,年降水量倾向率14.0 mm/10a。20世纪70年代(平均348.3 mm)较60年代(307.5 mm)增加13%,其后80—90年代变化较为稳定,变幅不大,进入21世纪降水量又略有增加,2001—2008年平均为382.1 mm,较20世纪90年代增加12%。苹果梨生长季降水量呈线性增加,呈逐年代增加趋势,倾向率为

11.2 mm/10a。最多年为 454.7 mm,出现在 2007 年;最少年为 170.1 mm,出现在 1968 年,最多年为最少年的 1.67 倍(图 11.2b)。

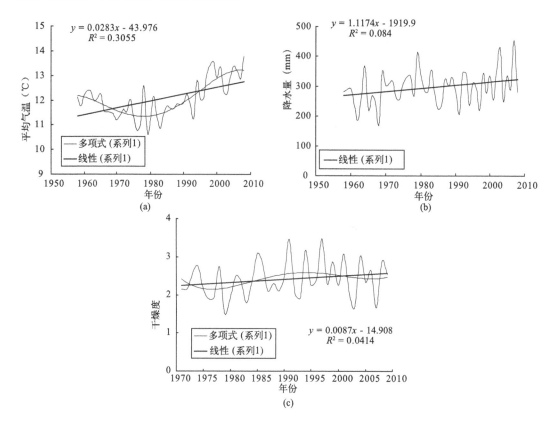

图 11.2　苹果梨主产地民乐县历年生长季平均气温(a)、降水量(b)、干燥度(c)变化

11.2.2.3　干燥度变化

分析民乐县苹果梨历年生育期间 4—9 月干燥度($K=0.23\sum T_o/R$)变化,曲线起伏比较平缓(图 11.2c),历年干燥度范围大致在 2~3 之间,年际间变化不大,相对高值区出现在 20 世纪 90 年代中前期,最大值出现在 1997 年,为 3.48,气候较干燥。20 世纪 90 年代后期以来,干燥度呈减小趋势,气候趋向湿润。2003、2007 年干燥度均为 1.67,为历年次低值(最小值为 1.52,出现在 1979 年)。

11.2.2.4　气候变化的影响

从民乐县历年主要气象要素变化看出,苹果梨生育期间气温呈逐年代上升趋势,降水呈增多趋势,气候趋向湿润。有利的方面主要有:由于气候变暖,随着气温的升高和积温的增加,原来海拔较高、气温偏低、热量不足的沿山区,使得苹果梨生长环境条件得到优化改善,由不宜种植区或可种植区转变为可种植区或适宜种植区,有利于苹果梨果实生长、正常成熟,促进品质改善,种植上限将升高,种植范围扩大。同时由于降水增多,加之气候干燥度变化不大,苹果梨生育期间水分满足率得到提高,减缓水分需求压力。不利方面主要有:气候变暖后,原来种植适宜区由于气温升高,特别是果实膨大期气温过高,将会对果实增大产生抑制作用,从而影响产量的提高。另外,随着降水日数增多,也会影响日照长度,果树光合作用时间会缩短,影响光合产物的合成积累,特别对栽种密度过大的果园或生长势过旺的树体,因管理措施不到位枝条相互交叉郁蔽,透光不足影响果实着色。在品质形成期高温高湿还对病虫害的发生发展提供有利条件,进而影响到果品品质,给病虫害防治带来一定难度。

11.2.3　气候生态适生种植区域

从以上分析可知,当满足一定的积温要求以后,果实生长期间气温适宜,日较差大,日照时数多,有利于果实增重、可溶性固形物增加和糖分积累,有机酸含量少,品质好。特别在果实生长期间气候凉爽,果实的呼吸强度和酶活动能力减弱,对果实增重、汁液的增多都非常有利。故在选择区划指标时,用全生育期≥7℃积温作为首选指标,它决定一地的热量条件能否满足苹果梨栽植和完成全生育期并获得一定的产量,作为种植界限指标。用7—9月日平均气温、气温日较差和年日照时数作为主导指标,划分甘肃省苹果梨栽培气候区。

最适宜种植区:本区分布在河西走廊的川区向冷凉区的过渡地带,以温凉半干旱气候层带最优,包括山丹、黄羊镇等海拔高度1 700~1 900 m地区。本区苹果梨生长期间气温适宜,热量适中,果实生长期长,果实大,产量高。成熟期气温日较差大,光照充足,品质最佳。在最适宜的优质气候层带内,只要有水源灌溉的地方都可以建立苹果梨商品生产基地。

适宜种植区:本区分布在河西走廊平川绿洲农业区,包括武威、金昌、张掖、临泽、酒泉、玉门等海拔高度1 500~1 700 m地区。本区农业生产技术水平高,灌溉条件好。苹果梨生长期间光照充足,气温较适宜,日较差较大,品质较好。临夏海拔1 700~2 100 m以及兰州、定西海拔1 700~2 000 m高度的温凉半干旱气候层带适宜种植苹果梨,但因干凉度和气温日较差小,品质不如最适宜种植区。

次适宜种植区:本区分布在川区北部及巴丹吉林、腾格里沙漠边缘地带,包括安敦盆地(瓜州、敦煌)、花金(花海乡、金塔)盆地、民勤、高台等海拔高度小于1 500 m地区。本区热量资源富余,光照充足,气候干旱,苹果梨果实生长期间温度过高,热量过多,有效性差,果实呼吸消耗多,对果实增重、可溶性固形物积累不利,且耐储性差,品质一般。不宜盲目大量发展栽植,应充分利用庭院、空地和护田林网栽植苹果梨。

可种植区:本区属于河西冷凉区,包括永昌、古浪等海拔高度1 900~2 000 m地区。区内热量条件较差,苹果梨生长期间气温较低,有些年份果实生长期间热量不足,生长期短,花期和成熟期易受早晚霜冻的危害,果品质量尚好,但产量不高。虽区内降水较多,但由于灌溉条件差,干旱威胁大,应根据水源状况适度栽植,不宜大面积发展。

11.3 栽培管理技术

11.3.1 增施肥料,改良土壤

基肥在早秋果树落叶后施入,农肥施用量与果实产量等同,并适量施入过磷酸钙、硫酸钾等肥料。追肥应在 6 月上旬果实开始膨大期追施果树复合肥或尿素等。施肥方法为在树冠投影边环状沟施或穴施,对成年树于秋季落叶后沿树冠投影边挖 60 cm×40 cm×40 cm 的矩形坑或宽、深为 60 cm×60 cm 的环状沟,沟内施粉碎的农作物秸秆、尿素、磷酸二铵和过磷酸钙,然后填土,从而增加土壤有机质含量,提高土壤保肥、蓄水能力,促进根系生长和果品质量的提高。叶面追肥在 5 月下旬—6 月中旬结合防虫喷施尿素溶液。7 月—9 月初结合防虫,在叶面喷施尿素溶液中再加入磷酸二氢钾溶液进行喷施,既可有效预防虫害的发生,又有利于果实的膨大,从而提高果品的产量和质量。

11.3.2 覆盖保墒,适时灌水

应用麦秸秆、绿肥和杂草等隔行覆盖树盘,可防止土壤水分蒸发,而且覆盖物腐烂后再深翻埋压还有改土作用。覆盖时间应选在春秋两季进行,将覆盖物平铺于树盘周围,厚度 23~30 cm,草上应压少量土、沙,以防火和风卷。每年应对覆盖物进行补充,将充分腐熟的秸秆翻入地内后,需要重新覆盖新的覆盖物。覆草不仅能抑制土壤表面的水分蒸发,而且对提高土壤深层的含水量、果树的根系生长发育都有较好的作用,同时还可促进果树增产和果品质量的提高。据测定,覆盖处理的 0~20 cm、20~40 cm、40~60 cm 土层的土壤含水量分别较不进行覆盖处理(对照)的增加 29 g/kg、30 g/kg 和 32 g/kg;覆盖后果树的主枝生长量较对照增加 16 cm,单株产量较对照增加 11 kg,大果率较对照提高 14 个百分点。

灌水按照"春水早灌,夏水勤灌,秋水少灌,冬水足灌"的原则,确保春夏水,控制采前灌水。采前灌水虽然果实重量有所增加,却使果实的可溶性固形物显著下降。

11.3.3 花期防冻,保花保果

花期晚霜冻对结实率影响很大。目前在防范苹果梨花期霜冻方法主要有:一是选栽开花晚的树种。不同品种的梨树花蕾发育速度不同,开花期早晚可能差异较大,开花早的遭霜危险性大,开花晚的则相反,所以选栽开花晚的品种是躲避霜冻的有效措施。二是施用生长调节剂。生长调节剂可延缓花芽发育,使开花期推迟,如在越冬前或萌动前喷 B9 可抑制芽萌动;在芽膨大期喷青鲜素可推迟开花 4~6 d;萌芽前喷萘乙酸可推迟开花 5~7 d。三是采用灌水、熏烟等措施进行预防。早春灌水可增大土壤含水量,土壤的热容量和导热率也随之增大,使白天温度降低,夜间温度升高,接近地面的空气就不会暴冷暴热,因而对气温变化有极强的调控作用。熏烟法是目前应用最为广泛的一种方法,当预报有晚霜冻发生时,果园内利用柴草和药剂释放大量的烟粒,形成烟幕,在果树的生存空间里制造一种"小温室",阻止地面放热,使地面有效辐射损失少,温度不易降低。另外,早春用7%~10%的石灰水喷涂全树,可以减少树体对热能的吸收,保护树体温度,不致猛然下降,又有延迟苹果梨的萌芽和开花物候期3~5 d,对缓和低温的危害有一定作用。

11.3.4 防治病虫,提高品质

病虫害也是影响果品质量的重要因子,如黑胫病、苹果叶螨等。通过人工防治、化学防治和物理防治相结合的方法,进行综合防治。尽量使用低毒、低残留和残效期短的菊酯类农药,把有害生物种群控制在经济危害水平以下,达到生产无公害或绿色食品的目的。

在虫害防治方面,在早春或晚秋剪除虫枝、虫芽,刮除藏虫老皮,集中烧毁,降低害虫的越冬数量,同时对果园内的各类杂草杂物,特别是树枝、树叶和地埂旁的杂草,应在冬春进行清理并予以烧毁。生长期应及时摘除虫花、虫果及有虫新梢。并喷施石硫合剂、辛硫磷乳油等杀虫剂。在病害防治方面,在早春期间除喷施石硫合剂外,还应剪除病枝,集中烧毁,减少病原菌;在发芽前用腐烂敌乳油溶液喷洒树干,控制发病。生长季节摘除病梢、病果,减轻感染。对于干枯病、腐烂病等,刮皮后在病疤处涂抹5~10倍治腐灵、843康复剂、8904特效液等进行药剂保护。采用人工修筑半径为40~50 cm防水圈进行全园灌溉的农艺措施,可有效防治梨黑茎病和干基湿腐病。为了提高果面光洁度,有效防止虫害对果品外观的侵害,提倡苹果梨套袋生产,提高商品率,生产精品水果。

11.4 提高气候生态资源利用率的途径

11.4.1 建立优质商品产业基地,发展规模化产业化生产

在最适宜、适宜种植区加大苹果梨基地建设力度,充分利用区内光照充足、光质条件好,昼夜温差大,水资源充沛等生产优质果品的自然条件,连片开发扩建基地,扩大种植规模,积极推行"公司+基地+农户"模式,加快苹果梨产业化步伐。同时要建立与产业化生产配套的良种繁育体系,大力推广优质苹果梨苗木,制定实施无公害栽培技术标准,储藏保鲜技术标准,苹果梨质量标准和生产技术规程。建立苹果梨新品种、新技术试验示范基地,不断扩大市场份额,提升知名度。积极引导果农成立果农协会,统一进行技术指导,不断提高果农技术水平。同时通过果农协会,对苹果梨现有种植资源进行整合,主动收集信息,掌握市场动态,变分散销售为果农协会统一协调销售,逐步形成产销规模。

11.4.2 充分合理利用生态资源,大力提高产量和品质

依据苹果梨生理特性和生长发育特点,在果园的日常管理上要克服粗放式管理,强化精细管理。通过疏花、疏果、整形、配方施肥等管理措施,提高果品生产科技含量和品质。对现

有密植园进行合理改造,减少株树,减少枝量,改善通风透光条件,合理控制产量,增加果品个头的均一性,提高着色度和含糖量。推广苹果梨致矮致密技术,适当发展小片、矮化密植园,充分利用光热资源,提高单位面积产量。科学选择采摘时间,保证苹果梨的成熟度,避免为了先期占领市场而提前采摘造成的果品质量下降。苹果梨成熟时,应及时采收,避免大风天气造成果实落果,造成减产。充分利用苹果梨耐储性能好这一优势,可延长果品市场销售期,增加果农收益。除建立大型人工冷藏储藏库和人工调节气体储藏库外,应大力发展户型自然低温冷却储藏窖,并配备先进的保鲜技术。同时,要抓好采收、分级、入库管理等技术环节,减少烂果损失率,提高果品的商品价值。

11.4.3 营建果园防护林,提高趋利避害能力

随着气候变暖,苹果梨春季休眠期结束早,萌芽期提前,抗寒力随之下降。由于春季气温的不稳定性,特别是晚霜冻发生时正值苹果梨开花结实期,苹果梨芽体、花蕊易受冻干枯掉落。而秋季大风天气发生时往往产生大量落果。因此,营建果园防护林至关重要,防护林既能有效防风,也能在早春提高地温、防止或减轻霜冻危害。河西走廊春季花期霜冻多以平流降温为主,辐射降温加重其危害。所以,营建果园防风林以乔灌结合效果好,乔木以毛白杨为宜,防护效益高;防护林带下层种植灌木,以沙枣树为好,每年在 1.5 m 处平茬,形成紧密式结构。防护林的设置以南北走向为林带。果园防护林建设尽量做到与果园建设同步进行。据观测,出现霜冻时,林网内比林网外可提高气温 1℃、地温 3.5℃,距离林带越近,受害越轻。另外,园址的正确选定也是种植苹果梨最有效的防冻措施,苹果梨园应选择背风向阳的南向或东南向坡,以减少或避免冬天寒冷空气的直接侵袭。

第 12 章　桃

桃(*Amygdalus persica Linn*),隶属桃属,梅亚科,蔷薇目,双子叶植物纲,种子植物门的被子植物亚门。原产于我国西北地区,是我国最古老的果树之一。

12.1　基本生产概况

12.1.1　作用与用途

桃果味道鲜美,营养丰富,是人们最为喜欢的鲜果之一。除鲜食外,还可加工成桃脯、桃酱、桃汁、桃干和桃罐头。桃树很多部分还具有药用价值,其根、叶、花、仁可以入药,具有止咳、活血、通便等功能,桃仁含油量45%,可榨取工业用油,桃核硬壳可制活性炭,是多用途的工业原料。桃有补益气血、养阴生津的作用,可用于大病之后,气血亏虚,面黄肌瘦,心悸气短者;桃的含铁量较高,是缺铁性贫血病人的理想辅助食物;桃含钾多,含钠少,适合水肿病人食用;桃仁有活血化瘀、润肠通便作用,可用于闭经、跌打损伤等辅助治疗;桃仁提取物有抗凝血作用,并能抑制咳嗽中枢而止咳,同时能使血压下降,可用于高血压病人的辅助治疗。

12.1.2　分布区域与种植面积

主要经济栽培地区在华北、华东各省(区、市),较为集中的地区有北京海淀区、平谷区,天津蓟县,山东蒙阴、肥城、益都、青岛,河南商水、开封,河北抚宁、遵化、深州、临漳,陕西宝鸡、西安,甘肃天水,四川成都,辽宁大连,浙江奉化,上海南汇,江苏无锡、徐州。全国栽培面积已超过71.27万 hm^2,生产桃803 000万kg,分别占世界的47%、46%,居世界第一位。截至2013年,甘肃省栽培面积已达1.18万 hm^2,产量达21 550万kg。

12.1.3　产量品质与发展前景

桃树具有结果早、丰产稳定性能好,对土壤条件要求不太严格,栽培管理容易等特点。和栽培苹果,梨等其他落叶果树相比较,能更快更易获得经济效益,因此,特别受到栽培者的青睐。桃果在国际市场上的售价往往高出苹果的1~2倍,经济效益极为可观。今后随着国民经济的发展,人民生活水平的提高,储运设备及技术的改进,桃果品的售价及经济效益会逐年上升,特别是我国加入世贸组织之后,桃果是最有希望占领国际市场一席之地的果品。今后只要安排好品种,实现优质稳产栽培,桃树栽培定会有新的发展。

12.2 作物与气象

12.2.1 气候生态适应性

12.2.1.1 生态特点与气候环境

桃原产我国海拔较高、日照长、光照强的西北地区,适应于空气干燥、冬季寒冷的大陆性气候,因此,桃树喜光、耐旱、耐寒力强。温度是影响桃树分布的最主要因素,在陕甘宁地区和新疆南部、吉林省,冬季温度在 $-23 \sim -25℃$ 以下时容易发生冻害,早春晚霜危害也时有发生,防冻防霜至关重要。在南方冬季三个月平均气温超过 $10℃$ 的地区,多数品种落叶延迟,进入休眠不完全,翌春萌芽很迟,开花不齐,产量降低。栽培时要注意桃树的需寒量,不同品种对低温的需求量差异很大,一般用 $7.2℃$ 以下的积温来表示,大部分品种的需寒量为 $500 \sim 1\ 000℃ \cdot d$。桃树最怕渍涝,淹水 $24\ h$ 就会造成植株死亡,选择排水良好、土层深厚的沙质微酸性土壤最为理想。

12.2.1.2 物候特征与气象指标

甘肃陇东南地区天水市桃树展叶期出现在 4 月中旬左右,开花盛期为 4 月上旬—中旬前期,果实成熟期在 8 月上旬(表 12.1)。近年来栽植的早熟品种,其展叶、开花时间与原品种基本相同,但成熟期提前 $30 \sim 40\ d$。桃树在日平均气温 $\geqslant 0℃$ 时树液即开始流动。据天水农业气象试验站物候观测,开花始期至展叶盛期间隔 $21\ d$,$\geqslant 0℃$ 积温 $163℃ \cdot d$,日平均气温 $7.8℃$,日照时数 $126\ h$。展叶盛期至果实成熟期为桃果实累积成熟的主要时段,其间隔日数常规品种为 $113\ d$,$\geqslant 0℃$ 积温 $2\ 151.2℃ \cdot d$,日平均气温为 $19.0℃$;而早熟品种仅为 $83\ d$,$\geqslant 0℃$ 积温 $1\ 488.2℃ \cdot d$,日平均气温 $17.9℃$,由于累积热量及光照偏少,早熟品种果实糖分积累较少,其品质常规品种优于早熟品种,但早熟品种因早期上市的价格优势而经济效益较佳。

表 12.1　2003—2010 年天水桃"大久保"平均物候期(月-日)

物候	开花始期	开花盛期	开花末期	叶芽开放期	展叶始期	展叶盛期	成熟期	叶变始期	叶变盛期	落叶始期	落叶末期
日期	03-28	04-05	04-13	03-31	04-06	04-18	06-20	10-21	10-31	10-25	11-17

12.2.1.3 产量与气象

根据桃的生长特点及特性,对桃树的开花—展叶、果实增长及果实成熟期三个阶段的平均气温、日照时数、降水量与产量进行相关分析。结果表明,影响桃产量形成的主要时段为桃果实增长期,主要气候因子为 4 月上、中旬最低气温、6—7 月的日照时数及 6 月降水。

4 月上、中旬最低气温是影响桃产量的主要因素。此时段桃正处于开花盛期,极易受低温冻害侵袭而使花蕾凋落,从而造成大幅度减产。

桃树开花期间,光照比较重要。荫蔽寡照天气不利于光合作用进行,花果营养供给不足,脱落现象严重,果实增大期,对光照要求比较敏感,光照充足利于果实膨大。因此,6—7 月日照时数与桃产量呈正相关,而与降水呈负相关。

12.2.2 气候变化及其对桃生产的影响

12.2.2.1 气候适宜度年际变化特征

桃全生育期温度适宜度较高,为 0.73,水分适宜度较低,为 0.47,综合适宜度为 0.59(图 12.1)。各年代水分适宜度变化不一,20 世纪 80 年代较高距平值为 0.10,21 世纪 10 年代较低,距平值为-0.02。水分适宜度的变化转折年份为 1990 年,1971—1990 年水分适宜度以 0.087/10a 的线性趋势增加,1990—2010 年以 0.067/10a 的线性趋势降低。温度适宜度 20 世纪 90 年代较低,距平值为-0.03,21 世纪头 10 年较高,距平值为 0.02。温度适宜度变化的转折年份为 1996 年,1971—1996 年温度适宜度以 0.034/10a 线性趋势下降,1996—2010 年适宜度以 0.063/10a 线性趋势增加。全生育期水分适宜度与温度适宜度的相关性不显著($R=0.1897,P>0.1$),表明温度、降水适宜性变化不一致。综合气候适宜度基本上呈下降趋势,20 世纪 80 年代适宜度较高,距平值为 0.03,90 年代较低,距平值为-0.02。

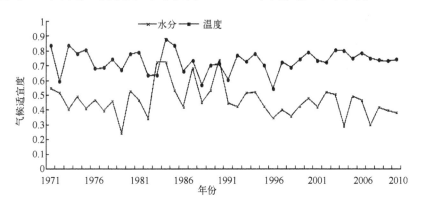

图 12.1 1971—2010 年桃气候适宜度年际变化特征

12.2.2.2 不同生育阶段气候适宜度变化特征

(1)萌芽开花阶段气候适宜度变化

萌芽开花阶段是桃开始生长时期,水分需求较少,温度对开花萌芽的影响较大。平均水分适宜度为 0.47,温度适宜度为 0.70,综合气候适宜度为 0.60(图 12.2)。水分适宜度 20 世纪 80 年代适宜度较高,21 世纪头 10 年较低。20 世纪 70 年代水分适宜度呈线性降低,80 年代初,适宜度有所上升。1983—2007 年适宜度以 0.14/10a($R=0.2732,P<0.1$)的线性

趋势降低,2008—2010 年水分适宜度开始上升。温度适宜度 20 世纪 80 年代较低,21 世纪 10 年代较高。1971—1988 年温度适宜度以 0.16/10a 的线性趋势下降,1996—2010 年适宜度以 $0.14/10a(R=0.2513,P<0.1)$ 的线性趋势升高。春季增温对桃生长的适宜性贡献较大。温度、水分适宜度呈较显著的负相关性$(R=-0.3748,P<0.01)$,温度和降水适宜度呈反位相变化。20 世纪 90 年代综合适宜度较低,21 世纪头 10 年适宜度较高。

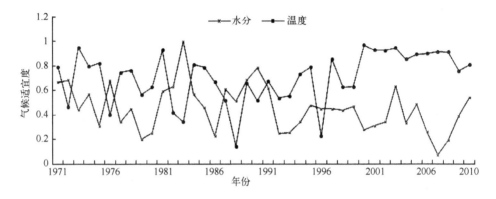

图 12.2　1971—2010 年桃萌芽开花阶段气候适宜度的变化

(2)果实膨大阶段气候适宜度变化

果实膨大期是桃产量形成的主要阶段。此阶段水分适宜度为 0.44,温度适宜度为 0.83(图 12.3)。果实膨大期间需要大量的水分及养分输送,在温度适宜性较好的环境中,降水是影响其气候适宜性最主要的因子。水分适宜度的较高值出现在 20 世纪 80 年代,较低值出现在 21 世纪头 10 年。1971—1984 年水分适宜度线性升高,1984—2010 年以 0.069/10a $(R=0.2514,P<0.1)$的线性趋势降低。温度适宜度的较高值出现在 20 世纪 80 年代,较低值出现在 21 世纪 10 年代。1971—2010 年以 0.014/10a 的线性趋势降低。温度适宜度与水分适宜度相关性比较显著$(R=0.2690,P<0.1)$,果实膨大期水分、温度适宜度变化比较一致。综合气候适宜度与温度、水分适宜度的同步变化,较高值出现在 20 世纪 80 年代,较低值出现在 21 世纪头 10 年。

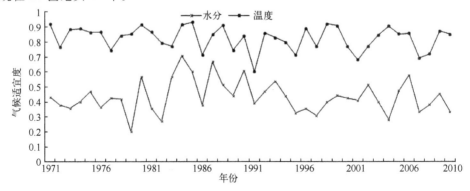

图 12.3　1971—2010 年桃果实膨大阶段气候适宜度的变化

（3）果实成熟阶段气候适宜度变化

果实成熟阶段是桃产量形成的最后发育阶段。与降水的适宜性相比,温度的适宜性对桃的生长影响更大。降水适宜度为 0.56,温度适宜度为 0.52,综合气候适宜度是全生育期中较低的生育阶段为 0.55。20 世纪 80 年代水分适宜度较高,21 世纪头 10 年适宜度较低（图 12.4）。

适宜度变化具有较明显的周期性。温度适宜度的较高值出现在 20 世纪 80 年代,较低值出现在 21 世纪头 10 年。1971—1992 年温度适宜度线性升高,1992—2010 年适宜度以 $0.165/10a(R=0.2695,P<0.1)$ 的线性趋势降低。水分适宜度与温度适宜度的变化比较一致,相关性显著$(R=0.5306,P<0.01)$。综合气候适宜度与水分、温度适宜度变化同步,20 世纪 80 年代较高,21 世纪头 10 年较低。

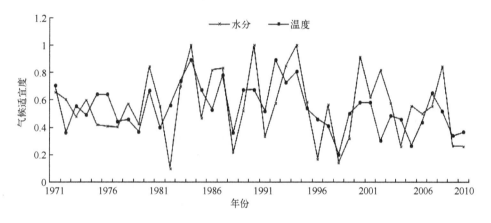

图 12.4　1971—2010 年桃果实成熟阶段气候适宜度的变化

12.2.3　气候变化及其影响

20 世纪气候变暖、气温升高,将有利于桃开花及果实成熟期糖分的累积。气温升高还使得桃的适宜栽培区海拔高度增加、适宜栽培面积扩大。总体上有利于桃产业的发展。但是,气温升高直接加大了潜在蒸散,桃的生理需水明显增大。大气降水的持续减少,又减少水分的供给量,使桃在各个生育期水分适宜性逐年变差。在萌芽开花阶段和果实膨大阶段水分供需矛盾尤为突出。增温对桃生产带来的正效应,被降水减少的负效应所降低或抵消。在无灌溉条件的干旱山区,更应注重气候因子对桃生长、生产的综合影响,以达到科学建园的目的。

由于全球气候变化,气候变干变暖的趋势导致当地桃树物候普遍提前;初春冻害增多,使得桃种植的风险加大;7—8 月降水变化总体减少的趋势有利于果实成熟;8 月日照百分率缓慢下降的趋势使得果实成熟期日照不足,对品质和产量有不利影响。

12.2.4　气候生态适生种植区域

选取 6—7 月日照时数,6—7 月降水量及 4 月中旬最低气温为主导指标,投入产出比为参考指标,为气候生态区划综合指标体系,将主产地天水地区的桃气候生态种植区划分为 3 个区域(表 12.3)。

表 12.3　主产地桃气候生态适生种植区划综合指标体系及种植分区

项目	Ⅰ最适宜种植区	Ⅱ适宜种植区	Ⅲ可种植区
6—7 月日照时数(h)	420～440	400～410	＜400
6—7 月降水量(mm)	145～185	135～195	125～210
4 月中旬最低气温(℃)	4.6～6.8	4.0～6.1	3.2～5.2
地域范围	分布在关山以南海拔 1 300～1 600 m 的浅山南坡地带	分布在渭河以南支流河谷及秦岭山脉以北地带	分布在秦岭山脉北坡及麦积、党川、东岔、立远等乡镇及海拔 1 700 m 以上的山区
分区评述	海拔高,通风条件好,光照丰富,利于桃坐果及果实着色。同时浅山地带热量充沛,光照丰富,昼夜温差较大,对桃果实糖分积累、沉淀有利。此区桃果香甜可口,风味绵长,适合桃树大面积栽培	热量充沛。桃园储水条件好,适宜桃树栽培生长。但由于园地地势平坦,大规模栽培后,植株稠密郁闭,自然通风较差,昼夜气温相差不及浅山大,果实糖分累积及风味均逊于山区	该区林缘地带降水量较多,空气湿润,地下水位较高,土壤黏湿,不利桃树根系延伸、开花坐果及果实成熟,海拔 1 700 m 以上的山区则因热量不足而影响果实质量,该种植区桃果品质、产量及风味均差,不宜大面积栽培

12.3　栽培管理技术

桃树易徒长,影响光照、引起枯枝空膛,结果外移,造成树势早衰、开花坐果率低,严重降低产量和品质,因此,必须抓好科学到位的种植管理措施。

12.3.1　科学修剪

桃树修剪十分重要,按时间,分为冬剪和夏修,冬剪有自然开心型、二主枝开心型和斜棕榈叶扇形等,夏修则主要以摘心为主,控制徒长。对伤口要及时涂抹愈伤防腐膜,以利于尽快愈合,防止流胶和感染其他病害。

12.3.2　促果有效措施

某些花粉少的桃树自花授粉差,须配其他品种桃树作授粉树。某些品种混栽二个以上可交叉授粉,提高结实率。对无花粉或花粉量小的品种,要进行人工辅助授粉或释放蜜蜂传粉,提高坐果率。控梢促花促果:桃树易流胶、易抽条,严重影响果实生长。可使用促花王1号配套环扎技术,防治流胶流水病,控制抽条,使桃树的生长机能向生殖机能转化,提高桃树坐果率。

12.3.3 科学施肥

施肥原则要求所使用的肥料不应对果园环境和果实品种产生不良影响,应是经过农业行政主管部门登记或免于登记的肥料,提倡根据土壤和叶片的营养分析进行配方施肥和平衡施肥。1)基肥:秋季果实采收后施入,以有机肥料为主,如堆肥、厩肥、圈肥、粪肥以及绿肥、秸秆、杂草等,混加少量氮素化肥。施基肥的数量一般占全年果树施肥总量的70%;2)追肥:幼龄树和结果树的果实发育前期,追肥以氮磷肥为主;果实发育后期以磷钾肥为主。最后一次追肥在距果实采收期30 d以前进行。从桃树展叶后直至落叶前的20 d,在此期间除喷施叶面肥外,在桃树开花前、幼果期、果实膨大期各喷一次壮果蒂灵,可使桃树的花柄、果柄增粗,防止落花落果,提高果实膨大速度。

12.3.4 疏花疏果

及时疏果定果对自花结实率高的品种,应及时疏花疏果,越早越好;对无花粉或自花结实率低的品种,不疏花只疏果。疏果应在花后2周内结束,尽量选留长度为5~30 cm、粗度为0.3~0.5 cm的优质结果枝上的果。每个长果枝选留2~3个果、中果枝1~2个果、短果枝2~3个枝选留1个果,果间距保持在15~20 cm之间。

12.3.5 防治病害

(1)防治果树流胶病。在有胶污处除去胶污,涂护树将军乳液,阳离子活性元素渗入树体,可破坏树内果胶合成物质,抑制胶污产生并使胶分子迅速水解,根治各种果树流胶病。

(2)防治腐烂、溃疡病。用刀片在病皮上轻轻划道(震动可使腐烂病孢子飞扬),用毛刷涂"护树将军"乳液,可使病皮3 d后开始干枯,30 d染有死孢子的病皮开始脱落。

12.3.6 应用新型套袋技术

在幼果期用新高脂膜喷涂果面,后随着果实的膨大速度适量补喷,就类似套上了果袋,可显著改善果面光洁度、增加色泽、减少病虫害和农药残留,生产无公害果品。

12.4 提高气候生态资源利用率的途径

12.4.1 在最适宜种植区建立较大规模的商品基地

天水市桃树最适宜种植区的渭北旱作区降水较少,干旱频繁,而桃树具有耐旱怕涝的生理习性,能够克服生态气候的不利影响。因此,在具有种植历史的秦安等渭北旱区建立较大规模的商品基地,能形成规模效应。

12.4.2　防御自然灾害,发展生产提高产量

最适宜种植区的浅山地带,因降水在时间上的分布不均常常发生干旱而影响生产,在强度上的分布不均而造成水土大量流失。因此,在这些地方退耕种植桃树,可以充分利用其独特光照及热量资源的地形优势,同时又可形成比较稳固的地表环境,有效遏制水土流失,改善生态环境。

12.4.3　合理配置品种,发展加工产业

早熟品种目前经济效益好,但生长期较短,糖分等营养物质积累不及晚熟品种,从长远来看,应适度发展。为避免桃采摘期比较集中,保鲜能力较差,应注重发展桃的深加工产业,为桃产业发展注入后劲。

第13章 板 栗

板栗(*Castanea mollissima*),又名栗子、大栗、栗果,是壳斗科栗属的植物。生长于海拔 370～2 800 m 的地区,多见于山地。

13.1 基本生产概况

13.1.1 作用与用途

板栗果实营养价值丰富,淀粉含量为 67%～70%,脂肪为 2%～7%,蛋白质为 7%左右,糖分 3%～4%。板栗坚果紫褐色,被黄褐色茸毛,或近光滑,果肉淡黄,味道甘甜可口。

板栗可用于食品加工,烹调宴席和副食。板栗生食、炒食皆宜,糖炒板栗、拌烧仔鸡,喷香味美,可磨粉,亦可制成多种菜肴、糕点、罐头食品等。板栗易储藏保鲜,可延长市场供应时间。板栗多产于山坡地,国外称"健康食品",属于健胃补肾、延年益寿的上等果品。

板栗不仅含有大量淀粉,而且含有蛋白质、维生素等多种营养素,素有"干果之王"的美称。栗子可代粮,与枣、柿子并称为"铁杆庄稼"、"木本粮食",是一种价廉物美、富有营养的滋补品。

板栗中所含丰富的不饱和脂肪酸和维生素、矿物质,能防治高血压病、冠心病、动脉硬化、骨质疏松等疾病;栗子味甘,性温,入脾、胃、肾经;具有养胃健脾,补肾强筋,活血止血之功效。

13.1.2 分布区域与种植面积

主要分布于北半球的亚洲、欧洲、美洲和非洲。

板栗多生于低山丘陵缓坡及河滩地带,广西平乐,安徽金寨,河北迁西、宽城满族自治县,山东郯城,湖北罗田、英山、麻城(盐田河),河南信阳罗山、光山、平桥区,陕西镇安等皆为著名的板栗产区。甘肃的陇东南地区也有比较悠久的种植历史,板栗已成为当地农村较有规模的种植品种之一。截至 2013 年,甘肃产量已达 150 万 kg。

13.1.3 产量品质与发展前景

坚果栗子在欧洲、亚洲和美洲被广泛作为食品。在中世纪的南欧,曾是居住在森林中居民的主要碳水化合物来源食物。

我国板栗的销售量还不能与苹果等大众水果相比,在全国范围来看,它还是一种地方性特产。北方板栗主要对日本出口,但总量远远不足,再加上西欧、北美市场几乎没有开拓,所以说我国板栗市场前景巨大。

板栗的市场缓冲能力较强,随着冷藏条件的普及,在0~4℃的冷库中就可以保存一年以上。各地应该在提高板栗品质上大做文章,实现栽培基地化、品种良种化、管理集约化、经营产业化,特别要加强储藏保鲜技术的攻关,积极开展新产品的研究开发,实现板栗从土特产品向市场品牌的跳跃式发展

栗木非常坚固耐久,不容易被腐蚀,颜色发黑,有美丽的花纹,是非常好的装饰和家具用材。由于栗树生长缓慢,大尺寸的栗木非常昂贵。

栗树皮可以提炼单宁酸和栲胶,是皮革工业的重要原料。树叶可以饲养柞蚕。

13.2 作物与气象

13.2.1 气候生态适应性

13.2.1.1 生态特点与气候环境

栗树喜欢比较凉爽、湿润的气候条件,栗子适宜的年平均气温为10.5~21.7℃,4月份平均温度为12~15℃,年日照时数大于1 600 h(表13.1)。如果温度过高,冬眠不足,就会导致生长发育不良,气温过低则易使板栗遭受冻害。板栗既喜欢墒情潮湿的土壤,但又怕雨涝的影响,年降水量为580~860 mm,如果雨量过多,土壤长期积水,极易影响根系尤其是菌根的生长。因此,在低洼易涝地区不宜发展栗园。板栗对土壤酸碱度较为敏感,适宜在pH值5~6的微酸性土壤上生长,这是因为栗树是高锰植物,在酸性条件下,可以活化锰、钙等营养元素,有利于板栗的吸收和利用。

表 13.1 主要产栗区气候要素值

地点	年降水量(mm)	年平均气温(℃)	4月平均气温(℃)	年日照时数(h)
山东莒南县	860	12.7	13.2	2 370
陕西汉中市	800	12.0	12.0	1 600
陕西长安区	575	15.3	14.9	1 736
甘肃麦积区	669	11.7	13.4	1 726
甘肃康县	800	12.2	11.9	1 630

13.2.1.2 物候特征与气象指标

陇东南主要产栗区栗树一般在 3 月下旬萌芽,4 月上旬展叶,萌芽－展叶期间≥0℃的积温为 127～187℃·d;5 月上旬开花,展叶－开花期≥0℃的积温为 504～660℃·d;9 月中旬开始成熟,开花－成熟期≥0℃的积温为 2 717～3 205℃;萌芽－果实成熟期间≥0℃的积温为 3 504～3 896℃·d,全生育期为 187～213 d(表 13.2)。

表 13.2　栗树物候期及各生育期积温

地点	物候期	萌芽	展叶	开花	果实成熟	萌芽－果实成熟	品种
陕西关中	出现日期	3 月下旬	4 月上旬	5 月上旬	9 月中旬	—	柞红
	间隔天数(d)	—	10	30	133	213	
	≥0℃积温(℃·d)	—	187	504	3 205	3 896	
甘肃麦积	出现日期(月-日)	03-23	04-05	05-20	09-25	—	名捡
	间隔天数(d)	—	14	44	129	187	
	≥0℃积温(℃·d)	—	126.7	660	2 717.3	3 504	

13.2.1.3 产量与气象

相关分析计算结果表明(表 13.3),热量对板栗产量的制约大于降水。萌芽－展叶期,气温不宜过高,否则萌芽偏早,易于倒春寒低温冻害而影响后期生产,陇东南地区常因此期气温过高,萌芽过早而影响产量;展叶－开花阶段,正值营养生长与生殖生长并进的关键时期,对热量的要求较为敏感,若热量不足,直接影响花蕾形成及坐果率的提高;果实成熟期,适宜的温度利于果实内淀粉、糖分的累积及产量的提高。

表 13.3　生育期气候因素与板栗产量的相关系数

生育期	日平均气温	降水量
萌芽－展叶期	−0.9148**	0.8274**
展叶－开花期	0.6040*	0.2648
开花－果实成熟期	0.4945	−0.5318

注:*,** 分别为通过 0.05,0.01 显著性水平检验。

13.2.2　气候变化及其对板栗生产的影响

13.2.2.1 气温变化

陇东南地区板栗生产受热量影响有两个时段:萌芽－展叶期的 3 月中旬前后及 4 月中旬—5 月中旬的展叶－开花期。其中 3 月中旬气温下降 1℃,可使板栗产量减少 120 kg/hm²;4 月中旬—5 月中旬气温每升高 1℃,可使板栗产量增加 70～90 kg/hm²。

近 50 年陇东南平均气温为 9.9℃($SD=0.6℃$,$CV=6\%$)。自 1961 年来增温的气候变率为 0.40℃/10a($R=0.6623$,$P<0.001$)(图 13.1)。高于西北地区的平均增温幅度。增温

的突变年份在 1989 年(通过 $\alpha=0.05$ 的信度检验),1961—1989 年增温的气候变率为
0.14℃/10a($R=0.1987$，$P>0.1$)，增温气候变率不明显;1989—2010 年增温气候变率为
0.50℃/10 a($R=0.3625$,$P<0.1$)。年平均最高气温 16.4℃($SD=0.7$℃,$CV=4\%$)，线性
增温趋势为 0.36℃/10a($R=0.3536$,$P<0.02$),突变年份出现在 1992 年(通过 $\alpha=0.05$ 的
信度检验),1961—1992 年增温气候变率为 0.01℃/10a($R=0.004$,$P>0.1$),1992—2010 年
增温气候变率为 0.36℃/10a($R=0.1987$,$P>0.1$)。年平均最低气温为 5.3℃($SD=0.6$℃,
$CV=10\%$)，稳定性比平均气温及最高气温差。线性增温趋势为 0.39℃/10a($R=0.6536$,
$P<0.001$),突变年份出现在 1989 年(通过 $\alpha=0.05$ 的信度检验),1961—1989 年线性增温
趋势为 0.04℃/10a($R=0.1567$,$P>0.1$),1989—2010 年线性增温趋势为 0.48℃/10a($R=
0.4269$,$P<0.1$)。20 世纪 80 年代后期至 90 年代是气温迅速升高的时期。增温较高的指
标温度依次为年平均最低气温、年平均气温和年平均最高气温。同全国各地一样,年平均最
低温度增加较明显,其次为平均温度,再次为最高温度。结论与全国各地温度变化趋势比较
一致。

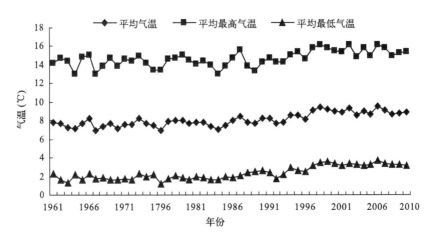

图 13.1　1961—2010 年天水市年平均气温、最高、最低气温变化

13.2.2.2　降水量变化

栗树展叶期对水分要求比较敏感。这是由于该地春季降水比较少,遂使该时段的降水
量成为限制产量的主要因子。展叶—开花期降水量基本上满足板栗的发育要求。开花—果
实成熟期反因降水量偏多而影响产量的形成。3 月中旬降水对产量的影响呈正相关,每增
加 1 mm 降水量,增产 150 kg/hm^2。6 月份降水对其产量的影响小,7 月以后降水对产量影
响呈负相关。每增加 1 mm 降水量,减产 60～90 kg/hm^2。

近 50 年降水为 496 mm($SD=96$ mm,$CV=19\%$),逐年变化较大。总体呈下降趋势,气
候倾向率为-20 mm/10a($R=0.1032$,$P>0.1$)。线性变化趋势不能通过假设检验。降水
年序列的变化突变点出现在 1982 年(通过 $\alpha=0.05$ 的信度检验),突变前降水量减少值小于
突变后(图 13.2)。

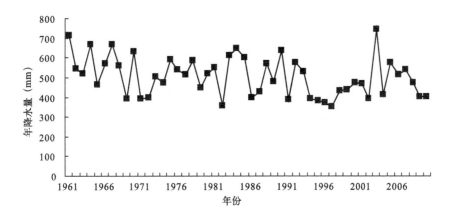

图 13.2　1961—2010 年天水市历年降水量变化

　　一年之中,降水量的时间变化极不均匀。降水主要集中在夏、秋两季,分别占全年的
50%、27%,冬、春两季降水较少,分别占全年的 3%、20%。作物主要生长的 4—9 月,降水量
平均为 411 mm,占全年的 83%。

13.2.2.3　日照变化

　　板栗生长需要一个比较明显的明暗交替过程,以便更有效地进行光化合及光呼吸。光
照持续的时间越长,光化合进行得越彻底。累积日照时间,虽然能够反映光照资源的多寡,
但不能完全反映明暗交替的频率。$\geqslant 60\%$ 的日照百分率天数作为区域农业气象光照资源的
指标更加接近生产实际。近 50 年 $\geqslant 60\%$ 的日照百分率天数为 156 d$(SD=23$ d$,CV=$
15%),其变化程度大于日照时数。

　　天水市近 50 年日照时数平均为 1 957 h$(SD=219$ h$,CV=11\%)$,自 1961 年以来基本
上呈逐年减少趋势。气候倾向率为 -30 h/10a$(R=0.0032,P>0.1)$,线性变化趋势不明显
(图 13.3)。突变点出现在 1978 年(通过 $\alpha=0.05$ 的信度检验)。

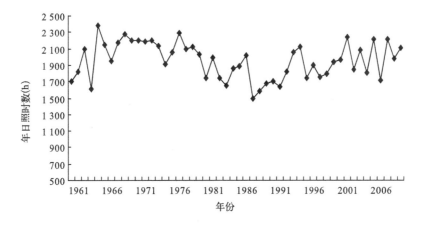

图 13.3　1961—2010 年天水市历年日照时数变化

13.2.2.4　气候变化对其影响

受气候变暖的影响,板栗始花期每 10 年提前 1.6 d,秋季变色期呈现不显著的延迟趋势,两者导致生长季每 10 年延长 4.3 d。1—6 月间温度升高有利于板栗花期的提前,而上年秋冬季升温却起到延迟花期的效应。生长季内温度升高可提前板栗变色,但秋季变色前短暂升温却有效延迟了此物候期的到来。延长的生长季长度主要与春季物候提前有关。持续的全球变暖,特别是秋冬季升温,显著降低植物对低温的累积效应。低温累积不足将延迟植物开花,造成花期不整齐,甚至完全不能开花,将严重影响未来我国板栗的生长与生产。

13.2.3　气候生态适生种植区域

通过分析,选取 4—5 月平均气温、≥5℃积温、≥10℃积温、年降水量、8 月中旬—9 月中旬降水量为区划指标,将陇东南地区人工板栗气候生态种植区划分为 5 个区域(表 13.4)。

表 13.4　陇东南板栗气候生态适生种植区划综合指标体系及种植分区

项目	Ⅰ 最适宜种植区	Ⅱ 适宜种植区	Ⅲ 次适宜种植区	Ⅳ 可种植区	Ⅴ 不宜种植区
年平均气温(℃)	8~14	8~15	8~10	8~9	<8
4—5 月平均气温(℃)	15~17	12~19	12~20	12~15	<12
≥5℃积温(℃·d)	3 800~4 500	3 800~5 300	3 500~5 300	3 500~3 800	<3 500
≥10℃积温(℃·d)	2 800~3 500	3 500~4 200	3 200~5 000	3 000~3 500	<2 000
年降水量(mm)	500~700	450~600	410~660	500~550	600~800
8 月中旬—9 月中旬降水量(mm)	110~210	110~160	100~120	120~150	140~160
地域范围	代表乡镇:陇南康县;碾坝、武都琵琶;天水麦积立远、东岔。主要分布在天水东部的吴砦、立远等乡镇及陇南白龙江流域海拔 1 500~1 700 m 的半山地段	代表乡镇:陇南文县:石坊、桥头;天水麦积利桥、秦州苏城。主要分布在天水东南部的利桥、麦积、娘娘坝、齐寿、大门等乡镇及陇南白龙江流域海拔在 1 100~1 500 m 的浅山半干旱半湿润地带	代表乡镇:陇南文县碧口、武都东江;天水麦积社棠、秦州太京。主要分布在天水麦积社棠、南河川渭河河谷地带、秦州关子、藕口、太京、皂角、藕河河谷地带及西部山区的平南、秦岭、牡丹、杨家寺等乡镇和陇南白龙江沿岸海拔 800~1 100 m 的浅山、河谷、川坝的北亚热带半干旱地带	代表乡镇:陇南礼县永坪、西和芦河;天水秦安兴国、清水郭川。主要分布在渭河的甘谷、秦安全部、武都大部分及亲水的远门、郭川、红堡、陇头等乡镇和陇南山区白龙江流域海拔 2 000~2 500 m 的温凉湿润地带	代表乡镇:陇南文县宕昌南河、牛家;天水张家川张绵、武山滩歌等。主要分布在张家川大部分及清水的山门、柳林、百家、新城、武山的滩歌、龙台、马力沿安及秦安的大庄、王甫等乡镇和陇南的白龙江流域海拔 2 400~2 500 m 以上的高山地带

续表

	Ⅰ最适宜种植区	Ⅱ适宜种植区	Ⅲ次适宜种植区	Ⅳ可种植区	Ⅴ不宜种植区
分区评述	该区天水市所属地位于林缘地带,土壤有机物及腐殖质含量较高,pH值一般在6.0左右,呈酸性,为栗树生长最理想的土壤。种植区气候温和,热量充沛,有较长栗树栽培及管理经验。陇南地区90%的板栗产于该区	该区在天水市位于林、田交错处,土壤pH值在6.5～8.0,有机质含量1.4%～1.6%,淋溶作用显著,黏化层明显,降水量较多,空气湿度较大,水分保证程度较高,热量条件好,但有些土地碱性较强。陇南区的热量资源丰富,但水分供应不太充分	该区天水河谷地带多为淀土,pH值为8.0～8.4;山地多为棕壤土,pH值为6.5～8.0。藉、渭河谷地带热量充足,但西部山区气温相对较低,热量不足。陇南地区北亚热带热量资源充足,气温较高,但干旱严重,水分不足,是栗树种植的主要限制因素	该区天水市地域土壤pH值多在8.0～8.4;山地多为棕壤土,清水县部分地区为红壤土,熟化层不高,肥力较差,该区热量不充足,土壤偏碱程度高,栗树可以栽培,但品质较差,产量较低。陇南地区的热量亦显不足,是影响栗树生长的重要因素	气候冷凉,热量明显不足,严重影响栗树的生长

13.3 栽培管理技术

板栗种植方式有直播、育苗移栽和根茎繁殖三种。

13.3.1 园地选择

选择地下水位较低,排水良好的沙质壤土。忌土壤盐碱,低湿易涝,风大的地方栽植。在丘陵岗地开辟栗园,应选择地势平缓,土层较厚的近山地区,以后则可以逐步向条件较差的地区扩大发展。

13.3.2 品种选择

品种选择应以当地选育的优良品种为主栽品种,如炮车2号、陈果1号等,适当引进石丰、金丰、海丰、青毛软刺、处暑红等品种。根据不同食用要求,应以炒栗品种为主,适当发展优良的菜栗品种,既要考虑到外贸出口,又要兼顾国内市场需求。同时做到早、中、晚熟品种合理搭配。

13.3.3 合理配置授粉树

栗树主要靠风传播花粉,但由于栗树有雌雄花异熟和自花结实现象,单一品种往往因授粉不良而产生空苞。所以新建的栗园必须配制10%授粉树。

13.3.4　合理密植

合理密植是提高单位面积产量的基本措施。平原栗园以每亩 30～40 株,山地栗园每亩以 40～60 株为宜。计划密植栗园每亩可栽 60～111 株,以后逐步进行隔行隔株间伐。

13.3.5　施肥

合理施肥是栗园丰产的重要基础。基肥应以土杂肥为主,以改良土壤,提高土壤的保肥保水能力,提供较全面的营养元素。

13.3.6　灌水

板栗较喜水。一般发芽前和果实迅速增长期各灌水一次,有利于果树正常生长发育和果实品质提高。

13.3.7　整形修剪

修剪分冬剪和夏剪。冬剪是从落叶后到翌年春季萌动前进行,它能促进栗树的长势和雌花形成。夏剪主要指生长季节内的抹芽、摘心、除雄和疏枝,其作用是促进分枝,增加雌花,提高结实率和单粒重。

13.3.8　疏花疏果和授粉

疏花可直接用手摘除后生的小花、劣花,尽量保留先生的大花、好花,一般每个结果枝保留 1～3 个雌花为宜。疏果最好用疏果剪,每节间上留 1 个单苞。在疏花疏果时,要掌握"树冠外围多留,内膛少留"的原则。人工辅助授粉,应选择品质优良、大粒、成熟期早、涩皮易剥的品种作授粉树。当一个枝上的雄花序或雄花序上大部分花簇的花药刚刚由青变黄时,将采下的雄花序摊在玻璃或干净的白纸上,放于干燥无风处,每天翻动 2 次,将落下的花粉和花药装进干净的棕色花瓶中备用。当一个总苞中的 3 个雌花的多裂性柱头完全伸出到反卷变黄时,用毛笔或橡皮头的铅笔,蘸花粉点在反卷的柱头上。如树体高大蘸点不便时,可采用纱布袋抖撒法或喷粉法,按 1 份花粉加 5 份山芋粉填充物配比而成。

13.3.9　采收

采收方法有两种,即拾栗法和打栗法。拾栗法就是待栗充分成熟,自然落地后,人工拾栗实。为了便于拾栗,在栗苞开裂前要清除地面杂草。采收时,先振动一下树体,然后将落下的栗实、栗苞全部拣拾干净。一定要坚持每天早、晚各拾一次,随拾随储藏。拾栗法的好处是栗实饱满充实、产量高、品质好、耐藏性强。打栗法就是分散分批地将成熟的栗苞用竹竿轻轻打落,然后将栗苞、栗实拣拾干净。采用这种方法采收,一般 2～3 d 打一次。打苞时,由树冠外围向内敲打小枝振落栗苞,以免损伤树枝和叶片。严禁一次将成熟度不同的栗苞全部打下。打落采收的栗苞应尽快进行"发汗"处理,因为当时气温较高,栗实含水量大,呼吸强度高,大量发热,如处理不及时,栗实易霉烂。处理方法是选择背阴冷凉通风的地方,将栗苞薄薄摊开,厚度以 20~30 cm 为宜,每天泼水翻动,降温"发汗"处理 2~3 d 后,进行人工脱粒。

13.3.10　储藏

栗实有三怕:一是怕热,二是怕干,三是怕冻。在常温条件下,栗实腐烂主要发生在采收后一个月时间里,此时称之危险期。采后 2~3 个月,腐烂较少,则属安全期。因此,做好起运前的暂存或入窑储藏前的存放,是防止栗实腐烂的关键。比较简便易行的暂存方法是,选择冷凉潮湿的地方,根据栗实的多少建一个相应大小的储藏棚。棚顶用竹竿或木杆搭梁,其上用苇席覆盖,四周用树枝或玉米、高粱秸秆围住,以防日晒和风干。棚内地面要整平,铺垫约 10 cm 厚的河沙,然后按 1 份栗实 3~5 份沙比例混合,将栗实堆放在上面,堆高 30~40 cm,堆的四周覆盖湿沙 10 cm。开始隔 3~5 d 翻动一次,半月后隔 5~7 d 翻动一次,每次翻动要将腐烂变质的栗实拣出。为了防止风干,还要注意洒水保湿。

13.4　提高气候生态资源利用率的途径

13.4.1　扩大栽种面积

栗树由于开始挂果所需时间较长(一般在 10 a 以上),早期产量较低,短期效益不明显,而不易被人们普遍接受,影响了板栗种植发展。因此,在最适宜和适宜种植区,应扩大板栗种植面积,尤其是在坡地退耕之后,从长远利益出发,栗树应作为首要考虑树种之一,有计划地进行栽种。

13.4.2　适地建园

20 世纪 90 年代以来,气候变暖明显,极端气候事件频发,早春花期冻害、干旱、暴雨、冰雹、连阴雨等是影响林果生长的主要气象灾害。果树建园时要选择受霜害较轻、排水良好又利于灌溉地方的地块。

13.4.3　积极培育或引进新品种

引进抗低温冻害、抗病虫害、坐果期耐高温、干旱等适应气候变暖抗逆性强的果品新品种,通过综合应用多种手段加以应对,可以做到趋利避害,提高果品产量和品质,使板栗产业得以持续稳健发展。

第3篇
中药材

第14章 甘　草

甘草（*Glycyrrhiza uralensis*）为多年生草本豆科植物，现行栽培种系乌拉尔甘草，主要含三萜类和黄酮类化合物，是常见的药食两用食品，其根及根茎是珍贵的药材和工业原料，茎叶是牲畜优质饲料。

14.1　基本生产概况

14.1.1　作用与用途

甘草为常用大宗药材，根茎能治疗各种疾病。甘草有"十方九草"之美誉，被大量用于临床配方。经动物实验证明，甘草不仅具有抗消化道溃疡、保肝、促进胰液分泌、抗过敏、盐皮质激素样、降脂和抗动脉粥样硬化、抗炎、镇静、解热、抗艾滋病毒、止咳化痰、抗肿瘤、抗衰老、解毒、利尿和双向调节等作用，还具有补脾益气、调和药性等功效。

甘草含有多种有效物质，广泛用于工业原料。已分离出 100 多种黄酮类化合物、60 多种三萜类化合物、18 种氨基酸、多种生物碱、雌性激素和多种有机酸。据测定，酸含量在 10% 左右，还有甘露醇、葡萄糖等多种成分。

甘草具有耐盐碱，耐干旱、抗风沙、抗逆性强、适应性广、生命力强的特性。生产一般不受自然灾害的制约。由于根系发达，入土深，达 1.5 m 以下，茎部不定芽平伸四周成群落分布，具有很强的防风固沙能力，所以甘草是干旱、半干旱荒漠区优良的防风固沙植物。其茎叶还是牲畜优质饲料。因此，不但具有明显的经济效益，而且还有良好的生态效益和社会效益。

14.1.2　分布区域与种植面积

甘草原产于亚洲和欧洲。国内野生甘草主要分布在 37°～50°N,75°～123°E 的温带荒漠区和草原区的干旱、半干旱地带，包括新疆、内蒙古的西部，青海、甘肃、宁夏、陕西、山西、河北 6 省（区）的北部，辽宁、吉林 2 省的西部。中心分布区在新疆的塔里木河流域和内蒙古的西鄂尔多斯高原。胀果甘草主要分布在新疆的南疆、甘肃的河西走廊。光果甘草主要分布在新疆的天山南北坡水源较充足的地域。

　　人工栽培面积较大的省(区)主要有内蒙古、新疆、宁夏、甘肃和吉林,其次是山西、陕西、河北和辽宁。这些区域的生态、气候环境较为恶劣,干旱、大风、低温冻害等自然灾害频发。因此,有发展甘草生产得天独厚的优势。

　　近年在甘肃河西走廊的武威、张掖、酒泉、白银一带大力发展人工种植甘草,加之有灌溉之利、光照丰富、日照长、土质肥沃、昼夜温差大,是甘肃甘草种植最适宜区,也是规模最大的人工甘草栽培基地。经统计,2013 年甘肃省甘草种植面积达到 1.64 万 hm²,总产量达14 760万 kg,单产为 9 022 kg/m²。

14.1.3　产量品质与发展前景

　　甘草市场需求量逐年加大,市场前景越来越广阔。国内每年需求约 6 000～7 000 万 kg,出口也持续增长。但是,由于野生甘草数量受资源量的严重减少和生产能力、劳动成本等诸多因素的影响,产量明显下降,市场份额减少。由于原料不足,内蒙古、甘肃等地的甘草浸膏厂绝大部分处于停产或半停产状态。

　　价格持续上涨,群众受益增加。甘草分为条草和毛草,家种或野生,以红皮为优。以内蒙古、宁夏甘草品质优良。市场收购价上涨,农民种植的成本下降,农民平均每亩地大约年收入能达到 1 000 元以上,前景看好。

　　国家对甘草种植提供政策支持。国家加大对甘草医学研究和技术开发,鼓励投资甘草围栏护育和人工种植基地建设。甘肃的河西走廊、宁夏的盐池等地已打造成全国最大的甘草集散地和西部种植加工基地,使甘草成为重点优势主导产业。甘草已成为当地农业增效、农民增收的重要途径。

14.2　作物与气象

14.2.1　气候生态适应性

14.2.1.1　生态特点与气候环境

　　甘草多生长在特干旱、干旱、半干旱的荒漠草原、沙漠边缘和高原丘陵地带。它具有喜光、喜昼夜温差大、耐寒、耐热、耐旱、怕积水的典型大陆性干燥气候特点。

　　甘草适应性广,对栽培环境要求不严格。要求平均温度 4～12℃,最佳为 8～14℃。≥10℃积温 2 500℃·d 以上,以 3 500～4 000℃·d 为最适宜。无霜期 150 d 以上,最佳为180 d。要求年降水量在 400 mm 以下,最佳在 100～300 mm。年太阳总辐射量在 5 000 MJ/m²以上,5 500～6 300 MJ/m²最佳。年日照时数在 2 500 h 以上。河西走廊海拔高度在 2 000 m以下地带年太阳总辐射量、日照时数和降水量均能满足要求,而且均处在最佳值范围内。

14.2.1.2　物候特征与气象指标

　　人工栽培甘草主要有直播、根茎繁殖和移栽三种方式。种子适宜发芽温度为 20～25℃。

家种甘草花期6—8月,果期7—9月,9月上旬开始采挖,并延续至11月底。有性繁殖甘草一般生长3~4 a后采挖,育苗移栽一般生长2~3 a后采收。采挖以秋季为好。野生品一般在春秋两季采挖,以秋冬季为主。

据1992年甘肃酒泉甘草分期播种试验资料统计得出,播种至出苗需有效积温70.1℃·d,生物学下限温度11.0℃,气温稳定通过10℃初日为适播期指标。河西走廊在4月下旬—5月上旬播种。从表14.1看出,当年播种的甘草至少需要3 a以上才能采挖。当气温达10℃时芽开始萌动,15℃时进入返青期,需要≥10℃积温250℃·d;返青至开花始期需要35~40 d,≥15℃积温700℃·d;开花始期至种子成熟期需65~70 d,≥15℃积温1 500~1 600℃·d。返青至种子成熟期需要≥15℃积温2 200~2 300℃·d。当气温稳定通过5℃终日植株下部叶片开始枯黄,当气温稳定通过0℃终日茎叶进入黄枯末期。当根在极端最低气温−36.4℃下也能安全越冬。

表14.1 酒泉甘草物候期(月-日)与产量资料

年份	播种	出苗	根龄(a)	返青期	始花期	种子成熟始期	黄枯始期	黄枯末期	单株平均茎数	平均根粗(cm)	平均根鲜重(g/株)	鲜根产量(kg/hm²)
1998	08-05	08-13	42 d	—	—	—	10-25	11-16	1	0.43	1.8	—
1999	—	—	1	05-06	—	—	10-28	11-14	2.3	1.1	40.0	—
2000a	04-30	05-12	2	05-03	06-10	08-20	10-10	11-06	2.5	1.6	79.1	24 840
2000b	—	—	1	—	—	—	10-10	11-06	1	0.98	24.5	—
2001	—	—	2	05-06	—	—	10-30	11-25	2.6	1.3	62.9	—
2002	—	—	3	05-14	06-20	08-24	10-18	11-01	2.8	1.5	96.2	33 360

注:2000a和2000b分别指的是在2000年两个不同地段的物候期观测值。

14.2.1.3 产量与气象

甘草生长期的热量条件越好,积温越高,产量越高。经统计,播种至采挖≥15℃积温($\sum T_{15}$)与鲜根重W(g/株)相关关系,呈显著正相关($R=0.9978$),回归方程为:$W=0.0148\sum T_{15}-11.546$。

14.2.2 气候变化及其对甘草生产的影响

14.2.2.1 气温变化

统计甘肃河西地区21个气象台站1961—2008年气象资料得出,1986年是气候发生明显转折的年份。1987—2008年的年平均气温比1961—1986年平均气温升高了0.8℃。以冬季增幅最大,为1.4℃;其次是秋夏季,为0.9℃和0.6℃;春季增幅最小,为0.2℃。最低气温和最高气温平均升高0.9℃和0.8℃。最低气温比最高气温和平均气温升幅高0.1℃,说明夜间增温大于白天。

从图14.1看出,北部沿沙漠边缘地带增温幅度最大,为1.0~1.2℃;南部祁连山地带以及最西端的安敦盆地增幅最小,为0.6~0.8℃;中部地带增幅为0.8~1.0℃。

≥0℃积温1987—2008年比1961—1986年平均升高142℃·d和131℃·d。北部增幅最大,为150~200℃·d;南部以及西部安敦盆地增幅最小,为100℃·d左右;中部为100~150℃·d。≥0℃开始日期20世纪90年代比60年代提前4 d左右,结束日期推迟3 d左右,生长季延长7~10 d。

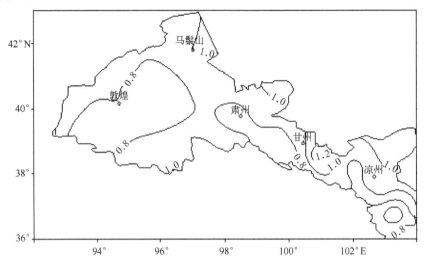

图14.1 河西地区年平均气温1987—2008年与1961—1986年的差值(℃)

14.2.2.2 降水量变化

河西地区年降水量1987—2008年比1961—1986年平均增加7.5 mm。从图14.2看出,中、东部的降水量增幅大,为5~35 mm;西部增幅小,局部地方是负增长,为−10~5 mm。沿祁连山地带增幅大,为15~35 mm,民乐增幅最大为34.4 mm;靠沙漠边缘地带增幅小,为2~10mm,民勤增幅最小,为2.1 mm。

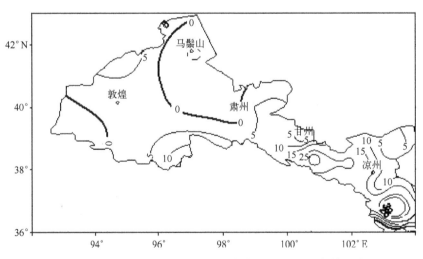

图14.2 河西地区年降水量1987—2008年与1961—1986年的差值(mm)

14.2.2.3 气候变化对其影响

由于全球气候变化,河西地区甘草生产的主产区自20世纪90年代以来,气候明显变暖变干,使得甘草生产也产生了变化。尤其北部沿沙漠边缘地带的气候变化,使得甘草生产变得更为有利。随着积温增加产量提高,产量大约增加10%左右。甘草种植时间和发芽生长时间提前10 d左右,生长季节延长近半个月。种植海拔高度升高100~200 m,有利于适宜种植区域扩大。降水和光照的变化均在适宜范围之内,对其生产没有影响。春季多伴随着强降温天气的出现,很容易出现霜冻和低温冻害,对苗期生长非常不利,要加强防范和管理。

14.2.3 气候生态适生种植区域

通过以上分析,选取≥15℃积温为主导指标,海拔高度为辅助指标,投入产出比为参考指标,确定为气候生态区划综合指标体系,将主产地河西地区人工甘草气候生态种植区划分为5个区域(表14.2)。

表14.2　主产地甘草气候生态适生种植区划综合指标体系及种植分区

项目	Ⅰ最适宜种植区	Ⅱ适宜种植区	Ⅲ次适宜种植区	Ⅳ可种植区	Ⅴ不宜种植区
海拔高度(m)	<1 200	1 200~1 500	1 500~1 800(西段) 1 500~1 700(东段)	1 800~2 000(西段) 1 700~1 800(东段)	>2 000(西段) >1 800(东段)
≥15℃积温 (℃·d)	>3 000	2 300~3 000	1 800~2 300	1 500~1 800	<1 500
投入产出比	1:3.7	1:2.7~1:3.7	1:2.2~1:2.7	1:1.7~1:2.2	<(1:1.7)
地域范围	敦煌(除南湖乡),瓜州西半县	敦煌的南湖乡,瓜州东半县,金塔、张掖、临泽、民勤等县市	玉门、嘉峪关、酒泉、张掖、高台、临泽、武威等县市	玉门、酒泉、张掖、高台、山丹、永昌、武威等县市	玉门、民乐、山丹、肃南、永昌、武威、古浪、天祝等县市
分区评述	气候温热,热量丰富,光照充足,降水稀少,年降水量<50 mm。安全播种期4月中旬—8月上旬,根龄3 a采挖,累积产鲜甘草37 t/hm²左右。种子成熟度好,产量高	气候温暖,热量富裕,光照充足,降水很少,年降水量50~150 mm。安全播种期4月下旬—7月下旬,根龄3 a采挖,累积产鲜甘草27~37 t/hm²	气候温和,热量较好,光照充足,降水较少,年降水量70~190 mm。安全播种期5月上旬—7月中旬,大多年份种子不能成熟,根龄4 a采挖,累积产鲜甘草28~37 t/hm²	气候温凉,热量稍差,年降水量80~220 mm。春播甘草以5月中旬为宜,根龄4 a或以上才能采挖,累积产鲜甘草23~28 t/hm²	气候冷凉,热量很差,是甘草种植上限,经济效益低,不宜种植

14.3 栽培管理技术

甘草种植方式有直播、育苗移栽和根茎繁殖三种。

14.3.1 选地与整地

不同气候土壤条件下甘草产量和质量有较大差异。甘草对温度条件适应性较强,水分条件对产量具有决定性作用。降水 300～500 mm 地区,基本可满足生长。育苗地和种植地应具有灌溉条件。在降水量大的地区,应避免雨季地段积水。甘草对土壤适应范围较宽,以 pH 值在 8.0 左右,土壤微碱性,含盐量 0.3% 以下,地下水位较低,排水良好,土层深厚,灌溉便利的沙壤至轻壤质土壤为好。

育苗播种前耕深 40 cm 为佳,有利于根系生长。直播栽培地在上年秋季深耕 1 次,深度不小于 35 cm。春播前再深耕整地 1 次,整理成 200～300 m² 的小畦。

14.3.2 选种与种子处理

选籽粒饱满、均匀一致、无虫蛀、种皮光滑致密,纯净度在 90% 以上,硬实度为 92%～98%,千粒重约为 10～12 g 的乌拉尔甘草种子。未经处理的种子自然发芽率不足 20%。因此,多采用碾米机研磨 1～2 遍进行种子处理。或者在播前用浓硫酸处理,将选净的种子放入耐酸蚀的容器中,每 100 kg 种子加入 80% 的浓硫酸 2 500～3 000 ml,迅速搅拌后置 1 h 左右,当种子种皮上出现酸蚀黑斑时即可中止处理,将所有种子捞出用清水冲洗多遍,立即播种或晒干存放,其发芽率可达 90% 左右。

14.3.3 播期与播种方式

种子适宜发芽温度为 20～25℃,萌发适宜温度为 15～30℃,萌发适宜土壤含水量为 7.5% 以上。因此,播种应在春季 4—5 月土壤解冻时,5 cm 土层温度稳定在 10℃ 左右为宜。播种育苗的播种量一般为 90～120 kg/hm²,直播栽培为 45～60 kg/hm²,行距 10～15 cm。

播种方式有条播、穴播、点播。地势平坦、地块面积大、便于机械作业的,采用播种机条播,出苗均匀、便于中耕除草,行距为 25 cm。地形复杂,起伏较大的地块,宜用穴播、点播。播种量为保苗 30～37.5 万株/hm²,条播的下种量为 30～45 kg/hm²。覆土厚度 2～3 cm。播前 3～4 d 灌好底墒水,播后要及时覆土耙糖保墒。

14.3.4 移栽与间苗

育苗后第 1 年秋季土壤结冻前或第 2 年春季土壤解冻后即可起苗移栽。可采用平植埋移栽或斜植埋移栽。植苗深度一般以根头埋入土层 5～10 cm 为宜,秋季移植覆土厚度宜适当增加。移植密度应视土壤肥力等条件而定,一般为行距 25～30 cm,株距 10～13 cm,可达到 30～32 万株/hm²。用苗移栽的最好选用芦头直径 8 mm 以上，主根长度 40 cm 左右。幼苗不耐旱，有灌溉条件的地方，移栽后应及时灌足水，苗期视墒情灌 2～3 次。移栽前采用杀菌剂进行蘸根处理。

当秧苗长到 15cm 高时进行间苗，株距 10～15cm，保苗 33 万株/hm² 左右。苗后出现禾本科杂草，用普净等药剂除草；若出现冰草、芦草等杂草，用草甘膦清除。在杂草有 3～6 片真叶时用药效果最好。

14.3.5　肥水管理技术

甘草对土壤磷、钾较为敏感，要多施磷、钾类肥。播前施足底肥，结合深耕施磷酸二铵 375～450 kg/hm²，加锌混配肥 600 kg/hm²、钾肥 150 kg/hm² 做基肥，有条件的施 45 kg/hm² 熟化的农家肥效果更好。在分枝期结合灌水追施尿素 120～150 kg/hm²，以利于茎叶生长。二年生进入快生长期，要追施 300 kg/hm² 磷酸二铵，并结合中耕除草开沟埋入根系两侧最佳。生长期间喷施爱多收、植物动力 2003 等植物生长调节剂，对增产有一定效果。

播前应灌足底水。当年生长期灌水 2～3 次，苗高 7～10 cm 时灌第一水，至分枝期灌第二水。以后要根据旱情适时掌握灌三水。直播甘草第二、三年生长期灌水 2～3 次，已灌冬水的地块，一般在分枝期灌第一水，若夏季高温时节，茎叶出现较为明显的落叶现象，可灌第二水，8 月中旬—9 月上旬适时灌三水，此时是甘草增重、积累有效成分关键期。在 12 月上旬—翌年 1 月安排灌冬水最好。中耕应在每次灌水后进行。

14.3.6　防治病虫害与采收初加工

虫害主要是甘草叶甲，防治最佳时期是越冬代成虫与一代幼虫的危害期。当叶片出现少量虫食缺口时，用 40％氧化乐果乳油 1 500 倍液或 2.5％敌杀死乳油 6 000 倍液防除。

病害主要有甘草褐斑病、锈病等。在播种时最好进行药剂拌种，一般用可湿性多菌灵、甲基托布津等药剂处理种子，按种子用量的 0.5％～1％有效浓度拌种，拌药后堆闷 1～2 h 即可播种。也可用 50％的多菌灵处理土壤。若发生锈病、褐斑病，拔除病株深埋外，还可用 20％萎锈灵乳油或 95％敌锈钠液连续喷 2 次防治锈病，用 70％甲基托布津喷洒防治褐斑病。

人工种植甘草提倡 3 年采收，4～5 年的产量和品质更好。采挖一般在春秋两季。收获后除去残茎、须根及泥土，切忌用水洗。按粗细长短切成不同规格并晒干。当晒至六七成干时，按不同规格分捆捆紧，放置在通风处风干。

14.4　提高气候生态资源利用率的途径

14.4.1　建设甘草人工栽培基地，发展规模化产业化生产

在植被破坏严重、土地沙化的沿沙漠边缘地带种植甘草，不但投入少、产出高，是贫困地

区脱贫致富奔小康的有效途径,而且还有防风固沙的生态效益。最适宜种植区和适宜种植区是发展甘草栽培基地建设的理想地带。可选择在沙土地、潮地、盐碱地三类低产田连片种植,实行采挖加工销售产业化经营,能达到最大的经济效益和生态效益。在次适宜种植区和可种植区结合防风固沙、水土保持、生态重建、灌溉用水调剂,发展甘草饲草两用为目的的栽培模式。甘肃民勤、宁夏盐池等地已建成我国最大的甘草种苗培育基地,采用"水地育苗、水旱地移栽、资源保护"的方法,采取企业建基地联农户、大户示范带动等形式,扶持引导广大农民群众集中连片种植甘草,将资源优势变为特色优势主导产业重点发展。

14.4.2 充分合理利用生态资源,有效地提高产量和品质

甘草属密集型植物,采用直播或移苗方式,移苗密度要适当增大。甘草主要成分是甘草酸和甘草次酸,而甘草酸含量以春季最高,秋季稍低,夏季生长旺盛但含量最低,因此最佳采收期在春季解冻后发芽前进行。生长 3～4 a 的甘草比 1～2 a 的甘草酸含量要高,含量达 8% 以上,所以栽培 3 a 以上采挖供药用最好。甘草有萌发力强的习性,采取分级采挖,将根粗不足 0.5 cm 的留下,春季可萌发新芽,形成新的植株。或将细根剪成有 2～3 个芽眼的小条,随即埋入土中,使它保持连续生长。如果细根比较多,可采取移栽方式。

14.4.3 加强野生甘草资源保护,解决保护与开发的矛盾

在绿洲外围,沿沙漠边缘、风沙严重地域应建设防风固沙、生态重建经营性甘草资源保护区。实施科学保护、抚育、采挖,禁止主采,以恢复植被。对野生甘草采挖实行许可证制度,严格管理。甘草再生力很强,适度采挖和利用能促进甘草的无性繁殖,挖后割下的根茎和细根就地掩埋,有利植株萌发。为使野生甘草资源不致枯竭,建立有计划的分区域轮休采挖制度,每隔 4～5 a 在春或秋季采挖一次,注意保留幼株。

14.4.4 采用新的栽培技术,提高资源利用效率

机械铺膜栽培技术。在春季 4—5 月播种,采用谷物播种机条播带铺膜。地膜幅宽 120 cm,采用 1 膜 4 行膜下条播。若 2 年收获的,每亩播种量 3.5 kg;3 年收获的,每亩播种量 2～2.5 kg。播深 2.5～3 cm,播种必须带限深器,种行带覆土器。

地膜垄沟栽培技术。在整好的地块内按行距 20 cm 开 15～20 cm 深的小沟,按株距 30 cm 呈"品"字形将种苗顺沟、芦头稍倾斜向上放入沟内,再用开沟的土覆盖前排种苗并耙细,每三小沟为 1 组,用幅宽 80 cm 的地膜覆盖压实,使其形成"三垄沟"栽培模式,每亩定植 1 万株左右。

甘草套种孜然栽培技术。甘草孜然同时播种,孜然收获后,加强甘草田间管理,亩创年产值 3 000 元以上的种植模式。

采用甘草膜下滴灌栽培技术。还有小拱棚栽培、拱棚栽培、室内栽培技术等。它不但提高地温还能节省用水,甘草产量和品质有大幅提升。

第15章　当　归

中药当归为伞形科植物当归（*Angelica sinensis*（Oliv.）Diels.）的干燥根，药用历史悠久，是中国常用中药材。当归始载于东汉末年的《神农本草经》，将其列为中品。其他典籍中，当归也有山蕲、文无、蘼芜等称谓。

15.1　基本生产概况

15.1.1　作用与用途

当归主要含蔗糖、多种氨基酸、挥发油以及正丁烯、内酯、烟酸、阿魏酸和半萜类化合物，还含有维生素 A、维生素 E、挥发油、精氨酸及多种矿物质。

传统中医认为，当归具有补血活血、调经止痛、润肠通便的功效，常用于治疗血虚萎黄、眩晕心悸、月经不调、经闭痛经、虚寒腹痛、肠燥便秘、风湿痹痛、跌扑损伤、痈疽疮疡等病症。

主要作用和功效，一是补血，能显著促进机体造血功能，升高红细胞、白细胞和血红蛋白含量；二是调血脂，抑制血小板凝聚，抗血栓，调节血脂；三是降血压，抗心肌缺血、心律失常，扩张血管，降低血压；四是增强免疫力，增强免疫、抗炎、保肝、抗辐射、抗氧化和清除自由基等。另外，还能调节子宫平滑肌。

15.1.2　分布区域与栽培地带

我国最早的"药典"《唐本草》中记载，"今出当归，宕州、翼州、松州、宕州最胜"。据考证，当时的宕州即现在甘肃省的宕昌和岷县一带。又据《名医别录》记载，"当归生陇西川谷"（古代岷县属陇西郡所辖）。南朝陶弘景（公元 500 年左右）《神农本草经集注》曰："今陇西四阳黑水当归多肉、少支气香、名曰马尾当归，稍难得。"可见，在 1500 多年前岷县种植当归，且质量优良。其中的"马尾当归"是进贡朝廷的珍品，当时，西羌族的宕昌国王梁弥博因进贡当归而受到朝廷的加封。

目前，市场上流通的当归药材商品均为栽培品种。栽培资源主要分布于甘肃、云南、四川、湖北等省，另外，陕西、宁夏、山西和贵州也有引种栽培。而历来以甘肃省岷县的当归作为道地药材。岷县当归又称"岷归"。据统计，甘肃省 2013 年种植当归面积 3.1 万 hm²，产量

9 870 万 kg。

15.1.3 类型与品质

据调查,中国现在使用的当归药材来源有 3 种,来自当归,欧当归,以及东当归。欧当归原产亚洲西部,欧洲及北美各国多有栽培。中国 1957 年从欧洲引种。目前,在河北、山东、河南等省均有种植,用以代当归用。欧洲国家将本品载于药典,用其根作利尿、健胃、祛痰、治疗妇科病等。东当归也叫延边当归、日本当归、大和当归,早在 20 世纪 70 年代引入中国吉林省延吉市栽培成功。四川省在 1991 年引种东当归,目前在其他地方尚未有栽培。日本和朝鲜以本种称当归,栽培入药。功效与中国产当归类似,主治月经不调等症。中国吉林省延边朝鲜族自治州的延吉、珲春、和龙等县栽培作"当归"使用已有长久的历史。《中华人民共和国药典(2005 版)》一部收载的当归来源项下仅为当归的干燥根,并在 1983 年资源普查之后,明确提出禁止以欧当归和东当归代替当归入药。但是现在有些地方在当归价格上升时还可能用欧当归和东当归充当当归使用。

15.1.4 发展前景

当归是我国著名的常用滋补中药材和传统大宗药材出口商品。目前,国际上崇尚自然、回归自然、选择自然已成为不可逆转的潮流。工业的发展和全球生态环境的改变,使疾病谱发生了变化。用天然药物替代化学药品已成为今后国际医药发展的趋势。中药的特色和优势顺应了世界医药的发展趋势,中药材越来越受到世界人民的青睐。对外交流与合作增多,国际社会对中医药的认识不断提高,因此预计中药材消费出口仍将呈上升之势。

但是,我国当归深加工行业仍不发达,特别是对功能性系列保健品的开发还远远不够。已开发的部分产品也没有形成品牌效益,整体上仍处于销售原料为主的阶段,缺少对新产品和市场的深度开发,没有形成产业化经营。优质栽培技术和规范化加工普及率还有待提高,由于缺少现代化的管理手段,导致部分当归产品农药残留超标,产品质量不稳定。只有不断强化当归种植标准化的建设与实施,提高当归产品的科技含量,大力扶植龙头企业,树立大品牌,延长相关产业链,才能走出一条具有自身特色的当归产业发展之路。

15.2 作物与气象

15.2.1 气候生态适应性

15.2.1.1 生态特点与气候环境

当归具有喜冷凉阴湿,怕暑热高温的特点。要求阴雨日较多,雨量充足,光照较少;土壤质地疏松,有机质含量高的黑土类和褐土类。适宜在高寒阴湿区种植。因此,甘肃洮岷山区有当归生长的得天独厚的自然生态气候条件。

当归适宜生态环境为海拔 1 900～2 800 m 之间的山区或半山区地区。

15.2.1.2　物候特征与气象指标

当归是 3 年生植物。成药期生产普遍采用春栽,移栽期为 3 月下旬—4 月上旬,采挖期 10 月下旬—11 月上旬。从 1988 年试验资料(表 15.1)看出,移栽至采挖全生长期需 200 d 左右,$\geqslant 0℃$ 积温 2 500℃·d 左右,移栽至返青期适宜温度 5～8℃;叶生长期适宜温度 10～ 18℃,叶生长期最快适温为 14～16℃;根增长期适宜温度 7～17℃,根迅速膨大生长适宜温 度为 10～14℃。据分期移栽试验得出,以 4 月 8 日气温为 5℃时移栽,5 月 1 日气温达 9～ 10℃时返青的产量最高,其单株干重和单产分别比 3 月 31 日和 4 月 15 日移栽的提高 8.5～ 11.3 g 和 1.9～3.3 kg/hm²。

表 15.1　岷县当归各发育时段气象条件与产量要素

	移栽返青期	叶生长期	根增长期	移栽至采挖	主根直径(cm)
日期(月-日)	04-05—04-28	04-28—07-26	07-26—11-02	04-05—11-02	3.4
间隔日数(d)	23	89	99	211	单株鲜重(g)
平均气温(℃)	6.5	11.5～15.5	10.9～15.5	11.8	83.8
$\geqslant 0℃$积温(℃·d)	149.7	1 261.2	1 083.5	2 494.4	单株干重(g)
降水量(mm)	9.9	343.5	250.2	603.6	29.3
日照时数(h)	140.6	557.0	417.9	1 115.5	干鲜比 0.35

15.2.1.3　产量与气象

选用岷县 1987—2003 年当归单产资料,用多项式回归方法求得气候产量后,与相应年 份当归生育期间 4—10 月的平均气温、降水、日照进行积分回归分析。从图 15.1 气温 $a(t)$ 曲线看出,5—6 月为负效应,当地气温偏高,气温每升高 1℃,减产 50 kg/hm²;7 月、8 月、9 月三个月正负效应值较小,说明当地气温适宜;10 月为正效应,当地气温不足,气温每升高 1℃,增产 50 kg/hm²,这时正值归根膨大后期。降水 $a(t)$ 曲线基本为正效应,但 $a(t)$ 值不 大,在 5～30 kg/hm² 之间,说明当地降水略有欠缺,但仍在适宜范围内。日照 $a(t)$ 曲线表 现为两峰一谷型,4—5 月和 9 月为峰值,日照每增加 1 h,产量分别增加 80 kg/hm² 和 50 kg/hm², 说明移栽返青期和根迅速膨大期这两个时段光照不足;6—8 月为谷值,每增加 1 h,产量最大减少 75 kg/hm²,说明叶生长期日照丰富。

水分对当归产量的高低起着决定性作用。统计岷县当归产量与年降水量、移栽至出苗 (4 月)降水量和成药期(7 月中旬—8 月中旬)降水量之间相关关系非常密切,经检验,分别 为 0.01、0.05 和 0.01 的信度。建立回归方程:$W = 71.920 + 0.708 R_年$。当年降水量在 600～ 700 mm 为丰产年;500～600 mm 为正常年;小于 500 mm 为欠收年。适宜的土壤湿度在 18%～25%。

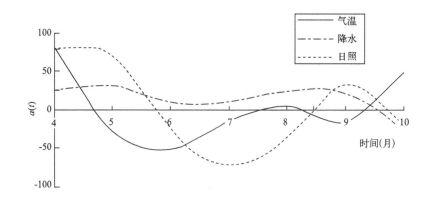

图 15.1　岷县当归气候产量与气象要素积分回归曲线

15.2.2　气候变化及其对当归生产的影响

　　岷县平均海拔 2 500 m,年平均温度 5.7～6℃,年平均降水量 596.6 mm,无霜期 86～145 d,年平均日照时数 2 229 h,历年冻土层 75 cm 左右,为当归生长提供了得天独厚的自然条件。在全球气候变暖的背景下,当归种植地对气候变化的响应非常积极,1980—2007 年年平均温度增幅 0.54℃/10a($R=0.8167$),其中 5—6 月升温 0.50℃/10a($R=0.7624$),7—9 月升温幅度 0.63℃/10a($R=0.6105$),升温幅度非常显著。在当归生育期间内降水波动性比较明显,20 世纪 80 年代降水比较充沛,90 年代年降水量减少明显,其中 1997 年降水最少,仅占多年平均值的 64%,2000—2007 年降水呈波峰型,其中 2003 年降水最为充沛,为历年平均值的 124%,总体来看,1983—1985 年、1988—1990 年、2003—2006 年为丰产年,而1994—1997 年、2002 年为欠收年。日照时数在 6—8 月间增幅达到 37.9 h/10a($R=0.5171$),增幅比较显著。

　　年代际气候变化特征显示(表 15.2),20 世纪 80 年代温度普遍较低,尤其是 5—6 月偏冷,进入 90 年代以后该时段率先变暖,2000 年后温度普遍较高,10 月份升温比较明显;生育期间内降水在 20 世纪 80 年代充沛,90 年代普遍偏少,21 世纪年降水虽然有所增加,但 4 月份、7—8 月降水依旧偏少。稳定通过 10℃ 的累计日数逐渐增加,21 世纪达到 116.6 d,说明气候变暖使当归生育时段延长。

表 15.2　当归主产区农业气候资源年代际变化

年代	$R_年$(%)	$R_{4月}$(%)	$R_{7-8月}$(%)	$T_{5-6月}$(℃)	$T_{10月}$(℃)	$S_{4-5月}$(%)	≥10℃日数(d)
20 世纪 80 年代	6.3	7.6	6.7	-0.40	-0.01	-4.1	103.6
20 世纪 90 年代	-8.0	-5.9	-4.5	-0.01	-0.27	-3.3	113.2
2001—2007 年	2.1	-2.3	-2.8	0.44	0.34	9.3	116.6

注:$R_年$ 为全年降水量年代际变化,$R_{4月}$ 为 4 月份降水量年代际变化,$R_{7-8月}$ 为 7—8 月份降水量年代际变化,$T_{5-6月}$ 为 5—6 月气温年代际变化,$T_{10月}$ 为 10 月份气温年代际变化,$S_{4-5月}$ 为日照时数年代际变化。

当归主产区气候变化特征对其生长、产量各有利弊,4—5月份日照明显增多,对移栽返青期的当归生长极为有利,但6—8月高温光照对叶根生长不利,因此,当归产量主要取决于降水条件,从2000年以来主产区气候有向暖湿变化的趋势,只要合理有效地利用水资源,当归产量有望持平或提高。

值得一提的是,随着气候变暖极端天气事件发生的频率也在增加,统计资料显示≥5℃初日不断提前,冷害侵袭程度逐渐加重,如1993年5月13—15日、1999年4月25—27日、2005年4月9—14日均受冷空气影响,使当归茎叶根等器官遭受严重冻害;与此同时高温天气增多,2006年7—8月高温天气不仅降低了当归的生长速度,妨碍花粉正常发育,还损伤茎叶功能,引起落花落果等现象。

15.2.2 气候生态适生种植区域

选取≥0℃积温和年降水量为主导指标,海拔高度为辅助指标,单产和特、一等归成品率为参考指标,确定为气候生态区划综合指标体系,将主产地"岷归"气候生态适生种植区划分为5个区域(表15.3)。

表15.3　主产地当归气候生态适生种植区划综合指标体系及种植分区

项目	Ⅰ 最适宜种植区	Ⅱ 适宜种植区		Ⅲ 次适宜种植区		Ⅳ 可种植区		Ⅴ 不宜种植区	
海拔高度(m)	2 200~2 400	2 100~2 200	2 400~2 500	2 000~2 100	2 500~2 600	1 900~2 000	2 600~2 800	<1 900	>2 800
≥0℃积温(℃·d)	2 500~2 700	2 700~2 800	2 400~2 500	2 800~2 900	2 300~2 400	2 900~3 100	2 100~2 300	>3 100	<2 100
年降水量(mm)	570~630	530~620	550~630	530~550	550~570	450~550	520~550	<450	<520
单产(kg/hm²)	3 750~4 000	3 500~3 750		3 000~3 500		2 500~3 000		<2 500	
特、一等归成品率(%)	80	70		60		50		<50	

15.3　栽培管理技术

生产当归可利用种子进行繁殖,生产周期一般为3 a。第一年用种子进行育苗;第二年用所育的当归苗进行栽培,当年就可挖药;第三年开花结实,生产种子,为此,在第二年挖药时留一部分为下年的当归育苗提供种子。

15.3.1　选地

当归喜欢生长于温凉、微酸性、排水良好、肥沃、疏松、微红色的沙壤土,不适于在含水量高的黑色土壤生长。选地时,小麦茬最好,豆类、土豆等茬次之,但切忌连作。一般同一块地要间隔 3 a 以上才能栽培当归。研究表明,没有栽培过当归的地最好,其当归产量高,但随轮作间隔期的缩短,产量在逐年下降。可见,当归的年产量与选地有着直接的关系。

15.3.2 选苗

当归苗的好坏,直接影响到当归年产量的高低。如果苗选不好,有可能导致当归出苗后在夏至时大多数抽薹或当归从出苗到采收期间逐渐死亡的现象。当归抽薹现象是由于当归苗中含糖量过多、当归苗成木质化所致;当归出苗后大量死亡现象是由于当归在冬季储藏时温度过高,导致苗尾部腐烂或苗在生长期遭受冰雹灾害所致。因此在选苗时需注意:一是看苗头部是否有伤害;二是看苗是否木质化(将苗中部用手折断)、是否鲜嫩;三是看苗尾部是否腐烂(用手蹭破苗尾部表皮,看皮层是否为白色)。一般当归苗头部较大且无伤害、苗长得匀称且长、未木质化且较嫩、苗尾部皮层为白色的为优良苗。

15.3.3 备肥

当归需肥量大,在栽培前需准备充足的肥料。其中,有机肥较好,无机肥次之。有机肥中,羊粪、榨油后的饼渣最好,牛粪、猪粪次之;无机肥中磷酸二铵、尿素和磷肥较好。在春季犁地时,施入 3 000 kg/亩的农家肥(带土)、36 kg/亩的磷酸二铵、16 kg/亩的尿素和 50 kg/亩的磷肥可作为底肥。施榨油后的饼渣,可在栽培的上年秋季随犁地而施入,使它充分发酵腐熟。据多年的栽培经验表明,在春季犁地时,施入用沸水煮熟的油菜籽 10 kg/亩,效果非常好,当归产量高。

15.3.4 栽植

在栽植前,先将犁过的地耙平,打碎土块,后进行栽植。栽植时用铁锹挖栽植穴,株行距为 25 cm×30 cm,每穴 3 苗,中间 1 苗,两边各 1 苗,苗与苗之前留 5 cm 距离,等到夏至苗抽薹结束后拔掉抽薹的苗及多余的苗,保证每穴只留 1 苗。在放苗前,先用小铁铲将土块拍碎,后放入苗,埋土并用手压实,后覆土。覆土不能过深,一般为淹没苗 5 cm 为好,覆土后用小铁铲将土拍实,起保墒及防止苗风干的作用。

15.3.5 管理

15.3.5.1 除草

当归出苗 20 d 后,便进行除草,以减少地中杂草的争水争肥及松土的作用,促使当归快速生长。在小苗期,可除草 3～5 遍。秋后当归进入快速生长期后,也要进行松土除草以减少杂草的争水争肥。

15.3.5.2 追肥

当归在生长期需肥量大,因而要不断地进行施肥。除第二遍草时,可随除草而施入

4 kg/亩的尿素。6 月中旬施入 8 kg/亩的尿素或硝氨,一般可在下中雨时施入,以防烧苗。6 月下旬—7 月上旬,可进行根部施肥,离当归苗周围约 8 cm 地方,用小铁铲挖 5 cm 深的沟,施入磷酸二铵(12 kg/亩)和尿素(6 kg/亩)的混合物,后用土壤盖以防光照分解。7 月份,可进行叶面施肥,一般喷洒磷酸二氢钾、赤霉素、生长素等促进当归生长。立秋后,在下中雨时施入 8 kg/亩的尿素。7 月下旬当归进入速生期,可喷洒 300 mL 的 PP333 能有效地抑制地上生长,促进地下根的生长。

15.3.5.3　病虫害防治

在春季犁地时,可施入甲基异柳磷或颗粒3911,在栽植时用多菌灵或甲基异柳磷的水溶液浸泡当归苗 2 min,防止地下害虫的危害。当归最为严重的是白粉病,一般在立秋前后发生,应进行有效防治。7 月中旬可喷洒多菌灵或硫黄悬浮剂原水溶液,多菌灵最好在早上或傍晚喷洒,而硫黄悬浮剂最好在太阳直射时喷洒,喷洒间隔期为 2 d,一般喷 2～4 遍,秋后最为关键,一定要喷洒一遍,以防白粉病的发生。此外,在 6 月中旬用 40％的乐果 2000 倍液或90％的敌百虫 100 倍水溶液灌根 1 次,可防止种蝇对当归根部的危害。

15.3.6　采收与加工

15.3.6.1　采收

在甘肃渭源县、岷县等二阴地区,当归地上部分由绿变黄并开始逐渐倒伏,地下部分已停止生长,即霜降时可进行采收。采收时,先拔掉地上部分的叶子,等地表露白时可用当地农民自制的锄头进行挖药。在较冷的地区,可在霜降前 10 d 进行挖药,以免地下封冻而无法挖药。挖药时,锄头要下深并离当归稍远点,以防损伤当归头及侧根。

15.3.6.2　加工

在挖药期间,把所挖的当归经整理后垛放在院内,表面可盖塑料布以防太阳照射。垛放20 d 后,当归中的部分水分已散失,当归已出现萎蔫并变柔软时即可进行加工。一般把当归头部直径大于 3 cm、长度大于 6 cm 的当归,用刀削掉侧根及主根尾部加工成当归头,并用铁丝串成串;把当归头较大但头部较短无法加工当归头的,削掉小的侧根,保留大的侧根,并打掉根尖而加工成香归;对于比较小的当归,可 7～8 株捆成 1 把加工成当归把子;在加工当归头时被削下的侧根按大小加工成当归股节。加工后,便放在太阳下晒干或放在暖和(生炉火)的房子中阴干以利于保存。在室外晒时,晚上要防冻,必要时用塑料布覆盖或晚上拿到室内以免受冻而影响当归的质量。

15.4　提高气候生态资源利用率的途径

15.4.1　充分利用优势气候生态种植带,建立稳定生产加工销售基地

在最适宜和适宜种植区内建立主栽品种基地,岷县有当归生产得天独厚的自然条件,确

保"岷归"名牌产品信誉。加强药材批发交易市场建设,按照"因地制宜、发挥优势、合理布局"的原则,建立生产加工销售网络系统,指导生产,提高效益。

15.4.2　科学栽培,杜绝抽薹,确保质量

当归生产存在最突出的质量问题是提前抽薹,适时播种育苗是减少避免幼苗通过春化阶段而提早抽薹的关键技术。据试验,播种至出苗适宜的旬气温为 12~13℃,苗期生长的旬气温为 13~16℃,从播种出苗至停止生长 130 d 左右,≥0℃积温 1 800℃·d。育苗地段要选择在气候冷凉阴湿、雨量充沛、光照较少的海拔 2 400 m 左右的阴山南坡上。符合以上的气象指标,培养的幼苗就不会通过春化阶段,防止抽薹。当气温下降到 5℃之前,幼苗停止生长时,要及时起苗储藏,储藏的温度要严格控制在 -1~-10℃之间。选择苗龄 90~110 d,根鲜重 40~70 g 的苗子适当早移栽。提前抽薹苗要及时拔除。

15.4.3　加强深度系列开发,提高资源利用途径

在土壤封冻前要采挖完毕,摊放在干燥通风透光处晾晒,采用科学搭棚熏制烘烤。引进先进的科研成果和成熟的成套技术,开发保健类新产品,扩大外贸出口渠道,增大经济效益。

第16章　党　参

党参(*Codonopsis pilosula*)属桔梗科多年生草本植物。以根入药,桔梗科党参在明代以前的历代本草中没有记载,亦无该植物图,表明了明代以前党参并未入药。清代《本经逢源》《本草从新》《本草求真》等著作中不同程度地记载了在上党产人参逐渐绝迹时应用新出党参代替人参的情况和经验,并认为两者功效不同。党参为常用大宗药材,其性味甘平无毒,有补中益气、生津止渴等功效。

16.1　基本生产概况

16.1.1　作用与用途

党参根含皂甙、挥发油、多糖、单糖、氨基酸、微量生物碱等多种成分。

中医认为,党参味甘,性平。有补中益气、止渴、健脾益肺、养血生津的功效。用于脾肺气虚,食少倦怠,咳嗽虚喘,气血不足,面色萎黄,心悸气短,津伤口渴,内热消渴。懒言短气、四肢无力、食欲不佳、气虚、气津两虚、气血双亏以及血虚萎黄等症也可使用党参调理。

党参对心血管系统血液及造血功能、消化系统机体免疫功能、延缓衰老均可起到相应的药理作用。主要作用和功效,一是健脾胃,脾胃之气不足,可出现四肢困倦、短气乏力、食欲不振、大便溏软等症,党参能增强脾胃功能而益气。二是益气补血,气血两虚的证候(气短、懒倦、面白、舌淡、甚或虚胖、脉细弱等),可用党参配合白术、茯苓、甘草、当归、熟地、白芍、川芎等同用(如八珍汤),以达气血双补的作用。三是治疗气虚咳喘,对气虚咳喘常以党参配合麦冬、五味子、黄芪、干姜、贝母、甘草等同用。四是代替独参汤,急救虚脱时,一般多用人参(独参汤),如一时找不到人参,可用党参 50～150 g,加附子 10～15 g,生白术 25～50 g,急煎服,能代替独参汤使用。

16.1.2　分布区域与栽培地带

我国党参资源丰富,分布广泛。党参主要分布于华北、东北、西北部分地区。全国多数地区引种,山西长治市、晋城市产的称"潞党",东北产的称"东党",山西五台县产的称"台党"。"素花党参"主要分布于甘肃、陕西及四川西北部,甘肃文县、四川平武产党参分别称

"纹党"、"晶党",陕西凤县党参称"凤党"。"川党参"主要分布湖北西部、四川北部和东部接壤地区及贵州北部。商品原称"单枝党",因形多条状,又称"白条党"。药用党参因分布区域广,质量差异较大。甘肃产区的党参分为"白条党"和"纹党"两种。

16.1.3 类型与品质

2010 版《中华人民共和国药典》收载正品党参包括党参、素花党参和川党参。

山西的"潞党"和"台党"历史上一直被认为是最优质的党参道地药材,后来甘肃"纹党"、陕西"凤党"、湖北"板党"也被纳入道地药材的行列。

16.1.4 发展前景

目前市场上的党参主产于山西、甘肃、陕西、四川、湖北等省,主要为栽培品,少量为野生。甘肃除了原产地外,近几十年大面积发展"白条党"种植,同时扩大了"纹党"的生产规模,成为中药党参最大的产区。湖北产区主要种植品种为"板桥党",在其道地产区恩施市板桥镇,当地政府大力发展"板桥党"种植,已形成规模,占有一定的市场份额。山西产区的主要种植品种为"潞党",在其道地产地长治市、晋城市有种植。"台党"主产于山西五台县,"凤党"主产于陕西凤县,野生资源丰富,人工种植面积小。

目前我国党参资源破坏十分严重,如在山西黎城、陕西凤县、陕西汉中等地,仅剩少量野生资源,究其原因,一是无节制的采挖,二是当地农民开垦山地,种植经济作物。因此,要注意中药党参药源保护,尤其应特别重视党参野生资源的保护。

党参的地上茎叶部分含有挥发油、多种氨基酸、常量及微量元素等,因此,党参的茎叶具有一定的开发价值。然而,目前对党参的综合开发不够深入,在党参生产过程中,党参的地上部分被弃掉,没有得到充分的利用,造成极大的浪费,因此有必要加大这方面的开发力度。

16.2 作物与气象

16.2.1 气候生态适应性

16.2.1.1 生态特点与气候环境

党参为多年生草本植物,适宜在海拔 1 600～2 000 m,土壤湿度在 13％～17％,年平均气温 6.5～7.0℃,年日照时数在 1 800～1 900 h,年降水量 360～390 mm 的温凉半湿润、半干旱气候区生长。

16.2.1.2 物候特征与气象指标

党参喜阴凉湿润气候和土层深厚、土质疏松的腐殖质土壤。第一年育苗,第二年移栽,移栽后生长 2～3 年采挖入药。从 1998—2000 年文县分期移栽试验分析可见,以 4 月中旬气温稳定通过 10℃ 时移栽的产量性状最好,产量最高(表 16.1),移栽至返青期适宜气温为 10~13℃,展叶期为 12~16℃,开花期为 15~20℃,根生长期为 20~16℃,10月下旬气温低于 8℃ 停止生长进入枯萎期。从返青至枯萎全生长期 150~190 d,≥10℃ 积温 2 000~2 800℃·d。统计参根生长量与 ≥10℃ 积温相关系数为 0.786,经检验为极显著相关。经参根生长量测定,当日平均温度升至 14℃ 以上时,参根进入生长期;日平均温度升至 16℃ 以上时,生长较快;日平均温度 18℃ 以上时,生长迅速,日长量周长平均在 0.2~0.3 cm,周长达 4.5~5.2 cm。因此,初步认为参根生长下限温度为 14℃,适宜温度为 16~20℃。

表 16.1 党参不同移栽期对生长发育及产量性状的影响

期次	1998 年播期 (月-日)	1999 年移栽 (月-日)	返青期 (月-日)	展叶期 (月-日)	开花期 (月-日)	根长 (cm)	周长 (cm)	产量 (g/条)	产量 (kg/hm²)
1	09-20	04-26	05-15	06-04	07-20	13.3	2.8	17	2 085
2	09-25	04-20	05-10	05-28	07-10	14.5	3.6	19	2 115
3	09-30	04-15	04-28	05-25	06-28	15.0	5.5	25	2 340
4	10-06	04-10	04-30	05-25	07-08	14.6	4.5	21	2 220
5	10-12	04-05	05-18	05-28	06-24	14.8	4.9	24	2 070
6	10-18	04-01	05-20	05-30	06-26	14.7	4.8	23	2 100

从试验资料分析,获得正常年景产量,需年降水量 500~600 mm。据主产地渭源统计不同生育期降水量与产量相关关系得出,移栽至返青期 4 月中旬—5 月中旬,要有一场降水量 ≥10 mm 以上好雨,有利于移苗成活。7—8 月是参根迅速膨大期,也是需水关键期,7—8 月降水量与产量相关系数为 0.9256,经检验为显著性相关。当 7—8 月降水量小于 150 mm 时,产量下降 20% 以上;当降水量在 150~250 mm 时,产量达到正常年景;当降水量大于 250 mm 时,产量增加 20% 以上。

由于党参种植范围大,各个产地气候条件、海拔、地形等不尽一致,生长环境也有差别,这些生态环境的差异直接影响了各个产地党参的质量和产量。

16.2.2 气候变化及其对党参生产的影响

党参生长发育与气候环境密切相关,随着全球气候变暖,党参种植区的气候背景也发生了很大的变化。以"纹党"主产区为例,多年平均温度 15.1℃,年降水量 437 mm,气候变化使得 1980—2007 年降水量减少趋势显著(图 16.1a),减幅为 54.2 mm/10a($R=0.547$),其中 2004 年最为干旱(290.9 mm),降水量仅为历年平均值的 67%,2006—2007 年降水明显减少;与此同时,7—8 月降水变化也非常显著,变幅为 50~270 mm,若以历年平均值 20% 为干旱指数,则干旱年份接近 30%,其中有 4 年降水量少于历年平均值的 50%;降水是党参产量与品质的决定性因素,在需水关键期,干旱限制了党参对水分的敏感性要求。通过累计距平分析发现,主产区在 1995 年为降水突变年,1996—2007 年降水比 1980—1995 年偏少 20%,干旱特征明显。与此同时,播种—出苗期间的降水量也明显减少,减幅为 26 mm/10a

（$R=0.520$），水分胁迫严重。春季≥10 mm 降水平均出现在 5 月 4 日,21 世纪以来降水出现时间提前约 8 d,说明春雨对党参出苗十分有利。

主产区升温非常明显(图 16.1b),增幅为 0.65℃/10a($R=0.818$),突变点出现在 1996 年,其中后期比前期增暖 1.0℃,3—6 月增暖为 0.75℃/10a($R=0.823$),生育期≥10℃积温增幅为 245℃·d/10a($R=0.685$),稳定通过≥10℃日期在 1997—2007 年间平均为 3 月 26 日,比前期提前 9 d,党参移栽期提前,生长期延长,生育时段热量充裕。

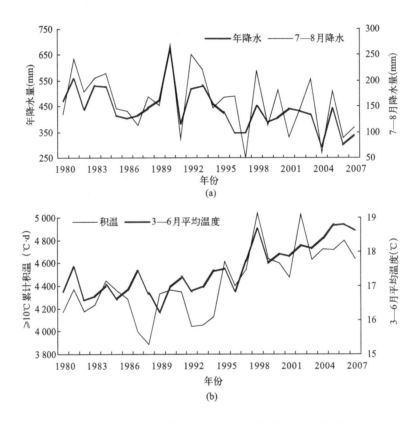

图 16.1　党参主产区降水量(a)与≥10℃积温(b)变化趋势

16.2.3　气候生态适生种植区域

"白条党"最适宜和适宜种植区域:≥0℃积温 2 500～2 900℃·d,年平均气温 5～6℃,年降水量 500～600 mm,7—8 月降水量 200～250 mm。该区包括临洮、渭源、陇西三县的大部分,漳县、通渭、定西的少部分,海拔高度 2 000～2 400 m 的乡镇,这里属温凉半湿润气候类型,为洮岷的浅山或半山地带。由于气温和降水适宜"白条党参"生长的气候生态条件,单产达到 2 000～2 500 kg/hm²。生产的主要问题是,少数年份有春末夏初旱和伏旱的危害。

"纹党"最适宜和适宜种植区域:≥0℃积温 2 000～2 800℃·d,年平均气温 6～8℃,年降水量 500～600 mm,7—8 月降水量 200～250 mm。该区包括文县、宕昌的大部分,礼县、西和、武都、成县的少部分,海拔高度在 1 600～2 000 m 的乡镇。这里属温和半湿润气候类型,为山地二阴区或河谷沿岸的半山地带。热量和水分条件适宜"纹党"生长的气候生态条件,单产达到 2 000～2 500 kg/hm²。这里育苗时间分春、秋两季,海拔较低的地方,秋播在 9 月下旬—10 月中旬;海拔较高地方,春播在 4 月下旬—5 月中旬,第一场好雨后进行。主要的生产问题是,海拔较低的地方常有干旱危害,影响较重。

16.3　栽培管理技术

16.3.1　选地与整地

宜选土层深厚、排水良好、富含腐殖质的沙壤土。低洼地、黏土、盐碱地不宜种植,忌连作。育苗地宜选具有水源条件的壤土地块。每亩施农家肥 2 000 kg 左右,然后耕翻,耙细整平,做成宽度为 4～5 m 的平畦。定植地应施足基肥,每亩施农家肥 3 000 kg 左右,并加入少许磷、钾肥,施后深耕 40 cm,耙细整平。

16.3.2　繁殖

用种子繁殖,常采用种子直播,亦可育苗移栽。

16.3.2.1　播种

在有灌溉条件的地块采用春播、条播或撒播,以条播为好。为使种子早发芽,可用 40～50℃的温水,边搅拌边放入种子,至水温与手温差不多时,再放 5 min,然后移置纱布袋内,用清水洗数次,再整袋放于温度 15～20℃的室内沙堆上,每隔 3～4 h 用清水淋洗 1 次,5～6 d 种子裂口即可播种。撒播:将种子均匀撒于畦面,再稍盖薄土,以盖住种子为度,随后轻压种子与土紧密结合,以利出苗,育苗田每亩用种子 5 kg,直播田每亩用种子 1 kg。条播:按行距 15 cm 开 1 cm 浅沟,将种子均匀撒于沟内,同样盖以薄土,根据土壤干湿度适时镇压。有条件可用玉米秸秆、稻草或松杉枝等覆盖保湿,以后适当浇水,经常保持土壤湿润。春播亦可覆盖地膜,以利出苗。播种时亩施复合肥 15～20 kg。直播田当苗高约 5 cm 时逐渐揭去覆盖物,苗高约 10 cm 时,按株距 2～3 cm 间苗;育苗田可不间苗。见杂草就除,并适当控制水分,宜少量勤浇。

16.3.2.2　移栽

参苗生长 1 a 后,于秋季 10 月中旬—11 月封冻前,或早春 4 月上中旬化冻后,幼苗萌芽前移栽。在整好的畦上按行距 20～30 cm 开 15～20 cm 深的沟,山坡地应顺坡横向开沟,按株距 6～10 cm 将参苗斜摆沟内,芽头向上,然后覆土约 5 cm,每亩用种子参约 50 kg。

16.3.3　田间管理

(1)中耕除草。出苗后见草就除,松土宜浅,封垄后停止。

(2)追肥。育苗时一般不追肥。直播田或移栽后,通常在搭架前追施 1 次农家肥,每亩施 1 000～1 500 kg。

(3)灌排。移栽后要及时灌水,以防参苗干枯,保证出苗,成活后可不灌或少灌,以防参苗徒长。雨季注意排水,防止烂根。

(4)搭架。党参茎蔓长可达 3 m 以上,故当苗高 30 cm 时应搭架,以便茎蔓攀架生长,利于通风透光,增加光合作用面积,提高抗病能力。架材就地取材,如树枝、竹竿均可。

16.3.4　病虫害防治

(1)锈病。秋季多发,危害叶片。防治方法:清洁田园;发病初期用 25％粉锈宁 1000 倍液喷施。

(2)根腐病。一般在土壤过湿和高温时多发,危害根部。防治方法:轮作;及时拔除病株并用石灰粉消毒病穴;发病期用 50％托布津 800 倍液浇灌。

(3)蚜虫、红蜘蛛。主要危害叶片和幼芽。防治方法:可用 40％乐果乳液 800 倍液喷雾。此外,尚有蛴螬、地老虎等危害根部。

16.3.5　采收与加工

一般移栽 1～2 a 后,于秋季地上部枯萎时收获。先将茎蔓割去,然后挖出参根,抖去泥土,按粗细大小分别晾晒至柔软状,用手顺根握搓或木板揉搓后再晒,如此反复 3～4 次至干。折干率约 2∶1。产品以参条粗大、皮肉紧、质柔润、味甜者为佳。

16.3.6　留种

一年生植物虽能开花结实,但种子质量差,不宜作种,故宜选用二年生以上的植株所结的种子作种,一般在 9—10 月果实成熟,当果实呈黄白色、种子浅褐色时,即可采种。由于种子成熟不一,可分期分批采收,晒干脱粒,去杂,置干燥通风处储藏。

16.4　提高气候生态资源利用率的途径

16.4.1　建立不同品系的生产基地

可在甘肃临洮、渭源和陇西等地以及文县和宕昌等地的最适宜和适宜种植区域内分别建立"白条党"和"纹党"两个种植加工销售基地。充分发挥气候生态、地缘、市场等优势,提高党参的产量和品质,增大经济效益。

16.4.2　科学栽培加工,提高产品质量

要提高一等品和特等品的产量必须扩大留床面积。要掌握播种和移栽的适宜时期,躲

避干旱高发时段。育苗采取地膜覆盖办法,不但提高地温,还能保墒,大大提高出苗和壮苗率。生长关键期遇上干旱,有灌溉条件的地方要及时补充灌水。党参初加工应按不同等级分档加工晾晒,不宜烘烤,防止烟熏,注意防潮、防霉、防冻。

第 17 章 黄 芪

黄芪(*Astragalus membranaceus*)又名黄耆,属豆科多年生草本植物,为国家三级保护植物。黄芪始载于东汉,药用迄今已有 2 000 多年的历史,《神农本草经》列为上品,为我国著名的常用滋补中药材,疗效显著,在国内外享有盛誉。

17.1 基本生产概况

17.1.1 作用与用途

黄芪主要成分含有活性较强的三萜皂苷黄酮类、蔗糖、多糖、多种氨基酸、叶酸及硒、锌、铜等多种微量元素及棕榈酸,羽扇豆醇、β-谷甾醇、甜菜碱等。

古语称其为"补气诸药之最",民间流传"常喝黄芪汤,防病保健康"的说法。具有良好的防病保健作用。常服黄芪可以避免经常性的感冒。具有补气固表、利水退肿、托毒排脓、生肌等功效。

现代医学证明,黄芪主要的药理作用是,具有降低血液黏稠度、减少血栓形成、降低血压、保护心脏、双向调节血糖、抗自由基损伤、抗衰老、抗缺氧、抗肿瘤、增强机体免疫系统作用。加强心脑功能,增强造血功能,延长细胞寿命,扶正压邪等功效。黄芪还能扩张血管,改善皮肤血液循环和营养状况,故对慢性溃疡久不愈合者有效。还能消除肾炎患者的蛋白尿,保护肝脏,防止肝糖原减少。

17.1.2 分布区域与栽培地带

野生黄芪主要分布在我国北部草原和东北大兴安岭山脉一带,85°～134°E,26°～54°N 的范围内。膜荚黄芪分布最广,北起大兴安岭内蒙古高原和新疆,南到云南、贵州、湖南、江西、安徽、江苏之间的 25 个省(区)均有分布。

人工栽培的黄芪产于东北、华北及西北。主要分布于山西、内蒙古、吉林、黑龙江、辽宁、甘肃、河北;其次在新疆、西藏、四川、陕西、宁夏、青海、河南、山东、江苏等省(区)亦有分布。国外除大洋洲外,全世界亚热带和温带地区均产,但主要产于北温带。

目前生产基地主要集中在河北、山西、内蒙古、黑龙江、吉林、辽宁、河南、山东、甘肃、青海和宁夏等省(区)。全国黄芪留存面积约 3.33 万 hm² 左右。

17.1.3　类型与品质

黄芪主要品类有黄芪(原变种)、内蒙古黄芪(变种)、淡紫花黄芪(变型)三大类。种属约有 2 000 种,我国产 270 余种。黄芪商品中的山西浑源、应县的膜荚黄芪、内蒙古黄芪,以条粗直、粉质好,味清甜,具浓郁豆香气等优良性状驰名中外。

甘肃省陇西县是我国黄芪的地道产区,生产历史悠久。由于气候、土壤条件好,生产的黄芪产量高、质量好,畅销国内外市场,面积发展极为迅速,从主产地陇西首阳、渭源连峰迅速扩大到定西市南部各县区和陇东、河西等地。以陇西为中心的甘肃取代内蒙古、陕西、山西、山东等地,成为黄芪最大产区。陇西因所产黄芪质优量大,被中国农学会特产专业委员会命名为"中国黄芪之乡"。目前普遍种植的品种有内蒙古黄芪、甘肃红芪、膜荚黄芪等,其中红芪属甘肃特产,久负盛名。经统计,2013 年甘肃省黄芪种植面积达 3.25 万 hm²,总产达11 730 万 kg,单产为 3 605.57 kg/hm²。

17.1.4　发展前景

黄芪是我国著名的常用滋补中药材和传统大宗出口商品。以黄芪为原料的中成药有200 多种,并远销东南亚、欧洲、美洲、大洋洲和非洲各国。随着人民生活的改善和医疗保健水平提高,需求量持续增加。20 世纪 90 年代中后期,商品量达到 2 000 万 kg 以上。野生资源远远不能满足市场需求。因此,20 世纪 70 年代中后期,商品黄芪主要来源于人工栽培,80年代每年种植 0.1～0.67 万 hm²,90 年代增加到 1.67～2.0 万 hm²。

中医中药防病治病倍受青睐,国际市场和国内市场一样需求量大增。黄芪又是著名的滋补中药材,位列 40 种大宗药材品种的前 10 名。近年对黄芪的研究又有了新突破,黄芪煎剂、静脉滴注可使血压显著下降,对心血管有明显的扩张作用,故需求量呈逐年增加趋势,年需量大约在 20～25 万 hm²。外贸出口除传统的日本、韩国、东南亚各国外,近年对欧美的出口也逐渐扩大。经过二十多年的发展,需求量有了突飞猛进的发展。

17.2　作物与气象

17.2.1　气候生态适应性

17.2.1.1　生态特点与气候环境

黄芪喜凉爽气候。具有耐寒、怕热、耐旱、忌水涝,喜温和温凉半干旱气候生态类型的特点。多生长在草原栗钙土或草原黄沙土,以草原黄沙土最佳。忌土壤黏重板结、强盐碱地。

黄芪适宜生态环境为海拔 1 500～2 200 m 之间的山区或半山区的旱生向阳山坡草地和草甸中或向阳林缘、灌丛或疏林下,植被为针阔混交林或山地杂木地。

17.2.1.2　物候特征与气象指标

黄芪要求年均气温 -3~8℃,最适温度为 2~4℃;≥10℃积温 3 000~3 400℃·d,最佳为 3 200℃·d。年降水量 350~500 mm,最适宜 400 mm 左右。土壤湿度在 17%~20%最适宜。

种子气温在 8~10℃左右即可发芽,日平均气温在 10℃左右,土壤水分含量为 18%~24%,是种子发芽最佳条件。日平均气温稳定通过 10℃初日为播种最适日期。

当气温稳定通过 10℃初日进入移栽至返青期,返青至现蕾期适宜气温 12~18℃,现蕾至开花期 16~20℃,开花至结果期 17~19℃,10 月中旬左右气温在 10~11℃时采挖。从移栽返青至停止生长全生育期 200 d 左右,≥10℃积温 2 300~2 800℃·d。开花结果和根生长期对热量要求比较严格,气温过高,光合物质消耗大,向主根输送转化积累减少,芪根疏松,品质下降;气温过低,生长期短,主根不能下扎,品相短矮,品质差。

17.2.1.3　产量与气象

经统计,芪根产量与生长关键期 7—8 月降水量呈负相关关系。当土壤水分过多,根不能往下生长,形成短而多分枝的直根系,产量下降,降低药材质量。

17.2.1.4　抗性能力与气象

影响抗性能力的因素主要与种质等因子关系密切。通过对引种的 3 个品系 6 个材料的种质特性研究。结果发现,内蒙古黄芪对白粉病有极强的抗性,是优良抗白粉病种质资源。早花型膜荚黄芪易感白粉病,晚花型膜荚黄芪稍抗白粉病。对根腐病抗性表现均不明显,晚花型膜荚黄芪品系较抗根腐病,内蒙古黄芪和早花型膜荚黄芪对根腐病抗性最差。早花型膜荚黄芪地上部分抗寒能力高于晚花型膜荚黄芪,早花型膜荚黄芪抗寒能力较强,是优良的抗寒性种质资源(曹建军,2006)。

17.2.1.5　品质与环境因素

影响品质的因素主要有种质、环境因子等。经测定,有效成分含量方面,晚花型膜荚黄芪的皂苷含量较高。膜荚黄芪在霜降后皂苷继续增加,越冬后皂苷含量较越冬前高,因此以皂苷为主要药用成分的黄芪应在越冬后采收。内蒙古黄芪、早花型膜荚黄芪、晚花型膜荚黄芪 3 个品系中均有多糖含量较高的品种,其中早花型膜荚黄芪多糖含量较高。各品系多糖含量均在初霜降时达到最高,受霜害后多糖含量下降。因此,以多糖为主要药用成分的黄芪应在越冬前初霜时采收。

通过对栽培在不同光强、不同土质等条件下黄芪根中有效成分含量的研究,结果发现多糖含量在遮阴 45.4%的处理最高,达 6.37%,以后随光照强度减弱多糖含量降低。而皂苷含量随遮阴增大而上升。在纯沙壤和纯重壤土中根长、根重、根形态均较差,多糖、皂苷等有效成分含量也较低。在两者混合的土壤中生长的黄芪质量较好(曹建军,2006)。

17.2.2　气候变化及其对黄芪生产的影响

以"中国黄芪之乡"陇西为例,≥10℃积温平均值为 2 444℃·d,近 30 年增幅为

167.4℃/10a,增加趋势明显(图 17.1a)。随着气候变暖趋势的不断加快,主产区热量资源也会大幅度增加。使喜凉爽气候的黄芪生长不利,生育期缩短,产量有下降趋势。但促使适宜种植区海拔高度提高,据调查可提高 100~200 m,有利于扩大适种范围。日平均气温在10℃左右时,是种子发芽最佳时间。日平均温度稳定通过 10℃的多年平均日期为 5 月 11日,回归分析显示,该日期倾向率为-6.6 d/10a($R=0.457$),即随着气候变暖主产区春季回暖明显,稳定通过 10℃的时间提前,其中 1998 年提前到 4 月 12 日,也就是说适宜播种期、移栽至返青期在不断提前。这有利于提早播种,提早利用早春的气候资源促进早生长早发育。

陇西年平均降水量 420 mm。用六阶多项式模拟年降水量变化(图 17.1b),发现 20 世纪 80 年代到 90 年代中后期降水量呈不断减少趋势,1997 年降水量仅占历年平均值 56%,2002 年也仅有 66%,可 2003 年却高达 594.6 mm,超过历年平均值的 140%而成为主产区最湿润的一年,2000—2007 年降水量呈凸峰型,2003 年为极大值,前后两个时段降水均较少。主产区 7—8 月正值黄芪现蕾—结果期,该时段降水平均占全年 36%,其变化特征与年降水量变化相一致,可见降水的明显波动使黄芪生长具有不确定性。虽然黄芪比较耐旱,但在生长关键期仍然要保障水分的供给,因此加强田间管理,旱年增加灌溉,是提升产量与品质的重要措施。

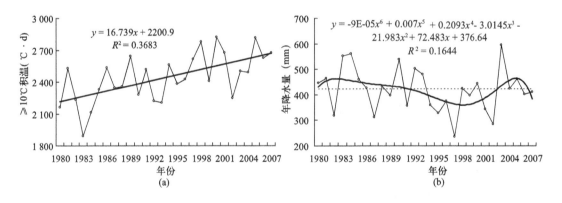

图 17.1 黄芪主产区≥10℃积温(a)与年降水量(b)变化的主要特征

17.2.3 气候生态适生种植区域

通过以上分析,选取≥10℃积温和年降水量为主导指标,海拔高度为辅助指标,单产和品质为参考指标,确定为气候生态区划综合指标体系,将主产地黄芪划分出气候生态适生种植区域。

最适宜种植区:≥10℃积温 2 500~2 700℃·d,茎叶生长期气温 8~16℃,开花结果气温18~19℃;年降水量 450~500 mm,全生育期降水量 400 mm 左右。该区包括武都的安化米仓山一带,以及陇西和渭源等地海拔高度 1 700~2 000 m 的乡镇。这里属温凉半干旱气候类型,为半高山地带,由于热量和水分以及土壤等气候生态条件最优,所以产量最高,品质最好,单产干货达 3 000~3 750 kg/hm²,特等品和一等品成品率占 80%以上。

适宜种植区:又可分两个种植地带,一个是海拔高度 1 500~1 700 m 的河谷沿岸的半山地带,属温和半湿润气候区,≥10℃积温 2 700~2 900℃·d,茎叶生长期气温 9~17℃,开花结果气温 18~20℃;年降水量 450~600 mm,全生育期降水量 400~500 mm。该地带生产的主要问题是生育关键期气温偏高。另一个地带是海拔高度 2 000~2 200 m 的二阴山地,属温凉湿润气候区,≥10℃积温为 2 300~2 500℃·d,茎叶生长期气温 7~15℃,开花结果气温 16~17℃;年降水量 550~650 mm,全生育期降水量 500~550 mm。该地带生产主要问题是关键生育期降水偏多。该区包括武都、西和、宕昌、渭源和陇西等乡镇,由于热量和水分等气候生态条件比较好,所以产量较高,品质较好,单产干货达 2 500~3 000 kg/hm²,特等品和一等品成品率占 60%~70%。

17.3 栽培管理技术

黄芪种植主要分育苗、良种繁育、大田生产 3 个阶段。多采取当年春季育苗,翌年春季移栽,秋季采挖,或第三年夏季采收种子的方法。

17.3.1 育苗

17.3.1.1 选地与整地

选择地势高,土层深厚、疏松、排水良好、中性或碱性沙质壤土或绵沙土地块,将土壤耙细整平,多雨易涝地应做高畦。避免与豆科作物轮作,忌连茬重作。耕翻整地时每亩施充分腐熟细碎的圈肥 5 000 kg 以上,饼肥 50 kg(少用或不用农药与化肥,选择没有污染源的地块)。

17.3.1.2 选种与处理

选择无杂质、籽粒饱满、无霉变、无虫蛀和未经农药处理的优良新种子。黄芪种子外皮有果胶质层,种皮极硬,吸水力差,出苗率低。因此,播前必须对种子进行处理。沸水催芽:先将种子放入沸水中急速搅拌 1 min,立即加入冷水将温度降至 40℃,再浸泡 2 h,然后把水倒出,种子加麻袋等物焖 12 h,待种子膨胀或外皮破裂时播种。硫酸处理:对晚熟硬实的种子,可用浓度为 70%~80%的硫酸浸泡 3~5 min,取出迅速置于流水中冲洗半个小时后播种。机械擦伤:用碾米机在大开孔的条件下快速打一遍,一般以起毛为度,或者将种子与直径为 1~3 mm 的粗砂按 1∶1 的体积混匀,用碾子压至划破种皮为好。

17.3.1.3 播种与采挖

一般在 3 月下旬—4 月中旬开始播种,播种方式采用撒播,将种子撒在耙糖平的地表,再耙糖一次,使种子入土 1~2 cm,再镇压一遍,然后立即覆盖 1 cm 厚细砂或麦草保持黄墒。播种量 112.5~150 kg/hm²。苗子采挖时期也就是移栽的最佳时期,在土壤解冻后越早越好。

17.3.2　移栽

17.3.2.1　选地与整地

黄芪是深根系植物,选土层深厚、地势平坦、土质疏松、透水透气性良好的川水地、旱台地、坡旱地种植。前茬为小麦,忌连作。前茬作物收后整地,旱地一般翻 2 次,最后一次以秋季为好,耕深 30 cm 以上,结合翻地施基肥,每亩施农家肥 5 000 kg、磷酸二铵 50 kg、硫酸钾 4～6 kg、辛硫磷毒砂土 100 kg,然后耙细整平。

17.3.2.2　选苗与栽植

挖苗时苗地要潮湿松软,以确保苗体完好。挖出的种苗要及时覆盖,以防失水。最后将苗分三级扎成 10 cm 的带土小把,一级根长 30 cm 以上,中上部直径在 5 mm 以上;二级根长 25～30 cm,中上部直径在 3～5 mm;三级根长 25 cm 以下,中上部直径在 3 mm 以下。定植时应选择健壮、头稍完整、根条均匀的优质苗,然后分级定植。移栽适期一般为 3 月中旬—4 月中旬,在适宜栽植期内应适当早栽。

17.3.2.3　种植方式与密度

良种繁育株距 20 cm,行距 35 cm,栽植量需中等幼苗 600 kg/hm²,保苗数 14 万株/hm²;大田生产株距 20 cm,行距 30 cm,栽植量需中等幼苗 700 kg/hm²,保苗数 17 万株/hm²。定植方法:用锹开沟,沟深 10 cm 左右,然后将苗按株距斜摆在沟壁上,倾斜度为 45°,接着按行距重复开沟摆苗,并用后排开沟土壤覆盖前排芪苗,苗头覆土厚度 2～3 cm。为了保墒,要求边开沟,边摆苗,边覆土,边耙糖。

17.3.3　田间管理

17.3.3.1　中耕与摘蕾

在育苗地苗出齐后即可除草松土。育苗一般除草不少于 4 次,良种繁育和大田生产一般除草不少于 3 次。摘蕾是黄芪大田生产一个重要的栽培技术,摘蕾可防止地上部分徒长,节约营养以促进根系的生长发育提高产量,可随长势随时进行,在 6 月份现蕾初期将花蕾摘除。良种繁育田在定植后 1～2 a 要多次去杂去劣株,以保证种子纯度。

17.3.3.2　追肥与灌溉

结合灌溉或降雨进行追肥。一般追 2 次无机肥,时间在 6—8 月,每次追尿素 75 kg/hm²,并在移栽定植时根施钼、锌等微肥,施钼酸铵 2.25 kg/hm² 或硫酸锌 15 kg/hm²,在开花期喷洒 1 000 ppm① 的乙烯利,收获前 30 d 内不得追施无机肥。育苗田追施一次或不施;良种繁育和大田一般追施 2～3 次,尤其要重视开花结果期追肥。

---

① 1 ppm=1 mg/L。

苗期受土壤湿度影响最大,土壤湿度不足会影响发芽、出苗和长势。为了确保出苗,要随时观察土壤墒情,随旱随浇,有条件的地方可采用滴灌或喷灌。一般情况下浇水3次,良种繁育和大田植株比较耐旱,一般情况下浇水2次,尤其在开花结果期对水肥条件十分敏感,要按时浇灌。

17.3.3.3　防治病虫害

(1)虫害:主要有豆蚜、小地老虎、沟金针虫、蛴螬、豆荚螟、豆芫菁等。

豆蚜防治:可喷洒20%氰戊菊酯2 000～3 000倍液或亩施用10%大功臣可湿性粉剂10～15 g。

小地老虎防治:采取农业和药剂防治相结合。根本的方法是改善农田管理条件,清除田间杂草,减少小地老虎的过度寄主,同时直接消灭初孵幼虫。利用地老虎趋性对成虫诱杀,可利用黑光灯、糖、醋、酒诱蛾液。药剂防治:用50%辛硫磷制成5%毒土或颗粒剂,顺垄底撒施在苗根附近,形成2寸①宽药带,每亩撒毒土20 kg。

沟金针虫防治:改善农田管理制度,精耕细作,除草灭虫。另外可用豆饼、花生饼或芝麻饼作饵料,先将其粉碎成米粒大小,用锅炒香后添加适量水分,待充分吸水后,按50∶1的比例拌入50%的辛硫磷,制成毒饵,于傍晚在害虫活动区诱杀。

蛴螬防治:将药剂与农业其他防治方法协调起来,因地制宜地开展综合防治。翻耕整地,压低越冬虫量;施用腐熟的厩肥、堆肥,施后覆土,减少成虫产卵量;土壤处理,用50%辛硫磷1 kg拌毒土撒入田间,翻入土中。

豆荚螟防治:及时清除田间落花、落荚,并摘除被害的卷叶和豆荚,以减少虫源。在地块架设黑光灯,诱杀成虫;药剂防治可用40%氰戊菊酯6 000倍液或12.5%溴氰菊酯3 000倍液,从现蕾开始,每隔10 d喷蕾、花1次。

豆芫菁防治:冬季深翻农田,消灭越冬幼虫。因其有群集习性,可于清晨网捕,另可用20%灭多威乳油或10%可湿性粉剂兑水50～60 kg喷雾防治,虫口密度高的地块隔7 d防一次,连防2～3次。

(2)病害:主要有根腐病、白粉病、霜霉病等。

根腐病防治:认真选地,加强田间管理,轮作倒茬,深翻改良土壤,增施有机肥,及时拔除病株,防止病害蔓延,建立无病留种地。定植前用辛硫磷50% EC1000倍液＋甲基托布津25% WP800倍液浸苗并可用口恶霉灵(绿亨1号)4 000倍液,1.8%阿维菌素乳油4 000倍液灌根。

白粉病防治:清园处理病残株,发病初期喷0.2～0.4度波美石硫合剂,也可喷15%粉锈宁可湿性粉剂1 000倍液。

霜霉病防治:可用克露600倍液分别于5月、6月、7月下旬各喷一次,或5月下旬用50%硫黄悬浮剂150倍液喷雾,6月下旬用克露600倍液喷雾,7月下旬用甲基托布津500

---

① 1寸＝0.03米。

倍液喷雾,连续 3 次,效果显著。

17.3.4 采收与加工

17.3.4.1 采收

商品芪采挖时间为 10 月下旬—11 月上旬,土壤冻结前全部挖完。人工采挖先将地上部分枯萎茎蔓割除,然后从地边开挖深沟开始采挖,尽量保全根,严防伤皮断根。籽芪芪根采挖:第三年采籽后,芪根四分之一变褐色空洞状,老根中心多成枯朽状,商品性较差,如为了增加采籽量,可适当延长采籽期限,但五年后芪根将逐渐变朽,病虫害加剧,产籽量减少,故采籽应在第三、第四年进行。

17.3.4.2 加工

采收后要先去净泥土,将芦头切除,再切掉侧根,然后分级,并剔除破损、虫害、腐烂变质的部分。搓条是初加工过程中重要一道工序,它在保持营养成分、糖分有重要作用,搓条还能使外观性状整齐一致,便于进一步加工和储运。搓条是将晒至 7 成左右的黄芪取 1.5～2 kg,用无毒编织袋包好,放在干整的木板上来回揉搓,搓到条直、皮紧实为止。然后将搓好的黄芪摊平晾在洁净的场院内,晒上 2 d 再进行第二次搓条,此时含水量达 5 成左右。当含水量在 2～3 成时进行第三次搓条。搓好的黄芪用细铁丝扎 0.5～1 kg 的小把晾晒干后待加工或储藏。

17.3.4.3 包装与储藏

按级称重装袋,每袋 25 kg,误差控制在每袋±100 g 内,然后抽真空封口,装箱封口打包,箱外相应部位盖印等级、采收时间、生产日期、含水量。储存包装好的黄芪不能曝晒、风吹、雨淋,应妥善保管,在清洁和通风、干燥、避光、温度、湿度等符合储存要求的专用库房内储存,库房要设有通风窗,以便晴天能开窗通风,阴天能闭窗防止水蒸气侵入室内,做到库内干燥,室内相对湿度应控制在 70% 以内,室内温度不超过 25℃。在储存的 1～2 a 内不使用任何保鲜剂和防腐剂。

17.4 提高气候生态资源利用率的途径

17.4.1 加快生产加工销售基地建设

在最适宜和适宜气候生态种植区内建立连片大规模的生产基地,同时要加强药材批发交易市场配套建设,实现生产加工销售系列服务体系。

17.4.2 增强抗灾能力,防旱防涝两不误

黄芪耐旱怕涝,过量施肥和过多水分,会使根生长迅速,但有效成分降低,质量下降。因

此,在根生长关键期,要看天看地看庄稼采取促控有机结合。主产地容易发生春末夏初干旱,因此春季育苗或移栽时最好在春季第一场好雨后,土壤墒情在 18%～20% 时进行。黄芪一般不浇水,但播种后和二年生以上植株返青期如遇连续干旱无雨,有条件的地方应及时灌水,以促进种子萌发出苗和春季早发。若雨季土壤湿度过大,烂根死苗严重,必须及时排水。

17.4.3 根据黄芪生理特点,充分利用生态资源

土壤质地及土层厚薄不同,其根的产量和质量有很大差异。种植地应选择在通风向阳、地势较高、土层深厚、质地疏松、通气良好、排水渗水力强、地下水位低、有机质多、pH 值等于或稍大于 7 的中性和微碱性沙质壤土地块。若土壤黏重,根生长缓慢,常畸形;土壤沙性大,根纤维木质化,粉质少;土层薄,根多横生,分枝多,呈鸡爪形,质量差。适宜的土壤,根垂直生长,长达 1 m 以上,称鞭竿芪,产量高,质量好。忌连作,不宜与马铃薯、胡麻轮作。黄芪幼苗细弱,生长慢、怕强光,略有荫蔽容易成活。因此,多采用与油菜、胡麻等作物混播进行,由于这些作物生长快,可以给苗遮阴避风。

17.4.4 掌握最佳采挖期,提高产量和品质

据检测结果表明,不同生长年限的黄芪主要成分总皂苷、甲苷、总黄酮及多糖的含量不同。一、二、三年生黄芪中总皂苷分别为 0.793,0.803,0.991 mg/g,甲苷分别为 0.163,0.170,0.203 mg/g,总黄酮分别为 0.303,0.353,0.527 mg/g,多糖分别为 32.12,23.42,16.68 mg/g。随着生长年限的增加,总皂苷、总黄酮及甲苷含量均增高,而多糖含量则降低。一般情况下,第三年采挖的质量最好(张善玉,2006)。

不同生长期的黄芪甲苷含量变化较大。生长初期,甲苷快速积累,6 月中旬含量比例达到最高,随后甲苷含量比例下降,至 9 月中旬达到最低点。其后又快速增长,到 10 月中旬再次达到高峰。按照黄芪的产量和甲苷含量积累变化规律,为保障产量和活性成分含量最大,确定 10 月中旬为最佳采收时间(马世震,2005)。

第18章 枸 杞

枸杞(*Lycium barbarum*)属于茄科植物,是多年生双子叶半灌木,具有极高的保健和药用价值。枸杞子,为茄科植物枸杞的成熟果实。夏、秋果实成熟时采摘,除去果柄,置阴凉处晾至果皮起皱纹后,再暴晒至外皮干硬、果肉柔软即得。

18.1 基本生产概况

18.1.1 作用与用途

枸杞的果实检测出含有丰富的天然胡萝卜素、维生素 C、枸杞蛋白多糖、甜菜碱、亚油酸以及铁、磷、钙等营养成分,有补虚安神、明目祛风、滋肾润肺以及护肝抗肿瘤等作用。

作为传统中药,枸杞性平味甘,具有滋补肝肾、益精明目、润肺的功效。枸杞子从《诗经》"集于苞杞"时起,便用于医药,迄今已有 3 000 余年的历史,自古就有晋朝葛洪单用枸杞子捣汁滴目,治疗眼科疾患的故事。枸杞子之名始见于《神农本草经》,并列为上品,千百年来深受人们的喜爱。枸杞既是传统名贵中药材,又是一种营养滋补品。在卫生部公布的 63 种药食两用的名单中,名列榜首。

枸杞的主要作用和功效,一是免疫功能。有增强非特异性免疫作用,小鼠灌服枸杞子水提取物或肌注醇提取物和枸杞多糖,均有提高巨噬细胞的吞噬功能,增强血清溶菌酶的作用,提高血清中抗绵羊红细胞抗体的效价,还能增加鼠脾脏中抗绵羊红细胞的抗体形成细胞的数量。二是降血糖。枸杞提取物可显著而持久地降低大鼠血糖,增加糖耐量,且毒性较小。三是补肾功能。长期服用维生素 E−C 合剂或枸杞多糖均可在一定程度上起到对抗自由基的作用,使肾组织丙二醛水平下降,预防线粒体老化,使其功能有所改善。四是抗脂肪肝作用。五是降低血压的作用。六是抗疲劳。七是抗肿瘤。八是延缓衰老的作用。

18.1.2 分布区域与栽培地带

宁夏枸杞:由中国西北地区的野生枸杞演化而来,现有的栽培品种仍可以在适宜的条件之下野生。我国早期的药用枸杞就是西北地区采集的野生枸杞,在秦汉时期的医药书籍中已经有药用枸杞的记载。北宋科学家沈括在《梦溪笔谈》中记载："枸杞,陕西极边生者,高丈余,大可柱,叶长数寸,无刺,根皮如厚朴,甘美异于他处者。"而且宁夏枸杞是唯一载入 2010 年版《中华人民共和国药典》的品种。分布于宁夏、甘肃、内蒙古等地。

中华枸杞:分布于中国东北、河北、山西、陕西、甘肃南部以及西南、华中、华南和华东各省(区);朝鲜、日本、欧洲有栽培或逸为野生。常生于山坡、荒地、丘陵地、盐碱地、路旁及村边宅旁。在我国除普遍野生外,各地也有作药用、蔬菜或绿化栽培。

18.1.3 类型与品质

分为中华枸杞与宁夏枸杞。

中华枸杞与宁夏枸杞在鉴定时容易发生错误,宁夏枸杞的叶通常为披针形或长椭圆状披针形,花萼通常为 2 中裂,裂片顶端常有胼胝质小尖头或每裂片顶端有 2～3 个小齿;花冠筒明显长于檐部裂片,裂片边缘无缘毛;果实甜,无苦味;种子较小,长约 2 mm。而中华枸杞的叶通常为卵形、卵状菱形、长椭圆形或卵状披针形;花萼通常为 3 裂或有时不规则 4～5 齿裂;花冠筒部短于或近等于檐部裂片,裂片边缘有缘毛;果实甜而后味带微苦;种子较大,长约 3 mm左右。

18.1.4 发展前景

枸杞皮、果、叶均可入药,如今作为滋补药品受到百姓的广泛青睐;枸杞亦是良好的水土保持和防风固沙树种,在沙区治理的环境生态建设中是较好的选择,因此,枸杞的市场需求呈现供不应求的态势。

枸杞果中含有丰富的粗蛋白、粗脂肪、碳水化合物、硫胺素、核黄素、抗坏血酸、甜菜碱,还含有对人体有益的矿物质元素钾、钠、钙、镁、铁、锰、锌等。枸杞中含有的甘露糖、葡萄糖、鼠李糖、半乳糖、谷氨酸、丙氨酸、脯氨酸、维生素、胡萝卜素等成分均对人体的免疫系统、肝脏、心脏及血液系统有积极的影响。枸杞嫩叶营养丰富可作蔬菜,在南方市场枸杞芽菜已经非常流行,可在菜市场买到,用其煲汤有明目的作用。枸杞果实具有滋肾、补肝、明目的功效,主治肝肾阴亏、腰膝酸软、虚劳咳嗽。枸杞叶具有补虚益精、清热、止渴、祛风明目的功效,主治虚劳发热、目赤昏痛。枸杞根皮具有清热、退热、凉血、降血压的作用,主治虚劳潮热、盗汗、肺热咳喘、凉血、高血压。由于枸杞植株抗干旱,可生长在沙地和干旱地,因此,可作为水土保持的灌木,并且枸杞具有抗盐碱性,即使在盐碱地上也能生长。枸杞树形婀娜、枝叶繁茂、果实鲜红,是很好的街道绿化、庭院美化的观赏植物。随着枸杞的深加工及其产业链的延伸,枸杞产业发展前景十分广阔。

18.2　作物与气象

18.2.1　气候生态适应性

18.2.1.1　生态特点与气候环境

枸杞喜冷凉气候,耐寒力很强。当气温稳定通过7℃左右时,种子即可萌发,幼苗可抵抗－3℃低温。春季气温在6℃以上时,春芽开始萌动。枸杞在－25℃越冬无冻害。枸杞根系发达,抗旱能力强,在干旱荒漠地仍能生长。生产上为获高产,仍需保证水分供给,特别是花果期必须有充足的水分。光照充足,枸杞枝条生长健壮,花果多,果粒大,产量高,品质好。枸杞多生长在碱性土和沙质壤土,最适合在土层深厚、肥沃的壤土上栽培。

18.2.1.2　物候特征与气象指标

在宁夏枸杞主产区,枸杞主栽品种一般在上年12月—翌年3月中旬处于休眠期;3月下旬树液流动;4月上中旬老眼枝发芽、展叶,4月下旬—5月上旬进入新梢生长期;5月中旬七寸枝条现蕾,老眼枝处于开花期;5月下旬七寸枝条开花,老眼枝现幼果;6月上中旬—七寸枝条幼果期及老眼枝果实开始成熟;6月下旬—7月下旬夏果成熟盛期;8月上中旬秋梢生长期;8月下旬—9月上旬秋枝幼果期;9月中下旬幼果开始成熟;10月上中旬秋果成熟盛期到末期;10月下旬—11月中旬落叶期。其间采收可持续到11月上旬。需要注意的是,由于枸杞是无限花序,边开花边结果,因此自夏果开花始期起,除了中间经历较短的夏眠期外,多数时期枸杞花、幼果和熟果期重叠,果实不断成熟,需要分多批次采摘、晾晒。

18.2.1.3　产量与气象

枸杞全生育期最优≥10℃积温为3 450℃·d。在3 200～3 600℃·d范围内,枸杞一般能获得正常产量,热量不是枸杞生长的限制因子;在3 200℃·d以下时,热量不足会引起枸杞减产;灌溉条件下,如果枸杞全生育期降水量在100～170 mm以内,产量不受降水量的影响;降水量小于100 mm,对枸杞产量有不利影响;当降水量达到240～300 mm或以上,特别是夏果采摘期间,虽然生理上提高了产量,但因果实裂口黑果病严重,丰产不丰收;枸杞全生育期最适日照时数为1 640 h,在1 500～1 800 h内,日照不是限制枸杞产量的因素,低于1 500 h时,全生育期日数短、积温少,使枸杞减产;高于1 800 h时,与高温相伴,加速了夏果发育,延长了夏眠期,产量会有所下降。

18.2.2　气候变化及其对枸杞生产的影响

枸杞是喜光喜温凉耐旱作物。宁夏枸杞从萌芽至枯黄全生长期150～160 d,≥10℃积温2 900～3 100℃·d。从20世纪60年代中期以来,年平均气温呈持续上升趋势,1986年之后增温速率加快,增温幅度高于全国平均值;年降水量20世纪60年代较多,在以后的30

年持续下降,进入 21 世纪后降水量又开始增多。气候变暖使适宜种植区域扩大。甘肃银川以北贺兰山前阳坡地带及银川灌区、卫宁灌区东部热量条件好,气象条件有利于枸杞产量形成,夏秋果产量均较高,是最适宜和适宜种植区,有灌溉条件的地区应扩大种植面积;盐池大部、同心中东部、固原北部及彭阳东部是次适宜种植区,可适当种植枸杞,以优化农业产业结构,增加农民收入;中卫南部的香山山区、固原南部、海原、西吉和隆德、泾源阴湿区及彭阳中西部光热条件较差,因夏秋多雨而发生黑果病,产量和品质年际间不稳定,不宜种植枸杞。

18.2.3　气候生态适生种植区域

宁夏枸杞区划:

适宜种植区:包括银川市、石嘴山市、吴忠市、中宁县及中卫东部老灌区。该地区热量资源丰富,气温稳定通过 10℃ 期间积温一般在 3 300～3 600℃·d,期间的持续日数一般 ≥170 d。降雨日数少,有黄河灌溉,枸杞产量高,品质优,是枸杞生长最优区。

次适宜种植区:包括青铜峡西部、中卫西部和南部黄河南岸地区、灵武东部、吴忠南部山地、中宁南部山地及清水河下游地区。该地区热量资源丰富,气温稳定通过 10℃ 积温一般在 3 000～3 300℃·d,期间的持续日数一般 160 d 以上,气象条件与最优区类似,但 6 月下旬容易遭受干热风,夏果期降水量也比最优区大,产量、品质与最优区类似。

可种植区:包括海原北部、同心至固原黑城段清水河流域及周边地区、彭阳红河、茹河谷地。该地区气温稳定通过 10℃ 积温一般在 2 800～3 200℃·d,期间的持续日数一般 150～160 d,积温不足,枸杞秋果热量欠缺,秋果产量低而不稳,枸杞幼果期出现干热风的机会较少,但采果期容易遇到较大的降水,影响品质。

18.3　栽培管理技术

18.3.1　繁殖方法

18.3.1.1　种子繁殖

将成熟枸杞果实采集阴干后存放在冷冻的环境中,至翌年 3 月下旬—4 月中旬去皮选出种子,用 40℃ 温水浸泡 24 h,条播或穴播于土壤中,种子掺些细沙混匀,均匀播入沟内,深度为 1～3 cm。种子繁殖为开放采收,会有自然杂交变异,因此,要进行必要的隔离。

18.3.1.2　育苗移植

枸杞四季均可育苗,但以春秋两季为佳。育苗选植粗壮、根系发达的苗木,先在苗圃培育 1 a 后,按照株行距 2.0 m×2.5 m,挖 30 cm×30 cm×30 cm 的坑,施入少量农家肥后把苗栽入坑中。

18.3.1.3　扦插压条

扦插分为硬枝扦插和嫩枝扦插。枸杞硬枝扦插在 3—4 月,选用粗 0.4～0.6 cm、长 12～

15 cm 的枝条,用浓度为 15 mg/kg 的萘乙酸浸泡 24 h 后,插土踩实。嫩枝扦插在 5—6 月,选用粗 0.2 cm、长 12~15 cm 的枝条,用枸杞生根剂 1 号加水稀释成 2 500 倍液,速蘸插条下端后扦插。扦插按株行距 20 cm×15 cm,将插条斜插入整好畦中的 2/3,期间要经常保持土壤滋润。

18.3.2　定植

枸杞分散种植时多采用 2.0 m×2.0 m,人工田间作业多采用 1.5 m×2.0 m,大面积机械化作业定植时,按株行距 1.0 m×3.0 m 定点挖穴,定植穴规格为 40 cm×40 cm×40 cm,每坑内施入腐熟的畜肥 5 kg 和 100 g 氮磷复合肥。定植前应对苗木进行一次修剪,在栽植前要将苗木浸泡 12~24 h,浸泡时用清水或一定浓度的生根粉均可。

18.3.3　土壤及水肥管理

18.3.3.1　土壤管理

当年定植的枸杞树冠小,行间空地大,其间可种植棉花、蔬菜、瓜类等低矮经济作物,但间种作物必须距枸杞树留出 0.8~1 m 的空地,给枸杞以后的生长留出足够的生长空间。深翻可以疏松土壤,使深层土壤透气良好,早春 3 月下旬为提高土温、减少水分蒸发和土壤返盐,对土壤进行浅翻,翻晒深度为 8~13 cm。初夏为除草、改善通气条件,翻晒深度为 15~18 cm,初秋深翻秋园,翻晒深度为 20~23 cm。在 5 月、6 月、7 月、8 月灌水后各进行一次中耕除草。另外据研究表明,在枸杞生长期进行薄膜覆盖、秸秆覆盖、地膜覆盖的保墒节水方式也可以明显提高枸杞的产量。

18.3.3.2　灌水管理

枸杞既喜水,又怕水。定植后,每年 5 月、6 月、7 月新枝生长期和开花结果期各灌水 1次、8 月采果后灌水 1 次,夏果采摘结束后随即灌水,准备秋耕。9 月上旬灌"白露水"促进秋梢生长。10—11 月结合施肥再灌水 1 次,全年灌水 7 次。灌水采取"头水早,二水赶,三水缓一缓,四水五水看叶片,浇水勤而小"的方式。

18.3.3.3　施肥管理

枸杞喜肥,依据枸杞年度生育期内的营养生长需肥规律,以 10 月—翌年 3 月施农家肥和油渣为主,农家肥即沤肥、沼气肥、作物秸秆肥等,农家肥在使用时一定要经过腐熟,施肥时沿树冠外缘开施肥沟,沟深 20~30 cm,以诱导主根向土壤深处延伸。4—5 月上旬的苗期施肥 3 次。7 月中旬若花多,可施氮肥、钾肥。

18.3.4　整形修剪

18.3.4.1　树形的选择

树形多选"三层楼"形和圆锥树形,"三层楼"形在 1~3 年内形成第 1 层,第 2~4 年内形成第 2 层,第 3～5 年形成第 3 层。圆锥形在中心干上留徒长枝 2～3 个,长约 15～20 cm,待稳固后再在中心干上留 15～20 cm 的徒长枝,以此多次选留,分成 2～3 层。树形要根据合理的栽植密度修剪出适合的冠幅。

18.3.4.2 修剪

修剪通常在定植后的第 4 年完成,要有明显的中央领导干,保持株丛拥有 15～20 个骨干枝,夏季修剪在 6—7 月枸杞长势最旺的季节进行,对植株上部空缺处的徒长枝于 30 cm 处短截,一般每周要进行 1 次抹芽或修剪。春、秋季修剪的主要方法是疏枝、处理徒长枝、更新复壮结果枝组、更新培养结果枝,修剪期间要保持良好的光照通风条件。

18.3.5 病虫害防治

18.3.5.1 病害防治

枸杞病害主要有炭疽病和白粉病。炭疽病主要危害果实和叶片,使病果变黑,使叶片产生小黑点或破裂穿孔。高温多湿时发病严重,发病初期可用 50% 的多菌灵灌根,同时用三锉酮 100 倍溶液涂抹病斑;枸杞白粉病叶片正面和背面形成白粉,常造成叶片卷缩、干枯和早期脱落。多发病于 6—8 月多雨的月份。发病时可用 50% 退菌特 600～800 倍液,每 10 d 喷 1 次,连续喷 2～3 次。

18.3.5.2 虫害防治

枸杞主要虫害有负泥虫和木虱。枸杞负泥虫,又名肉旦虫,幼虫和成虫均危害叶片,造成其千疮百孔,严重时仅留叶脉。4 月中旬,5—9 月负泥虫危害时,可用 50% 敌敌畏乳剂 1 000 倍稀释液每 7～10 d 喷 1 次。枸杞木虱又名黄疸,形似缩小的蝉,5—6 月为若虫大量发生时期,虫体布满叶片,叶片发黄,幼虫比成虫的危害更严重。发病时用灭菊酯 1 600 倍液,每 10 d 喷 1 次,连续喷 2～3 次。虫害还有蚜虫、枸杞实蝇、枸杞驻果蛾等,可在萌芽前地面撒 5% 西维因拌制的毒土,杀灭越冬虫,发现有虫果,及时摘除,虫害发生时,可选用吡虫啉、阿维菌素等。

18.3.6 采收加工

枸杞以果实入药,采果期在 6 月中旬—8 月上旬,当果实变红、果蒂较松时即可采收。采收方法是"三轻、二净、三不采",采收时要轻采轻放,采收后,先将果实放到凉棚下晾晒,果皮有皱褶时,再曝晒至外皮干硬而果实柔软即可,晒时不要翻动,以防黑果。采下的鲜果及时摊平,厚度不超过 1 cm,经日晒或烘烤成干果。日晒时注意鲜果在采下后 2 d 内不宜在中午强阳光下暴晒,不能用手翻动。干果的标准是含水量 10%～12%,果皮不软不脆。

18.4 提高气候生态资源利用率的途径

18.4.1 充分利用优势气候生态种植带,建立稳定生产加工销售基地

在适宜种植区内建立主栽品种基地,采用标准化生产技术,不断扩大无公害、绿色、有机枸杞的生产规模,提升宁夏枸杞质量。

18.4.2 提高栽培管理技术水平

重点抓好新品种栽植、病虫害统防统治、科学修剪、测土配方施肥、节水灌溉等降本增效技术的培训和推广,大面积提高枸杞生产的科技含量,提升产品质量和效益。

18.4.3 科学栽培,确保质量

枸杞全生育期最优≥10℃积温为 3 450℃ · d。灌溉条件下,如果枸杞全生育期降水量在 100～170 mm 以内,枸杞全生育期最适日照时数为 1 640 h。根据气象条件扩大种植基地。

18.4.4 加强深度系列开发,提高资源利用途径

引进先进的科研成果和成熟的成套技术,开发保健类新产品,扩大外贸出口渠道,增加经济效益。

第4篇

气候变化对旱区名特优作物水分利用效率的影响与适应技术对策

第19章 我国水资源与旱区气候变化的基本特征

水是生命之源、生产之要、生态之基,是现代农业生产不可或缺的条件,是经济社会发展不可替代的基础,是生态环境改善不可分割的保障。但随着我国人口的增加、经济的快速发展,有限的水资源越来越成为制约经济社会发展的关键因素。同时,我国水资源利用效率不高,工业、农业和生活用水利用效率远低于世界先进水平。我国工业、农业生产正受到水资源不足、耕地减少、生态环境日益恶化的严重威胁。

19.1 我国水资源现状与利用

19.1.1 我国水资源现状

19.1.1.1 干旱缺水,人均总量少

虽然72%的地球表面被水覆盖,总量达到13.86×10^{17} m³,但是淡水量却仅仅为0.35×10^{17} m³,占到所有水资源的2.5%,而实际能够被人们直接利用的,与人类生活息息相关的淡水资源仅为0.047×10^{17} m³,占到地球水资源总量的0.34%。我国人口占世界总量的22%,然而可利用的淡水资源仅仅为世界总量的8%,人均占有量仅为2 500 m³,约为世界人均可利用水量的1/4,是全世界范围内13个贫水国之一。事实上,在我国的淡水资源中并不是所有的都能够得到有效的开发与利用,如洪水径流和分布在人类活动较少的区域内的地下水资源,我国能够被利用的水资源仅为11 000 亿 m³ 左右。我国部分地区仍处在用水十分困难的情况下,需要"靠天吃水"。到20世纪末,在全国600多座城市中存在供水不足的城市已经达到了400多个,其中存在严重缺水问题的城市达到了110个。可见,我国水资源总量令人担忧,我国的干旱缺水现象十分严重。而随着我国经济水平的快速发展,水资源的供给将会面临更大压力。由此可见,水资源对我国来说十分珍贵。

19.1.1.2 水资源时间分配不均

我国降水在时间上分布不均衡,包括年际和年内不均衡。首先,我国降水年内分布不均衡是由于我国地域辽阔,西北地区深居欧亚大陆的腹地,东南部濒临太平洋,西南地区为青

藏高原,这使得我国的气候具有强烈的季风性特征。受季风气候的影响,我国大部分地区6—9月降水量占全年降水量的60%~80%这导致了我国降水量中的2/3左右是洪水径流量,没有办法得到充分利用。其次,我国降水年际分布不均衡。我国南方地区最大年降水量能达到最小年降水量的2~4倍,而北方地区最大年降水量则能达到最小年降水量的3~8倍,并且我国连续丰水年或者连续枯水年的状况时有发生。降水量和径流量年际变化剧烈、年内高度集中,造成我国水害频发、农业生产不稳定,同时加剧了我国水资源的供需矛盾,使得我国水资源开发利用任务更加复杂和艰巨。

19.1.1.3 水资源空间分布不平衡

我国水资源南北分布不均衡。受气候和地形影响,我国降水的区域分布极不均衡,降水量呈现从东南沿海向西北内陆逐渐递减的规律。东南沿海地区多年平均降水量可达2 000 mm,而西北地区的塔里木盆地和柴达木盆地的多年平均降水量则不足25 mm,降水量相差79倍。降水的不均衡导致了我国水资源空间分布的不平衡。长江以南地区仅占全国面积的33%,却拥有全国80%的水量;而面积广大的北方地区只拥有不足全国20%的水资源量,其中西北内陆的水资源量仅占全国的4.6%。我国北方地区人均水资源拥有量只有每年792 m³,不到南方地区的1/4,约为世界平均水平的9%,低于通常界定为"水稀缺"的阈值水平1 000 m³。此外,受自身自然环境的约束以及高强度的人类活动的影响,北方的水资源在不断地减少,而南方水资源却在逐年增加,这个趋势在最近20年来尤其明显。这就更加重了我国北方水资源的短缺和南北水资源的不平衡。

19.1.1.4 全球变暖和人类活动加剧了我国水资源的脆弱性

我国人多水少,水资源时空分布不均,目前经济社会发展布局与水资源配置格局还不协调,应对气候变化能力相对较弱。一方面,全球变暖可能会加剧我国年降水量及年径流量"南增北减"的不利趋势,在气候变暖的背景下,区域水循环时空变异问题突出,导致北方地区水资源可利用量不断减少、耗水量和极端水文事件增加,进一步加剧水资源的脆弱性;影响我国水资源配置以及重大调水工程与防洪工程的效益,危及水资源安全保障。另一方面,经济和人口增长、河流开发等人类活动进一步加剧,不仅增加了需水量,也加剧了水资源污染,显著改变了流域下垫面条件,对水资源的形成和水循环多有不利影响。未来我国水资源发展态势确实不容乐观,水资源脆弱性将进一步加大。

19.1.2 我国水资源利用

水资源利用是连接生态安全与农业安全的重要纽带,水资源利用效率问题是水资源利用相关领域的重点问题。水资源利用效率是指单位产值或单位产品的用水量(如单位GDP用水量),它是反映水资源开发利用水平的重要指标,也是反映一个地区水资源开发利用潜力的指标。我国是水资源十分紧缺的国家之一,水资源矛盾突出。按照科学发展观的要求,要实现水资源的可持续利用,关键是全面推进节水型社会的建设,大力提高水资源的利用效率和效益。面对可用水量逐年降低而人口逐渐增加的趋势,只有反思人类水资源开发利用的行为,对水资源进行优化配置,提高水资源利用效率,才能实现水资源的可持续利用,保障经济社会的可持续发展。

自 20 世纪 80 年代以来,我国的水资源利用效率有了显著的提高,但是与其他国家相比,水资源的有效利用率和节水技术水平仍然较低,仍然与发达国家和节水技术水平高的国家存在较大差距,但同时也预示着我国在节水方面存在的较大潜力。

以生产单位国内生产总值(GDP)所用水量作为反映综合用水效率的指标,贾金生等(2012)采用 2009 年各国经济数据,对主要国家用水效率指标进行了计算(表 19.1)。2009年,万美元 GDP 用水量世界平均水平约为 711 m³,而中国为 1 197 m³,是世界平均水平的1.7 倍,明显高于巴西、俄罗斯等国,是美国的 3 倍,日本的 7.3 倍,以色列的 12 倍,德国的12.3 倍。

表 19.1 我国与主要国家用水效率比较

国家	万美元 GDP 用水量(m³)	万美元工业增加值用水量(m³)	灌溉水利用率
瑞士	52	121	—
德国	97	344	—
以色列	100	23	87%
法国	119	487	73%
日本	165	88	—
西班牙	222	199	72%
澳大利亚	244	89	80%
加拿大	344	743	30%
巴西	364	291	28%
美国	403	1 177	54%
南非	479	118	31%
俄罗斯	537	1 120	78%
土耳其	652	307	51%
墨西哥	912	253	31%
阿根廷	1 098	487	20%
中国	1 197	603	46%
世界平均	711	569	—

在我国,由于地区产业结构、经济发展水平、水资源禀赋等诸多变量的不同,水资源利用效率表现出明显的区域差异(图 19.1)。东部尤其是沿海地区的用水效率总体上处于领先水平。2000—2011 年,平均水资源效率在 0.85~0.90;其次是中部,平均水资源效率在0.75~0.80;除西藏外,西部地区特别是西北干旱半干旱区的用水效率普遍处于较低水平,平均水资源效率在 0.65~0.70。

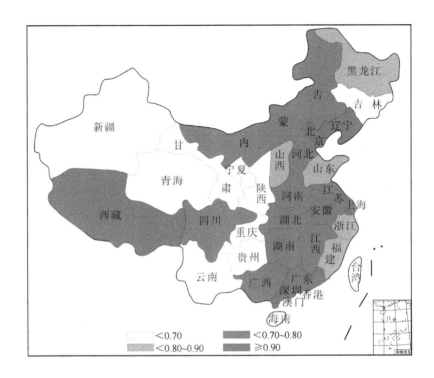

图 19.1　2000—2011 年我国平均水资源利用效率的区域差异

（港澳台地区缺乏相关数据，因此该图未予结果显示）

19.1.2.1　农业水资源利用效率

我国是一个农业大国，农业的发展在我国经济发展中具有不可替代的重要作用。作为一种具有基础性质的自然资源，农业水资源在农业生产中具有不可忽视的重要作用，农业水资源的供给能力和利用水平是制约农业发展的重要因素。在农业生产中，农业水资源具有战略性的地位，其不仅是农业发展的重要命脉，也是促进社会经济发展的重要支撑。对农业水资源进行合理利用，有利于促进农业的可持续发展，对于维持生态环境的平衡也具有重要意义。我国的农业水资源一直处于短缺、匮乏的状况，而且我国尚未形成一套完善的农业水资源管理体系，对我国农业水资源的可持续利用也有影响。在我国西北以及一些干旱地区，由于降水较少，农业用水得不到保障，农业水资源不足已经成为限制当地农业发展的首要因素。在一些降水充足的地区，农业水资源也存在一定的问题，具体表现为部分地区由于降水过于集中，导致旱季农业用水不足；有的地区则是由于城市发展造成水资源的污染，农业用水受到限制；有的地区虽然降水较多，但是由于地势过低、水质含盐量过高，如果继续使用含盐量较高的水进行农业灌溉，很有可能导致土壤盐碱化，使水资源的利用受到限制。

从农业水资源利用效率来看，由于我国传统种植业比重高，灌溉面积比例大，农业灌溉成为用水"大户"，造成我国农业用水总量比较大，在我国所有的省（区、市）中，有 28 个农业用水占据高位，24 个占比在 50% 以上，9 个超过 70%。2012 年，农业用水占比最高的 5 个省（区）依次是新疆、西藏、宁夏、黑龙江、青海。近 10 多年来，尽管我国农业用水所占比重总体呈下降趋势,但一直稳定在 60% 以上。同时,灌溉方式落后、缺乏高效节水的农业生产体系等都使得我国的农业用水效率明显低于发达国家和节水技术先进的中等发达国家。目前,我国农业灌溉水有效利用系数只有 0.5 左右,远低于先进国家的 0.7 甚至 0.8 以上的有效利用率。农业灌溉中有大约 50% 的水在运输和灌溉过程中被损耗,我国大部分灌区的灌溉定额高出作物实际生态需水量的 2~5 倍,形成很大资源浪费,与以色列、德国、南非等国家存在明显差距。但这些差距也预示着我国在农业节水方面蕴含着较大潜力,农业水资源利用效率有较大的提升空间。

刘渝等(2012)通过对 1999—2006 年我国部分省(区、市)农业水资源利用效率的统计计算表明(图 19.2),29 个省(区、市)中,海南和四川两省相对其他地区是最有效率的;山西、安徽、江西、湖北和湖南等地区是我国的农业主产区和粮仓,这些地区的农业用水效率水平偏低,提高农业用水效率将大幅降低农业水资源的使用量;西北干旱半干旱地区的农业水资源效率在全国范围内是最低的。如果沿用常用的东中西区域分类标准,由东至西农业水资源的效率水平呈现出明显的地区级差(图 19.3),提高西部特别是西北干旱半干旱地区的农业用水效率水平是目前我国农业水资源管理中的关键问题。

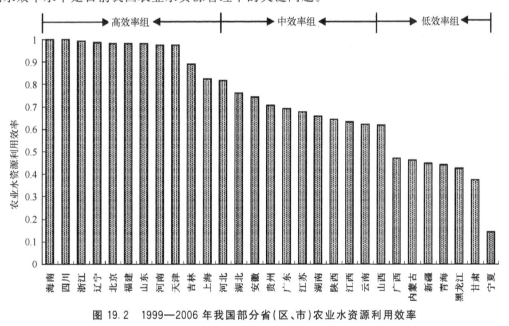

图 19.2 1999—2006 年我国部分省(区、市)农业水资源利用效率

19.1.2.2 工业水资源利用效率

近年来,我国工业节水工作取得了一定的成绩,工业用水效率持续提高,万元工业增加值用水量从 2000 年的 284.5 m³ 下降到 2012 年的 71.3 m³,降幅达 75%。但与一些工业比较先进的国家相比,我国工业用水效率总体水平还是比较低。日本为 18 m³,美国为 15 m³,差距可见一斑。

我国的工业水资源利用效率呈现出较为显著的区域差异(图 19.4)。在 31 个省(区、市)中,上海、重庆工业用水占"大头",占比分别为 62.9%、47.6%,全国水平为 23.2%。工

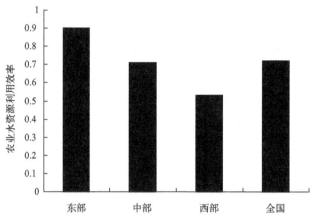

图 19.3　1999—2006 年我国东中西部农业水资源利用效率

业用水占比 12 个省(区、市)高于全国水平,19 个低于全国平均水平。从各地工业用水情况来看,2012 年万元工业增加值用水量最高的是西藏,为 17 812 m³,最低的是天津,为 125 m³,两者相差 142 倍。与农业用水不同,一个地区工业用水受环境、气候等因素影响较小,单位工业增加值用水量的差异主要体现在用水效率上。与天津、山东、北京等省(市)单位工业增加值用水量较少相比,我国有些地区在工业用水方面较为粗放,利用率低,亟待改变,而这些地区除了上海与吉林外,其他 6 个省(区)皆位于我国西部(表 19.2)。

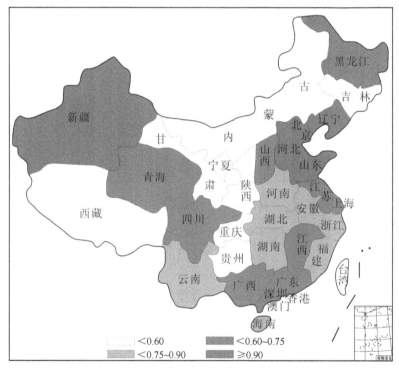

图 19.4　2000—2012 年我国工业水资源利用效率的区域差异

(港澳台地区缺乏相关数据,因此该图未予结果显示)

表 19.2　31个省(区、市)水资源利用效率评估指标值

地区	工业用水比例(%)	万元工业增加值用水量(m³)	地区	工业用水比例(%)	万元工业增加值用水量(m³)	地区	工业用水比例(%)	万元工业增加值用水量(m³)
北京	20	219	安徽	32	1 154	四川	26	832
天津	20	125	福建	34	651	贵州	28	1 392
河北	13	423	江西	25	1 467	云南	12	1 312
山西	26	294	山东	11	249	西藏	2	17 812
内蒙古	8	1 257	河南	21	433	陕西	16	539
辽宁	16	393	湖北	33	1 201	甘肃	12	1 757
吉林	18	737	湖南	24	1 215	青海	20	1 540
黑龙江	20	956	广东	29	485	宁夏	4	3 355
上海	69	278	广西	15	2 412	新疆	2	5 435
江苏	39	569	海南	7	3 406	—		
浙江	28	320	重庆	46	672	—		

19.1.2.3　生活用水水平

生活用水量受气候条件、水资源条件、经济发展水平等诸多因素的影响。跟国外相比，我国的人均生活用水量情况明显低于发达国家和中等发达国家水平，即使水资源贫乏的以色列、南非等国家的人均生活用水量也高于我国。

近 10 年来，我国生活用水量仅占全国用水总量的 10% 左右，看似不是节水"大头"。但从 2012 年各地生活用水占比情况看，有 6 个省份超过了 20%，分别是北京、天津、上海、重庆 4 个直辖市和广东、浙江 2 个省。其中，北京市生活用水占比最高，达到 44.6%。2012 年，全国有 5 个省份生活用水占比甚至比工业用水还要高，基本上是一些服务业相对发达、城镇化率较高的省份。可以预见，随着我国第三产业快速发展和城镇化水平不断推进，生活用水将在用水总量中占有越来越大的比例，成为提高用水效率不容忽视的重要部分。而且，通常生活用水对水质的要求远高于农业和工业用水，供应成本也就相应更高。

19.1.3　水资源利用面临的问题

19.1.3.1　水资源浪费现象严重，节水意识有待继续加强

我国水资源供需关系已经出现了明显的矛盾，在水资源紧缺的同时，用水效率不高、用水浪费等问题仍然十分突出。随着社会经济的发展以及城市化建设进程的不断推进，我国的用水量将会超过水资源的承载能力，所以节水意识的普及以及节水型社会的建立刻不容缓。事实上，人们的节水意识确实有待加强，而水资源的浪费现象仍旧十分严重，主要表现为在农业方面，尤其是在农业较为发达的北方许多地区仍旧以漫灌的方式为主，我国农村普遍的水资源利用率只有 40% 左右。工业方面用水重复率仍然具有很大的提升空间，人们在

日常生活中对水资源的节约缺乏切实的行为。

19.1.3.2　水资源污染严重,尚未得到合理和有效控制

工业生产对水资源的利用量少于农业,但是工业生产在对水资源的污染中处于主体的地位。从 20 世纪 70 年代开始,我国进入了工业化和城镇化发展阶段,造成工业废水和生活污水排放总量急剧增加,许多污水直接被排进河流,工业污水的排放不仅使水资源中的各项化学指标严重超标,还对水生物的生存造成了很大的威胁,同时使水资源富营养化,从而导致蓝藻现象的发生。此外,农业用水过程中大量化肥、农药的使用也会对水资源造成污染,影响区域内的水质。水污染问题在我国各个地区以不同程度存在着,对可利用水资源造成了很大程度上的浪费。虽然我国在水资源污染治理和水资源保护等方面花费很大力度,取得了一定成绩,但水污染形势依然严峻。

19.1.3.3　部分地区水资源开发过度,生态环境问题日益严重

我国部分地区已经出现水资源供需严重失衡的情况,而在人们生活用水以及农业和工业快速发展的情况下,对水资源的过度开发也成了当前普遍存在的现象之一。对水资源的恶性开采会导致地下水漏斗的形成,从而会引发地面沉降等地质灾害,在我国的西北、华北等地,水资源开发过量表现得特别明显,而对水资源过量的开发不仅不符合可持续发展的原则,同时还会对居民的人身安全埋下诸多隐患。此外对水资源的过度开发,也造成我国不同区域出现众多不同的水生态问题。例如河流出现断流,生态环境用水被严重挤占;湖泊面积不断萎缩,湿地面积大量减少等情况。

19.1.4　高效利用水资源是旱区农业可持续发展的重要基础

我国 21 世纪的农业发展,一方面面临着人民生活水平的不断提高,人口进入高峰期和社会经济持续发展对农业的需求量不断增加的巨大压力,另一方面又面临着人多地少,后备耕地资源十分有限,现有耕地面积由于非农占用而不断减少等问题。因此,今后要增加农产品的产量,主要依靠提高单位面积产量来实现,然而在我国现有季风条件下,无论在北方还是南方,在没有灌溉保证的情况下,要实现高产稳产不太可能。全国情况如此,北方旱区水资源欠缺与农业生产发展的矛盾更为突出。因此,我国旱区农业可持续发展的主要途径之一就是要提高有限水资源的利用效率,而大幅度增加旱区农业供水量是十分困难的,若按现在用水的需求状况进行外延,在 21 世纪我国北方旱区农业发展所面临的供水危机,将比任何时期都要严峻得多。由此可见,水资源的高效利用是关系到我国北方旱区农业可持续发展的重要基础。

19.2　旱区气候变化及其对水资源的影响

近百年来,全球气候变暖随着人类活动的加剧越来越严重。联合国政府间气候变化专

门委员会(IPCC)第五次气候变化评估报告指出,过去半个多世纪以来,全球几乎所有地区都经历了升温过程,变暖最快的区域为北半球中纬度地区。报告指出,全球气候变化是由自然影响因素和人为影响因素共同作用形成的,人类活动极有可能是20世纪中期以来全球气候变暖的主要原因,可能性在95%以上。全球气候变暖对自然生态和人类生存产生了显著的影响,并将对未来自然生态和经济社会的发展带来长期的影响。

地处北半球中纬度地带的中国西北干旱半干旱区是一个不同于世界上干旱区的独特地带,在全球环境系统中占有极为重要的地位,其气候、生态和环境问题一直是国内外科学家和政府关注的科学热点。西北干旱半干旱区不但是全球气候变化响应最敏感的地带,也是生态环境变化最脆弱的地区,生态环境的变化对局地气候和全球气候也会产生重大影响。

在全球变暖的大背景下,我国西北干旱半干旱水资源的脆弱性进一步加剧,气候变化引起的水资源量及其时空分布的改变,将会使旱区水资源与生产力分布空间不匹配的特性进一步突出,加之人口压力的增加和不合理的水土资源开发活动的不断扩大,旱区水资源的供需矛盾也将更加尖锐,粮食安全压力和农业生产的不稳定性进一步增加。

19.2.1 旱区气候变化的基本特征

19.2.1.1 温度

利用地面气象观测资料分析表明,近50a来,除青海南部高原和陕西南部的升温趋势较弱外,西北地区气温基本上都呈现显著地增加趋势,1961—2008年西北地区的区域年平均气温每10a升高0.33℃,与全国其他地区相比,该地区年均或季节增温幅度都显著高于0.22℃/10a的全国平均水平(图19.5),与全球变暖的大背景一致。

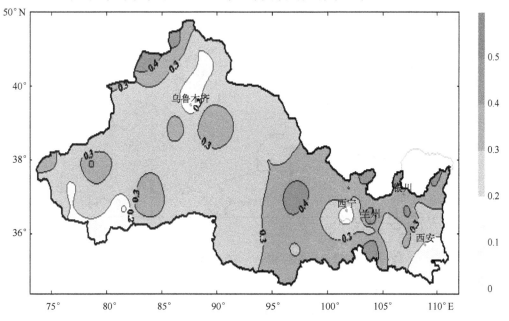

图19.5 我国西北地区1961—2008年气温变化率(℃/10a)

西北地区的气温变化具有明显的季节特征。冬季,西北地区自西向东,从塔里木盆地西侧一直到河套地区,在 35°～40°N 的带状区域内是增温趋势最强的区域,增温率可达到 0.6 ℃/10a 以上。春季,显著升温的区域位于新疆东北部和塔里木盆地南部、内蒙古西部、宁夏以及陕西北部和中部,而新疆西部和青海高原增温则不显著。夏季与春季气温变化的一个明显差异在于陕西北部和中部的升温区不显著,而且陕西南部夏季气温还呈现出较为显著的下降趋势;塔里木盆地西部在夏季也存在弱的降温趋势。秋季的气温变化与冬季较为相似,仍然是从塔里木盆地西侧到河套地区,在 35°～40°N 的带状区域内是增温趋势最强的区域,增温率达到 0.3℃/10a 以上。由此可以看出,冬季是所有季节里增温幅度最大的季节。

19.2.1.2 降水

西北地区降水量变化的空间差异性十分突出,以兰州－银川－临河段黄河为界,黄河以西的降水量呈增加趋势,以东呈减少趋势。其中,年降水量增加较显著的地区有新疆塔里木盆地南部、阿尔泰山和天山新疆北部、祁连山区和柴达木盆地和甘肃河西走廊的中东部,其中天山山区为西北地区年降水量增加最多的地方;甘肃河东地区、青海东部、陕西、宁夏等地区明显减少,其中甘肃河东及宁夏部分地区和陕西中东部西北地区是年降水量减少最多的地方(图 19.6)。西北地区降水日数也发生了明显的变化,夏、秋季 10 mm 以下降水日数明显减少,25 mm 以上降水日数尤其是暴雨日数明显增加,表明强降水出现的概率增大。

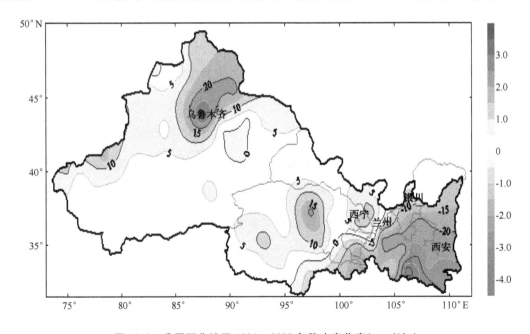

图 19.6　我国西北地区 1961—2008 年降水变化率(mm/10a)

从西北地区降水的季节平均分布来看。春、夏、秋季分别占到年降水量的 25%、40% 和 30%,而冬季只占 5%。由此可见,春、夏、秋季降水量的变化对西北地区降水量变化影响显著。西北地区的降水量主要受夏季降水量影响,春季和秋季的贡献率次之,冬季最小。

从季节变化特征来看,西北地区冬季降水增加较为显著,由于西北地区冬季降水较少,仅占年降水量的 5%,其变化对年降水变化影响并不显著。春季降水增加主要集中在新疆中东部、青海中西部和甘肃西部,降水减少主要集中在陕西、宁夏和甘肃河东等地,其中陕西为春季减少最多的区域。夏季降水变化与年降水变化趋势一致,其增加和减少的区域与年降水变化的区域基本一致。秋季降水增加的区域主要在新疆东部、青海中西部和甘肃河西地区,减少集中最显著的区域在甘肃东北部和宁夏南部。

19.2.1.3 辐射和风速

受海拔高度、纬度和大气透明度等不同因素影响,地面太阳辐射强度存在明显的地域差异,太阳辐射量的分布极不均匀。近 50 年来,我国西北大部分地方总辐射显著减少(图 19.7),平均以 92.07 MJ/(m² · 10a)的速率在递减,其中,新疆北部和西北地区东部的减少率最大,绝对值都在 100 MJ/(m² · 10a)以上,减少中心在吐鲁番和西宁,分别为 196.97 MJ/(m² · 10a)和 243.18MJ/(m² · 10a);仅仅在甘肃民勤站总辐射以 99.15 MJ/(m² · 10a)的速率较显著地增多,而新疆东南部若羌的总辐射以 25.02 MJ/(m² · 10a)的速率不显著减少。在中国西北地区太阳总辐射减少的变化中,四季都在减少,秋、冬季太阳总辐射显著减少的范围较大,春、夏季显著减少的范围较小。而南疆—青海高原西部的太阳总辐射四季变化都不太明显,表现为秋、冬季不显著减少,春、夏季不显著增多。

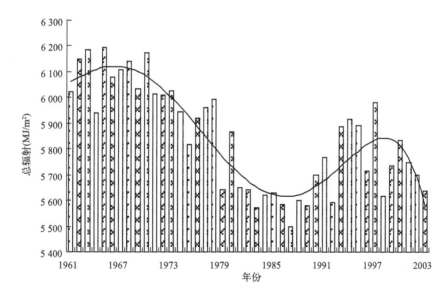

图 19.7　1961—2003 年我国西北地区年平均总辐射年际变化

西北地区的年平均风速整体呈显著减小的趋势,变化率为−0.12 m/(s · 10a)(图 19.8)。新疆的最西部和西北地区的南部平均风速变化较小,变化率低于−0.1 m/(s · 10a),其余大部分地区的平均风速减小趋势比较明显,减小率均在 0.1 m/(s · 10a)以上。其中新疆的西北部、青海的北部、内蒙古的西部风速减小趋势最显著,各有 1 个小值中心,分别位于新疆

的和布克赛尔站、青海的茫崖站、内蒙古的包头站,变化率分别为－0.37 m/(s·10a)、
－0.55 m/(s·10a)和－0.51 m/(s·10a)。西北地区的年平均风速具有明显的阶段性变化
特征,可分为偏强期和偏弱期。1960—1983 年(1967 年除外)西北地区风速偏强,各年距平
值均为正值;其中 1969—1976 年平均风速明显偏强,距平值均在 0.30m/s 以上;1983—2009
年为偏弱期。

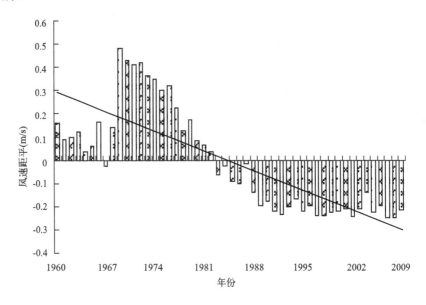

图 19.8 1960—2009 年我国西北地区风速距平时间序列

19.2.2 旱区气候变化对水资源的影响

19.2.2.1 冰川、积雪

(1)冰川

西北干旱区共有冰川 22 699 条,面积 28 330.57 km²,冰储量约为 2 847.09 km³,分别占
全国相应总数的 50.0%,48.2%和 53.6%。在各大水系中,塔里木河的冰川数量位居第一。
西北干旱区年平均冰川融水量达 202.26×10⁸ m³,大约为该区冰储量(以水当量表示)的
0.8%。西北干旱区冰川主要分布在新疆、甘肃和青海三个省(区),其中新疆发育冰川
18 816 条、面积为 25 089.8 km²,冰储量为 2 655.8 km³,分别占西北干旱区相应总数的
82.9%,88.6%和 93.3%。青海和甘肃的冰川数量规模虽小,但由于地处干旱的河西走廊和
柴达木盆地,冰川的水资源意义仍然很大。

冰川对气候变化十分敏感。20 世纪以来,随着气候变暖,全球多数山岳冰川出现退缩,
最近 30 年这一退缩又出现了加速的趋势。冰川的加速消融在中国也十分显著,尤其在西北
干旱区,表现为冰川消融强烈,融水径流剧增,面积缩小,末端后退,冰川平衡线升高。据推
算,西北地区冰川面积自"小冰期"以来减少了 24.7%。其中 20 世纪 60 年代以来,西北地区

冰川面积减少了 1 400 km²，尤其自 20 世纪 90 年代以来，西北地区冰川退缩趋势加剧，冰川的退缩数量和幅度都是 20 世纪以来最多和最大的时期，处在加速退缩和强烈消融的过程中。在过去的 50 年，天山冰川区大约有 22％的冰川体积渐渐消失，其中乌鲁木齐河源 1 号冰川面积已经退缩为 1.645 km²，2008 年比 1962 年的冰川面积减小了 0.305 km²，即 15.6％(图 19.9)，预测在未来 20～30 年中，新疆小于 2 km²的冰川产流量会急剧减少，50 年后，这些占天山冰川总条数 80％以上的小冰川，大多数会消融殆尽；长江源区格拉丹东冰川面积 1992 年以来减少了 16.5 km²，占总面积的 2％；祁连山冰川大幅缩减，其中位于祁连山中段的黑河流域，过去 50 年冰川面积缩小的比例达 29.6％，数量由 20 世纪 60 年代的 967 条减少到 2010 年左右的 800 条，位于祁连山东段的石羊河流域冰川面积缩小比例达 30％，冰川处于强烈消融和退缩状态。尤其河西走廊东段的石羊河流域，由于冰川水资源量锐减，河流水文过程将会变得更加复杂。

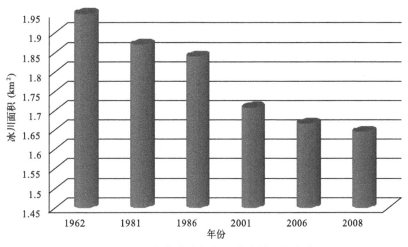

图 19.9　乌鲁木齐河源 1 号冰川面积变化

(2)积雪

积雪对气候环境变化十分敏感，特别是季节性积雪，在干旱区和寒冷区既是最活跃的环境影响因素，也是最敏感的环境变化响应因子。西北干旱区是地表水资源极其匮乏的地区，也是积雪资源较为丰富的地区。我国的三大稳定积雪区，其中 2/5 的面积就位于西北地区。

新疆的积雪资源更是得天独厚，占到全国积雪资源的 1/3。天山作为新疆干旱区的"湿岛"，冬季降雪丰沛，天山西部的降雪比东部更丰富。分析表明，近 50 年来，南北疆及天山山区的积雪深度均呈小幅增长趋势，其中天山山区的增幅最大，积雪日数呈略微降低的趋势，积雪初始、终止日期无明显的变化；新疆地区的积雪分布总体呈从西向东、由北向南减少的特点。

祁连山冰川是河西走廊富饶的源泉，它的冰雪消长已成为我国北方生态变化的晴雨表。然而，随着全球气温上升，生态环境恶化，祁连山积雪也受到影响正在渐渐缩减。利用 1997 年以来的 NOAA 和 MODIS 资料(缺 1998 年数据)，对整个祁连山区域积雪面积的监测发现，祁连山东段和中段积雪面积呈减少的趋势，西段则呈增加趋势(图 19.10)。其中，祁连山东段积雪面积 1999 年最大,面积约为 3 600 km²,1997 年是 1997—2006 年 9 年中面积最小的年份,仅为 391 km²;中段积雪面积也是 1999 年最大,约 5 000 km²,2000 年最小,仅 402 km²;西段积雪面积相比中东段明显偏大,最大面积出现在 2002 年,约 5 800 km²,最小面积出现在 2001 年,约 257 km²。平均而言,东段积雪面积占祁连山积雪总面积的 22%,中段占 35%,西段占 43%。利用 1988 年和 2005 年的 TM 影像资料,也证实祁连山东段石羊河流域积雪面积的减少非常明显。1988 年祁连山东段石羊河流域积雪面积 430.5 km²,到 2005 年,减少为 305.0 km²。与 1988 年相比,2005 年减少了 125.5 km²,约为 29% 左右。

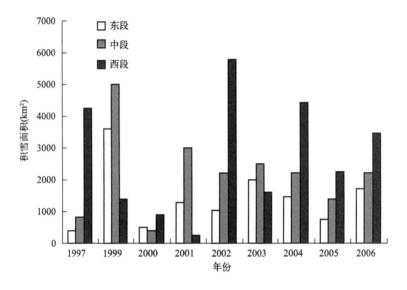

图 19.10 1997—2006 年祁连山区域积雪面积的变化(缺 1998 年数据)

19.2.2.2 径流

我国西北干旱半干旱区,水资源是社会经济发展的关键性制约因素,而水资源主要来源于周围山地,山区径流变化将直接影响社会经济活动,另一方面径流变化也是全球变化的一个重要部分。

气温升高使西北地区各种水体(如河道、湖泊、水库、沼泽)的蒸发量加大,农业灌溉用水、生态用水和生活用水的数量以及比例亦增大,各地区水资源总量基本上呈减少趋势。进入 20 世纪 90 年代以后,干旱趋于严重更加剧了西北地区水资源的短缺。受气候变化和人类活动的双重影响,许多内陆河河道断流,尾闾湖泊面积缩小,有的甚至干涸。近 50 年来,我国最大的内陆河塔里木河进入干流的水量不断减少。据统计,20 世纪 60 年代塔里木河三个源流(阿克苏河、叶尔羌河、和田河)山区来水量比多年平均值偏少 2.4×10⁸ m³,干流阿拉尔站年平均径流量为 51.8×10⁸ m³。而 20 世纪 90 年代三源流山区来水量比多年平均值偏多 10.8×10⁸ m³,但阿拉尔站年平均径流量却减少到了 42×10⁸ m³;干流下游恰拉站的年平均径流量从 20 世纪 60 年代的 12.4×10⁸ m³ 减少到 20 世纪 90 年代的 2.7×10⁸ m³(图 19.11)。1972 年以来塔里木河下游大西海子以下 363 km 的河道长期处于断流的状态。

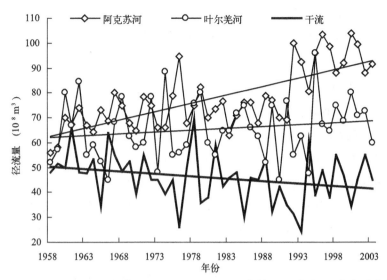

图 19.11　1958—2003 年塔里木河干流及源流(阿克苏河、叶尔羌河)年径流变化

　　黄河流域各水系 20 世纪 60 年代的径流量最大,此后径流量一直在减小。黄河玛曲段
20 世纪 80 年代平均年径流为 $168 \times 10^8 \text{ m}^3$,20 世纪 90 年代仅为 $127 \times 10^8 \text{ m}^3$,而 2002 年更
是达到历史最低点 $72 \times 10^8 \text{ m}^3$。黄河上游径流量从 1990—2004 年连续 15 年为偏枯期。
1997 年黄河下游出现了有记录以来最为严重的断流现象,山东利津站于 2 月 7 日开始断流,
截至 9 月 26 日共断流 9 次,达到 169 天。泾河 20 世纪 60 年代年平均径流量为 $11.7 \times$
10^8 m^3,90 年代为 $5.9 \times 10^8 \text{ m}^3$,比 60 年代减少了 49.6%。洮河径流量 20 世纪 90 年代比 60
年代减少了 14.7%,大夏河径流量减少了 31.6%。

　　40 多年来,甘肃省除黑河和疏勒河两大内陆河外大部分河流径流量呈减少的趋势(图
19.12),其中尤其以甘肃省东南部的嘉陵江水系、泾河水系和渭河水系减少最明显。由于 20

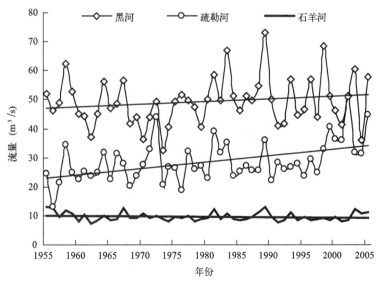

图 19.12　1995—2005 年黑河、疏勒河和石羊河年平均流量变化

世纪 90 年代干旱趋于严重,更是加剧了甘肃省水资源的短缺。宁夏回族自治区自从 20 世纪 90 年代以来几乎每年都出现不同程度的干旱,尤其是春末夏初的干旱,造成水资源紧缺。

19.2.2.3　地下水

地下水是人类生活、生产、生态用水的重要水源,它主要存储在地质形成的饱和带里的黏土、砂土、沙砾和岩石空隙、裂隙中。地下水通过来自降水、湖泊、河流等水源补给与大气陆地水循环相连。浅层地下水的补给参与水文循环,从而使得它成为可再生资源。它对于维持河流、湖泊、湿地以及水生群落具有重要的意义,是水循环过程中不可缺少的一部分。在全球水储量中,地下水是仅次于冰川的淡水资源,世界许多干旱区国家均以地下水作为农业灌溉和农村饮用水的主要来源,像非洲、哈萨克斯坦、中东、美国亚利桑那州、澳大利亚和以色列等地区和国家。

气候变化和人类活动对地下水的影响十分显著。气候变化会影响地下水的补给,而人类活动将这方面的影响进一步放大。

我国西北地区地处亚欧大陆腹地,远离海洋,地下水在水资源的开发利用中占有特殊的、不可替代的作用和地位。西北地区地下水补给来源主要是在山区获得大气降水和冰雪冰川融水。气候变暖引起该区地面和水面的蒸发量及蒸腾量的增加。对于高山冰川,气候变暖将导致冰川消融速度加快,使得地下水补给量增大。20 世纪 80 年代后期,新疆地区降水量增加了 20%～30%,河川径流普遍增加,湖泊水位明显升高,地下水位逐渐回升。这种趋势将可能一直持续到 21 世纪的前 20 年。三工河流域空气湿度上升,蒸发力减小,干旱指数下降,冲洪积平原区由于降水量增加,地下水水位呈上升趋势。但塔里木河下游地区年径流量减少,部分河流出现断流,地下水得不到补给,地下水位不断下降。阿克苏河流域绿洲在全球变暖背景下表现出由暖干向暖湿转变的态势,气温升高降水有所增加,但降水对地下水补给意义不大。祁连山补给源区,降水量变化是改变平原地下水补给源水量的主导因素;在河西走廊平原区,气温变化趋势同全球气候变暖的趋势一致,降水量稍有增加,但绝对幅度变化不大。蒸发量有上升的趋势,引起地下水补给条件弱化,平原区地下水位大幅度下降(图 19.13),说明我国干旱内陆区降雨对地下水的补给非常微弱。

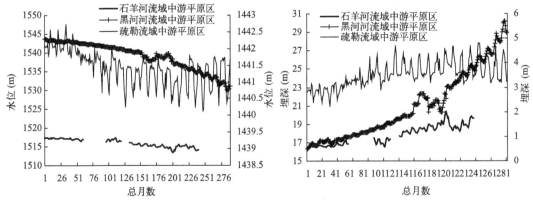

图 19.13　河西走廊内陆区地下水位及埋深变化

第 20 章　气候变化对我国旱区名特优作物水分利用效率的影响

我国旱区气候变化的主要特征是气候变暖、降水增减存在区域差异。但是，无论降水减少还是增加的区域，气候变化、用水量增加都加重了旱区水资源不足问题。如何适应气候变化，提高我国旱区农业用水效率，减轻旱区水资源不足压力，确保可持续发展是我们面临的一个新问题。

20.1　作物水分利用效率与我国旱区农业用水现状

20.1.1　作物水分利用效率

作物水分利用效率（water use efficiency，WUE）是指作物消耗单位水分所能生产的同化物质的量，反映了作物对水分吸收利用过程的效率问题。基于不同的研究和应用目标，从微观到宏观，作物水分利用效率的定义一般分为以下几种。

（1）叶片水平上的水分利用效率

叶片水平上的水分利用效率定义为单位水量通过叶片蒸腾散失时光合作用所形成的有机物量，指水的生理利用效率或蒸腾效率，它取决于光合速率与蒸腾速率的比值，是植物消耗水分形成干物质的基本效率，也就是水分利用效率的理论值。分子和叶片水平上的水分利用效率主要是用于分析品种间水分利用效率差异，为作物品种选育提供生物学基础。

（2）产量水平上的水分利用效率

作物产量水平上的水分利用效率定义为单位耗水量的作物产量，即产量与耗水量相比，产量可以是粮食作物的籽粒产量、瓜果作物的鲜果产量、中药材作物的根茎叶果实产量等，耗水量包括农田蒸发和作物蒸腾量。因此，产量水平上的水分利用效率对节水农业生产更有实际指导意义，是节水农业研究的重要内容。

（3）群体水平上的水分利用效率

作物群体水平上的水分利用效率定义为地上部干物质与蒸腾蒸发量之比，也即群体 CO_2 同化量和作物蒸腾蒸发的水汽通量之比。群体水分利用效率与单叶水平相比，更接近实际情况，可表征田间或区域的水分利用效率，是评价作物生长环境适宜程度的综合性生理生态指标。

20.1.2　旱区农业用水现状

我国旱区土地面积占国土面积的一半以上,其中年降水量 250 mm 以下、无灌溉就无农业的旱区占国土面积的 1/3。据估计,我国灌溉面积为 5×10^7 hm^2,为全国耕地面积的 95%,灌溉农田生产了全国 80% 的粮食;灌溉用水量为 4×10^{11} m^3,为全国总用水量的 61.4%。全国 95% 的灌溉土地使用传统的漫灌和沟灌,水的利用效率仅为 30%～40%,远低于发达国家 80%～90% 的水平。

同时,在农田灌水中,我国大部分灌区的灌溉定额高出作物实际生态需水量的 2～5 倍,浪费严重。随着国民经济的发展,我国农业将面临更为严峻的形势:一方面是人口不断增加、耕地逐年减少、水资源短缺;另一方面是国民经济的持续发展、人民生活水平的提高对粮食,特别是名特优农产品的需求不断增长,矛盾越来越尖锐。许多地区粗放的灌溉方式和落后的灌溉技术已不再适应现代农业持续发展的要求,部分地区过量用水造成生态环境恶化,已经危及到农业的可持续发展。因此,面对水资源日益紧张的严峻形势,如何用好有限的水资源,发展节水农业,已成为一个亟待解决的问题。

节水农业的最终目标是提高水分利用效率,高水平的水分利用效率是缺水条件下农业得以持续稳定发展的关键所在。各种节水技术的应用,归根结底是为了提高水分利用效率,因此,水分利用效率被公认为节水农业的重要指标,它包括灌溉水利用率、降水利用率和作物水分利用效率等三个方面。目前,提高灌溉水、降水利用率的灌溉技术、旱区降水利用技术研发、应用较多,而提高作物水分利用效率的研究与应用仍然不足。

气候变化不仅导致全球海平面上升、冰雪覆盖减少、荒漠化面积扩大,而且加剧了全球水资源分布的不平衡,导致局部干旱、高温、热浪等气象灾害发生强度和频率明显增加,区域水资源利用问题日显突出,这也对旱区节水农业带来了新的挑战。

如何适应气候变化,提高我国旱区农业用水效率,确保旱区农业可持续发展是我们面临的一个新问题。而认识气候变化对作物水分利用效率的影响特征,应该是解决这一新问题的基础之一。

20.2　气候变化对旱区主要粮食作物水分利用效率的影响

在气候变化大背景下,随着农业生产技术水平的提高,我国粮食总产量持续增加,主要旱区西北干旱、半干旱区春小麦、马铃薯和玉米等主要粮食作物产量水平水分利用效率也在不断提高。

但是,在不考虑农业生产技术水平变化时,受区域气候变化影响,近几十年来,我国西北干旱灌溉农业区玉米、半干旱雨养农业区冬小麦、马铃薯产量水平水分利用效率年际变化总体呈减小趋势(图 20.1)。春玉米、冬小麦、马铃薯水分利用效率年际平均减小速率分别为

0.22,0.04,2.59 kg/(hm² • mm • a)。显然,水分利用效率减小最快的是马铃薯($P<$
0.01),春玉米次之($P<$0.05),冬小麦减小得很慢。

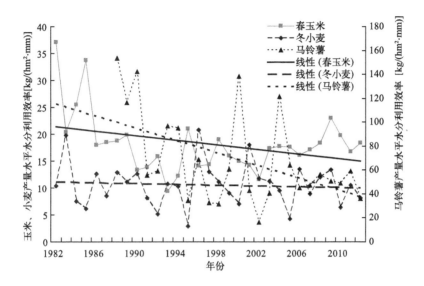

图 20.1　西北干旱半干旱区玉米、冬小麦、马铃薯产量水平水分利用效率年际变化

20.2.1　气候变暖对粮食作物水分利用效率的影响

试验研究表明:日均增温 0.6~2.2℃,两个不同海拔高度区冬小麦产量水平水分利
用效率有升高趋势(图 20.2)。但是,在海拔高度 1 798.2 m 区域,当温度升高 1.4℃,
冬小麦产量水平水分利用效率出现下降,增加温度 1.4~2.2℃,水分利用效率下降
0.25 kg/(hm² • mm)。

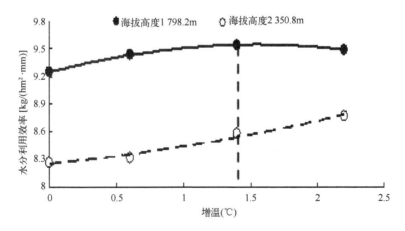

图 20.2　冬小麦产量水平水分利用效率与增温的关系

增温 0.5~1.5℃时,马铃薯水分利用效率呈明显增加趋势。但是,增温超过 1.5℃时,
马铃薯水分利用效率出现了显著的下降趋势;增温超过 2.5℃时,马铃薯水分利用效率将低

于目前 8.2 kg/(hm² · mm)的水平(图 20.3)。

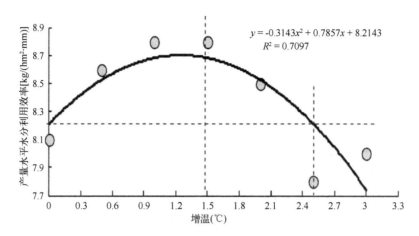

$$y = -0.3143x^2 + 0.7857x + 8.2143$$
$$R^2 = 0.7097$$

图 20.3 增温对马铃薯产量水平水分利用效率的影响

随着日均温度升高,豌豆产量水平水分利用效率表现为下降趋势(图 20.4)。当日均温度升高 0.6℃,豌豆水分利用效率降低 0.3 kg/(hm² · mm),下降了 4.3%,但没有达到显著性差异。当日均温度升高 1.4~2.2℃,水分利用效率减少 1.3~2.3 kg/(hm² · mm),下降了 18.8%~33.3%,达到显著性差异。说明日均温度继续升高可以显著减少豌豆的水分利用效率。

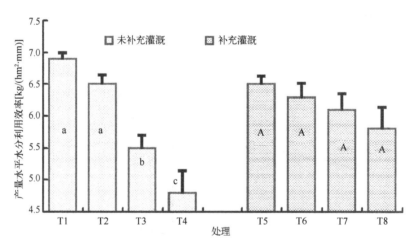

图 20.4 增温与豌豆产量水平水分利用效率

(注:图中字母"T1,T2,T3,T4,T5,T6,T7,T8"表示日增温的 8 种处理;"a,b,c"表示水分利用效率;"a"相对于"b"有显著性差异,"A"相对于"B"有显著性差异。)

当日平均温度升高 0.5℃,豌豆—春小麦—马铃薯轮作系统作物产量水平水分利用效率降低,但没有发生显著性变化(表 20.1)。日平均温度升高 1.2~2.0℃,水分利用效率也明显降低。说明日平均温度的升高可以明显改变豌豆—春小麦—马铃薯轮作系统作物水分利用效率。

表 20.1 豌豆－春小麦－马铃薯轮作系统作物水分利用效率[kg/(hm²·mm)]

作物	未补充灌溉				补充灌溉 130 mm			
	T1	T2	T3	T4	T5	T6	T7	T8
豌豆	3.06 a	2.87 a	2.72 b	2.43 c	3.08 A	2.86 B	2.74 B	2.66 C
春小麦	5.81 a	5.54 a	5.04 b	4.81 b	5.26 A	4.94 B	4.58 B	4.54 C
马铃薯	5.06 a	5.06 a	5.04 a	5.01 a	5.25 A	5.24 A	5.30 A	5.32 B
轮作系统	4.66 a	4.52 a	4.30 b	4.08 b	4.51 A	4.40 A	4.26 B	4.23 B

注:表中数据后 A,B,C 表示通过 0.05 显著性水平检验,显著性 A>B>C;a,b,c 表示通过 0.01 显著性水平检验,显著性 a>b>c。

长期定点观测资料研究表明:在较低海拔的半干旱区,冬小麦产量水平水分利用效率随着生长期≥0℃积温的增加,也表现为先增后降的趋势(图 20.5)。当≥0℃ 积温为 2 062℃·d 时,冬小麦产量水平水分利用效率最大。

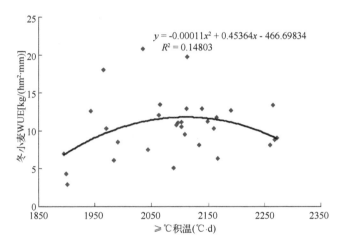

图 20.5 冬小麦产量水平水分利用效率与生长期≥0℃ 积温,$P<0.05$

在干旱区,随着拔节－抽雄期平均最低温度的升高,春玉米产量水平水分利用效率呈抛物线形减小(图 20.6)。

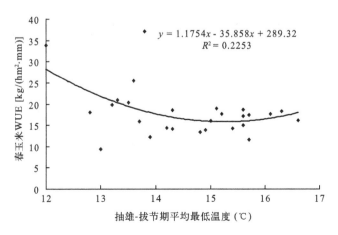

图 20.6 春玉米产量水平水分利用效率与拔节－抽雄期平均最低温度,$P<0.01$

20.2.2　水分变化对粮食作物水分利用效率的影响

　　长期定点观测资料研究表明:在干旱灌溉区,气候变暖背景下,春玉米产量水平水分利用效率随生长期总耗水量、灌水量的增加呈抛物线形减小(图20.7)。并且,这种减小速率随总耗水量的增加均表现为减小速率趋势。

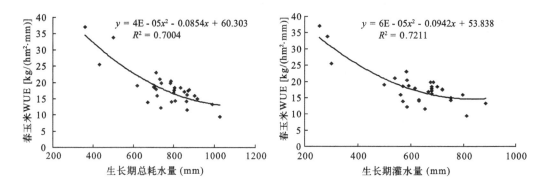

图 20.7　玉米产量水平水分利用效率与总耗水量、灌水量,$P<0.001$

　　而在气候变暖背景下,干旱灌溉区春小麦产量水平水分利用效率随生长期总耗水量、灌水量的增加呈抛物线形减小(图20.8)。但是,这种减小速率随总耗水量的增加均表现为增加趋势。

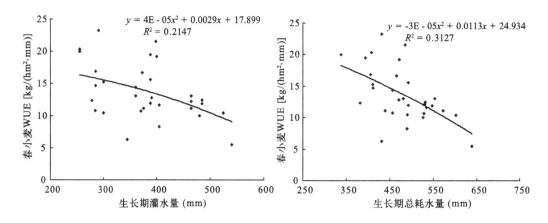

图 20.8　春小麦产量水平水分利用效率与总耗水量、灌水量,$P<0.01$

　　在半干旱雨养农业区,气候变暖背景下,冬小麦产量水平水分利用效率随生长期总耗水量、降水量的增加呈抛物线形减小(图20.9)。并且,这种减小速率随总耗水量的增加均表现为减小趋势。

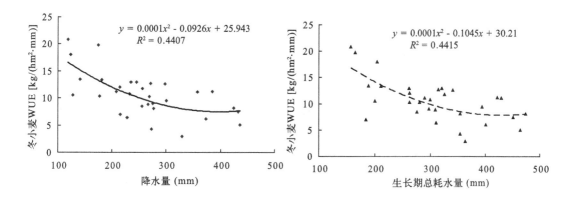

图 20.9 冬小麦产量水平水分利用效率与总耗水量、降水量，$P<0.001$

但是，气候变暖背景下，半干旱雨养农业区马铃薯产量水平水分利用效率随着年降水量增加呈先增后降趋势（图 20.10），存在临界值 $x=454$ mm。当年降水量小于 454 mm 时，随降水量的增加马铃薯产量水平水分利用效率增加；当年降水量大于 454 mm 时，随着降水量的增加马铃薯产量水平水分利用效率减小；当年降水量等于 454 mm 时，马铃薯水分利用效率取得最大值。

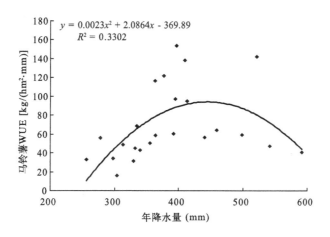

图 20.10 马铃薯产量水平水分利用效率与年降水量，$P<0.01$

同时，降雨模拟试验研究也表明：当降雨量为 450 mm 时，马铃薯产量水平水分利用效率为 7.8 kg/(hm² · mm)的水平，当降雨量低于 450 mm 时，马铃薯产量水平水分利用效率明显增加，但是当降雨量高于 450 mm 时，马铃薯产量水平水分利用效率明显降低（图20.11）。

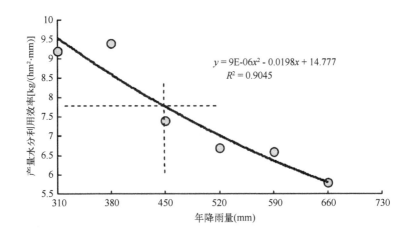

图 20.11　降雨量对马铃薯产量水平水分利用效率的影响，$P < 0.001$

20.2.3　温度升高和水分变化耦合对作物水分利用效率的影响

在西北半干旱区，相同增温幅度下，随着降水增加春小麦拔节期叶片水平水分利用效率升高；在相同降水条件下，随着增温幅度增加春小麦拔节期叶片水平水分利用效率均降低。当降水减少时，增温降低了春小麦后期叶片水平水分利用效率；当降水不变或增加时，增温2℃以内有利于提高春小麦灌浆期叶片水平水分利用效率。

通过增温与降雨量减少对马铃薯水分利用效率的影响试验研究表明，当增温低于1.5℃，降雨量高于310 mm时，中国半干旱区固原马铃薯产量水平水分利用效率明显升高。但是当增温高于1.5℃，降雨量低于310 mm，马铃薯产量水平水分利用效率出现下降趋势（图 20.12）。

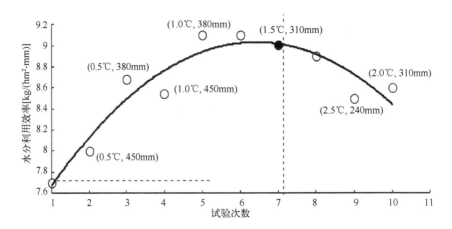

图 20.12　增温与降雨量减少对马铃薯水分利用效率的影响

通过增温与降雨量增加对马铃薯水分利用效率的影响试验研究表明，当增温高于1.0℃，降雨量低于450 mm，马铃薯水分利用效率开始下降（图 20.13）。

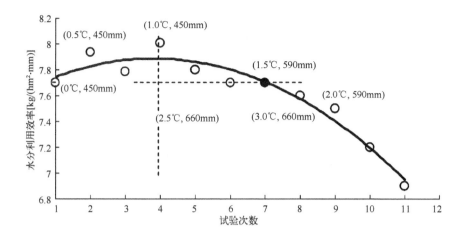

图 20.13 增温与降雨量增加对马铃薯水分利用效率的影响

20.3 气候变化对旱区名特优作物水分利用效率的影响

20.3.1 气候变暖对旱区名特优作物水分利效率的影响

在半干旱区,随着生长期平均温度增加(3—10月),苹果产量和产量水平水分利用效率表现为先增后降的趋势(图20.14)。当生长期平均气温小于15.2℃时,随着温度的增加苹果产量水平水分利用效率增加;当生长期平均气温大于15.2℃时,随着温度的增加苹果产量水平水分利用效率减小;当生长期平均气温等于15.2℃时,苹果产量水平水分利用效率取得最大值9.2 kg/(hm²·mm)。当生长期平均气温小于14.9℃时,随着温度的增加苹果产量增加;当生长期平均气温大于14.9℃时,随着温度的增加苹果产量减小;当生长期平均气温等于14.9℃时,苹果产量取得最大值4 328.7 kg/hm²。

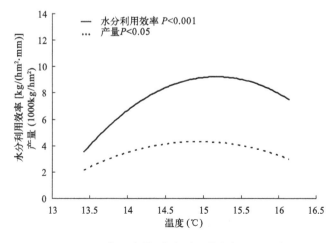

图 20.14 苹果产量、水分利用效率与平均温度

随着生长期(4—10 月)平均温度增加,半干旱区当归产量水平水分利用效率呈先增后降的趋势(图 20.15)。当生长期平均气温小于 8.7℃时,随着温度的增加当归产量水平水分利用效率增加;当生长期平均气温大于 8.7℃时,随着温度的增加当归产量水平水分利用效率减小;当生长期平均温度等于 8.7℃时,当归产量水平水分利用效率达到最大值。

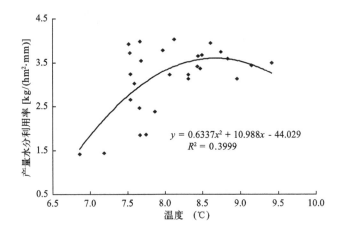

$$y = 0.6337x^2 + 10.988x - 44.029$$
$$R^2 = 0.3999$$

图 20.15　当归产量水平水分利用效率与≥℃积温,$P < 0.001$

在半干旱区,对黄花菜逐年生长期(3—8 月)降水量按小于 300 mm、300~400 mm、大于 400 mm 进行分型,分别分析不同降水年型黄花菜生长期平均温度、平均降水量及产量、水分利用效率(表 20.2),结果表明:较高降水量和较低降水量年型产量水平水分利用效率都小于中等降水量年型,当中等降水量年型生长期平均气温为 14.9℃时,产量水平水分利用效率达到最大值,这说明随着生长期平均温度增加黄花菜产量水平水分利用效率呈先增后降的趋势。而较高降水量年型和中等降水量年型黄花菜产量比较低降水量年型明显偏高,较高降水量年型和中等降水量年型黄花菜产量没有明显差异,说明当降水量达到中等降水量年型时,继续升温对黄花菜产量贡献不大。

表 20.2　温度、降水量变化对黄花菜产量和水分利用效率的影响

降水量分型(mm)	平均温度(℃)	平均降水量(mm)	产量(kg/hm²)	水分利用效率[kg/(hm²·mm)]
<300	16.0	268.1	941.2	3.5
300<R<400	14.9	359.4	1422.9	4.0
R>400	14.6	454.3	1424.9	3.2

在半湿润区,随着生长期温度增加,油橄榄产量和产量水平水分利用效率均表现为先增后降的趋势(图 20.16,20.17)。当生长期平均气温小于 21℃、≥℃积温小于 4 500℃·d 时,随着温度的增加油橄榄产量和产量水平水分利用效率增加;当生长期平均气温大于 21℃、≥℃积温大于 4 500℃·d 时,随着温度的增加油橄榄产量和产量水平水分利用效率减小;当生长期平均气温等于 21℃、≥℃积温等于 4 500℃·d 时,油橄榄产量和产量水平水分利用效率分别取得最大值。

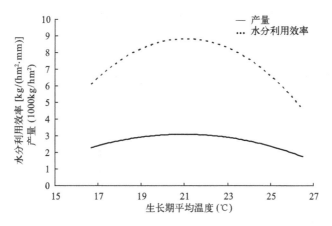

图 20.16　油橄榄产量、水分利用效率与平均温度，$P < 0.001$

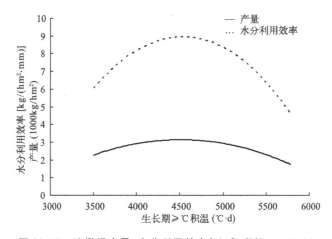

图 20.17　油橄榄产量、水分利用效率与≥℃积温，$P < 0.001$

在干旱区，棉花生物量水平水分利用效率(BWUE)随着生长季平均温度和蕾期平均温度的增加呈现下降的趋势，且相关性非常显著(图 20.18)，平均温度每升高 1℃，BWUE 分别

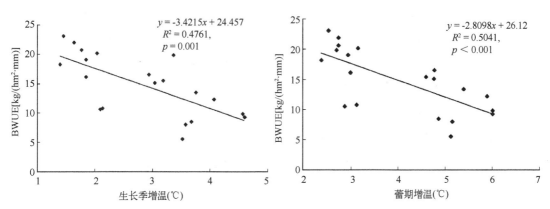

图 20.18　增温对棉花生物量水平水分利用效率的影响

下降 3.421,2.810 kg/(hm² · mm)。棉花产量水平水分利用效率(TWUE)随着温度增加也呈现下降趋势,但相关性并不显著($y=-0.022x+3.584$,$R^2=0.071$,$P=0.457$)。

20.3.2　降水对旱区名特优作物水分利用效率的影响

垄作沟灌试验研究表明:在干旱区,随着灌溉定额增加,啤酒大麦产量和产量水平水分利用效率都表现为先增后降的趋势(图 20.19)。当灌溉量小于 3 666 m³/hm² 时,随着灌溉量的增加啤酒大麦产量增加;当灌溉量大于 3 666 m³/hm² 时,随着灌溉量的增加啤酒大麦产量减小;当灌溉量等于 3 666 m³/hm² 时,啤酒大麦产量取得最大值。当灌溉量小于 1 325 m³/hm² 时,随着灌溉量的增加啤酒大麦产量水平水分利用效率增加;当灌溉量大于 1 325 m³/hm² 时,随着灌溉量的增加啤酒大麦产量水平水分利用效率减小;当灌溉量等于 1 325 m³/hm² 时,啤酒大麦产量水平水分利用效率达到最大值。

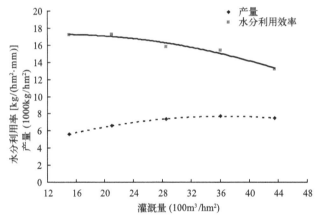

图 20.19　啤酒大麦产量、水分利用效率与灌溉量,$P<0.001$

在干旱区,与中等灌溉定额时相比,偏高、偏低灌溉定额时的枸杞产量水平水分利用效率明显偏小,当灌溉定额达到中等水平 6 270 m³/hm² 时,枸杞产量水平水分利用效率达最大值23.2 kg/(hm² · mm)(表 20.3)。而高、低灌溉定额时枸杞产量水平水分利用效率分别为18.6,18.5 kg/(hm² · mm),二者基本没有差别,比中等灌溉定额时产量水平水分利用效率偏低了 20%左右。中等灌溉定额时的枸杞产量也达到最大值,但偏低灌溉定额时的枸杞产量明显低于中等、偏高灌溉定额时的枸杞产量;与偏高灌溉定额时的枸杞产量相比,中等灌溉定额时的产量高出的相对较小。这说明,枸杞产量和产量水平水分利用效率也随着灌溉定额和耗水量增加,表现为先增后降的趋势,超过中等灌溉定额后,过多的灌溉显然是不经济的。

表 20.3　不同灌溉定额对枸杞产量和水分利用效率的影响

灌溉定额（m³/hm²）	耗水量（mm）	产量（kg/hm²）	水分利用效率[kg/(hm² · mm)]
7 840	1 200.3	2 234.56	18.6
6 270	1 121.4	2 598.32	23.2
4 705	977.3	1 808.35	18.5

　　分析表 20.2 不同降水年型黄花菜生长期平均降水量与产量、水分利用效率的关系表明：较高和较低降水量年型黄花菜产量水平水分利用效率都小于中等降水量年型，当中等降水年型生长期平均降水量为 359.4 mm 时，黄花菜产量水平水分利用效率达到最大值。这说明随着生长期平均降水量增加黄花菜产量水平水分利用效率呈先增后降的趋势。同时，较高和中等降水量年型黄花菜产量比较低降水量年型明显偏高，较高和中等降水量年型黄花菜产量没有明显差异，说明当降水量达到中等降水量年型时，继续增加水分供给对黄花菜产量意义不大，更不经济。

　　在半湿润区，随着生长期降水量增加，油橄榄产量和产量水平水分利用效率都表现为先增后降的趋势（图 20.20）。当生长期降水量小于 357.4 mm 时，随着降水量的增加油橄榄产量增加；当生长期降水量大于 357.4 mm 时，随着降水量的增加油橄榄产量减小；当生长期降水量等于 357.4 mm 时，油橄榄产量取得最大值。当生长期降水量小于 355.1 mm 时，随着降水量的增加油橄榄产量水平水分利用效率增加；当生长期降水量大于 355.1 mm 时，随着降水量的增加油橄榄产量水平水分利用效率减小；当生长期降水量等于 355.1 mm 时，油橄榄产量水平水分利用效率达到最大值。

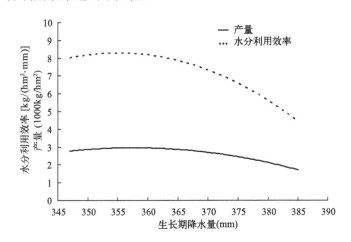

图 20.20　油橄榄产量、水分利用效率与生长期降水量，$P<0.01$

　　在半干旱区，随着生长期（3—10 月）降水量增加，苹果产量和产量水平水分利用效率呈现先增后降的趋势（图 20.21）。当生长期降水量小于 132.6 mm 时，随着降水量的增加苹果产量水平水分利用效率增加；当生长期降水量大于 132.6 mm 时，随着降水量的增加苹果产量水平水分利用效率减小；当生长期降水量等于 132.6 mm 时，苹果产量水平水分利用效率取得最大值 10.9 kg/（hm² • mm）。当生长期降水量小于 471.3 mm 时，随着降水量的增加苹果产量增加；当生长期降水量大于 471.3 mm 时，随着降水量的增加苹果产量减小；当生长期降水量等于 471.3 mm 时，苹果产量取得最大值 3 907 kg/hm²。

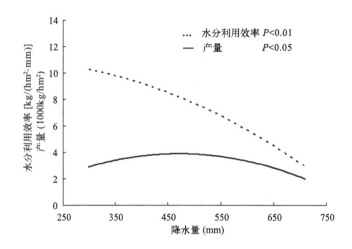

图 20.21　苹果产量、水分利用效率与生长期降水量

　　在半干旱区,随着生长期(4—10 月)降水量增加,当归产量和产量水平水分利用效率都呈先增后降的趋势(图 20.22)。当生长期降水量小于 483.9 mm 时,随着降水量的增加当归产量增加;当生长期降水量大于 483.9 mm 时,随着降水量的增加当归产量减小;当生长期降水量等于 483.9 mm 时,当归产量取得最大值。当生长期降水量小于 244.2 mm 时,随着降水量的增加当归产量水平水分利用效率增加;当生长期降水量大于 244.2 mm 时,随着降水量的增加当归产量水平水分利用效率减小;当生长期降水量等于 244.2 mm 时,当归产量和产量水平水分利用效率达到最大值。

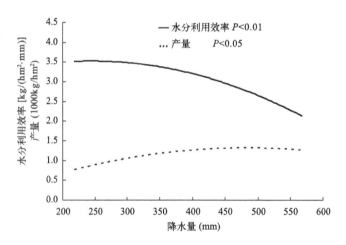

图 20.22　当归产量、水分利用效率与生长期降水量

　　在干旱区,随着灌溉量的增加,棉花生物量水平水分利用效率(BWUE)和产量水平水分利用效率(TWUE)呈现下降的趋势(图 20.23)。灌溉量和 TWUE 呈现出显著的相关性,灌溉量每增加 1 倍,TWUE 下降 1.682 kg/(hm² · mm)。

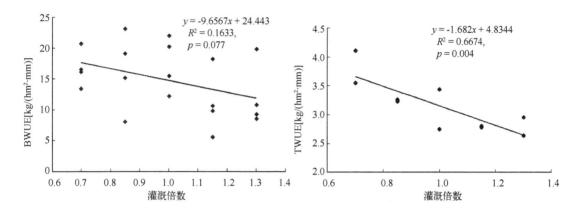

图 20.23 灌溉量变化对棉花生物量和产量水平水分利用效率的影响

从旱区名特优作物和粮食作物整体来看,无论灌溉农业还是雨养农业,作物产量水平水分利用效率都随着水分供给和温度增加表现为先增加后减小或持续减小的变化趋势,而作物产量随着水分供给和温度增加大多表现为先增加后减小趋势,只有个别作物的产量表现为不明显的增加趋势。因此,面对气候变化对我国旱区作物水分利用效率的影响,就目前的农业生产实际情况而言,在确保产量不降低的前提下,减少水分供给,节约用水,提高作物水分利用效率不仅是必要的,也是可行的。同时,减少水分供给,也可以降低农业生产成本,提高农业生产效率,增加农业收入。

第 21 章　提高名特优作物水分
利用效率的技术对策

　　水分短缺是限制旱区名优特作物产量的最重要的因素之一。在我国西北干旱和半干旱区,作物产量低而不稳。首先,这主要是由于春季土壤水分蒸发强烈,大量土壤水分无效散失,影响作物出苗。其次,在作物苗期至开花期一般正好赶上伏旱阶段,微小降水无法有效入渗,土壤处于水分不足状态之下,影响旱作物的前期发育。因此,亟须通过栽培技术的改良,改善作物生长前期的土壤供水状况。提高名特优作物水分利用效率的技术大致可以分为七大主要内容:保护性耕作技术、集雨蓄水节灌技术、农田覆盖技术、田间微集水技术、节水灌溉技术、栽培管理技术和适应气候变化对策。这些以增肥改土、蓄水保墒为核心内容,加以农艺配套的技术,确保旱作农业稳产增收。

21.1　保护性耕作技术

　　保护性耕作技术是对农田实行免耕、少耕,尽可能减少土壤耕作,并用作物秸秆、残茬覆盖地表,用化学药物来控制杂草和病虫害,从而减少土壤风蚀、水蚀,提高土壤肥力和抗旱能力的一项先进农业耕作技术。美国是世界上旱作农业实施保护性耕作技术最早的国家之一。20 世纪初美国实施了西部大开发战略。由于长期机械化翻耕土地,在美国西部发生了一场史无前例的"黑风暴",席卷美国国土近 2/3 的面积。20 世纪 40 年代,美国人开始反省并意识到这种耕作方式的弊端,开始研究并推广免耕技术。保护性耕作技术由此在美国开始实施。最初的保护性耕作技术主要采取对传统的耕作方法和农机具进行改良,典型的保护性耕作方法有免耕、少耕、深松等。到了 50 年代,结合机械化免耕技术,保护性植被覆盖技术开始应用。覆盖技术虽然能够有效减少土壤侵蚀,但也存在秸秆、残茬覆盖造成低温和杂草的问题。再到 20 世纪 80 年代,随着除草剂的发明使用、耕作机具的改进以及作物种植结构的改良,保护性耕作技术不断地得到发展。我国于 20 世纪 70 年代末成功研制了第一代免耕播种机。到 80 年代,在黑龙江等半湿润地区开始探索大规模机械化深松耕等保护性耕作技术,并取得了很好的进展。从此以后,在国家实施的一系列重大项目如:旱地农业重要项目、黄土高原综合治理项目等的科学研究中增加了保护性耕作技术方面的研究任务,取得了较好的研究成果。第 10 个"五年计划"期间,农业部更加重视了保护性耕作技术的实

施,并列入了重点推广的 50 项农业技术之一,加快了保护性耕作技术的推广进程。在保护
性耕作技术研究方面,中国农业大学、西北农林科技大学、山西省农科院等一些科研院所取
得了一定的进展。保护性耕作不同于传统耕作技术,其明显的效益主要有三方面:其一是社
会效益,减少风蚀、防止水土流失、减小沙尘天气和大气污染等危害;其二是生态效益,增加
土壤储水量、提高水分利用效率、节约水资源、提高土壤肥力、改善土壤物理结构、增加土壤
团粒结构和孔隙度;其三是经济效益,减少作业工序、增加产量、增加农民收入。

王晓燕和李洪文(2004)就农业部保护性耕作示范效果的成果进行了总结,结果表明,保
护性耕作有助于作物抗旱、土壤培肥、土壤保墒、增产等成效,对旱地农业效果更佳。自然条
件下,黄土丘陵区旱作农业翻耕有机肥、传统翻耕、免耕有机肥、水土保持耕作免耕化肥、免
耕无肥对盛花期大豆水分利用效率及叶片光合生理特征的影响,施肥与水土保持耕作结合
能显著提高大豆盛花期的水分利用效率。保护性耕作 10 年提高了速效磷和土壤全磷的含
量,土壤磷在 0~5 cm 地表土层聚化明显,保护性耕作技术的延长有利于土壤含磷量的增加趋
势。在我国虽然保护性耕作已经得到了非常重视和发展,但是目前保护性耕作技术发展区域
布局的总体规划仍不完善。尤其对于不同区域,保护性耕作技术的制度特点与区域特征不相
适应,保护性耕作的操作规程和技术标准不够完善,限制了保护性耕作技术的大面积推广。

保护性耕作技术在特色作物上的应用较少,目前甘肃省主要发展的有药材与小麦的带
状种植,药材带免耕。由于保护性耕作技术有诸多的优点,随着全球气候环境变化,该技术
在名特优作物上的使用有广阔的前景。

21.2 集雨蓄水节灌技术

集雨蓄水技术是指在有坡度的区域,通过必要的地面处理,建造蓄水池,在雨水较多季
节收集降水径流,将聚集的水引入蓄水池内储存,供作物水分临界期遇干旱时进行有限补
灌。满足作物生长发育所需水分,从而使作物不完全依赖于降水,旱区农业由被动抗旱变为
主动抗旱,提高自然降水利用率,平均节水可达 30% 以上。一般适用于高山蔬菜种植的山
区丘陵等水源不足、引水困难的地区。集雨节灌还有利于保护生态环境和防止水土流失。
特别在我国西北干旱、半干旱地区,降水量小(全区 3/4 的面积年降水量不足 250 mm)、蒸发
量大(大部分地区的蒸发量大于 1 000 mm),气候干燥,水土流失严重,降水量年内分布不均
匀(主要集中在 7—9 月份),且以小雨和暴雨的形式,导致雨水通过地表径流或无效蒸发而
损失。我国西北地区多山、丘陵坡地较多,这为集雨蓄水节灌技术的利用提供了有利的条
件。集雨节灌方法一般采用节水灌溉措施,把有限的水直接输送到作物根系所在的区域,做
到节水和提高灌水利用效率的双重作用。可见,发展集雨节灌技术在一定程度上能有效地
缓解降水期与作物需水期错位的矛盾,确保作物生长发育所需要的水环境,促使作物在干旱
半干旱区达到粮食增产的目的。甘肃省定西市是我国实施集雨节灌技术的典型区域。1995
年定西地区首次解决了当地人畜饮水和发展庭院经济的"121 雨水集流工程",即:每家每户

都修建 1 个 100 m² 雨水集流场、修建集雨蓄水池 2 眼、发展农户庭院经济田 1 亩。实施一年内,全区总共实施"121 雨水集流工程"11.35 万户,建造集流场 850 万 m²,集雨水窖 20.5 万眼,解决了 53.52 万人的饮水困难,为农户庭院经济提供了水资源保障。"121 雨水集流工程"成功地解决了当地人畜饮水问题,并发展了庭院经济,有效地改善了当地群众的生活饮水条件。1997 年,甘肃省定西地区再次实施了规模较大的"雨水集蓄灌溉工程",目的是把雨水集流从解决人畜饮水向农作物补灌延伸。到 2000 年底,全区庭院节水补灌和大田灌溉面积达 3.8 万 hm²。"雨水集蓄灌溉工程"再次发展了干旱半干旱山区的农村经济,促进了粮食产量的增收(图 21.1、图 21.2)。

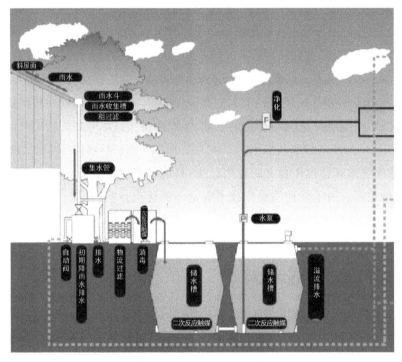

图 21.1　雨水集流工程示意图

图 21.2　雨水集蓄灌溉工程示意图

　　根据定西地区对集雨节灌技术多年来的实施经验,虽然在一定程度上能够改善区域人畜用水和作物缺水的困难,但仍有不少问题亟待解决。如目前集雨灌溉技术还是以传统技术为主,雨水的聚集、储存、利用效率比较低,科技含量较低。因此需要把科技含量较高的技术融入集雨灌溉中,如高性能蓄水及输水防渗技术、喷灌和微灌等节水灌溉技术、化学制剂保水技术、水肥耦合技术等。同时,集雨灌溉技术没有一套系统化、综合性的技术体系,因此,也需要将雨水的收集、储蓄、节水灌溉、农艺节水技术以及节水管理技术综合起来,实现各种技术的优势互补,形成集成化技术,以便发挥整体优势,实现最大效益,并加以推广。

　　在干旱半干旱区,通过修建集雨水窖,在果树需水关键期进行补充灌溉,是解决果园产量低而不稳的一条有效途径。在目前黄土丘陵山地果园管理水平和水资源状况下,节水、水分生产效率高、经济效益高的低水补灌的技术模式,是生产实际中最好的选择(图 21.3)。通过试验初步提出黄土高原适宜的补充灌溉制度,即一年可以补灌 2～3 次,干旱年 1 次补灌量苹果园为 76 m³/hm²,梨园为 51 m³/hm²。平水年 1 次补灌量苹果园为 51 m³/hm²,梨园为 34 m³/hm²(表 21.1)。

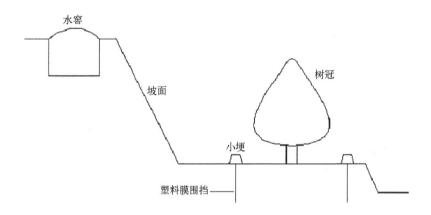

图 21.3　果树集雨灌溉示意图

表 21.1　苹果和梨的补灌制度

树种	水文年	灌水定额 (m³/hm²)	灌溉定额 (m³/hm²)	灌水次数			总灌水次数
				萌芽期	幼果生长期	果实迅速膨大	
苹果	干旱年	76	152～228	1	1	0～1	2～3
	平水年	51	102～153	1	1	0～1	2～3
梨	干旱年	51	102～153	1	1	0～1	2～3
	平水年	34	68～102	1	1	0～1	2～3

21.3 农田覆盖技术

农田覆盖是改善农田小气候的重要措施之一,具有保护土壤结构、抗御水蚀风蚀、保墒蓄水、调节土温、抑制杂草生长等作用,它是节水农业的重点。目前,国内外传统的覆盖材料有地膜、秸秆、砂石、卵石、树叶、谷草、油纸、瓦片、泥盆、铝箔和纸浆等,不同覆盖材料的优点各有侧重。

砂田覆盖就是在土地上铺一层 10～15 cm 厚的沙砾层进行耕种,砂田具有抗旱保墒、增温防寒、抑盐压碱的作用。沙砾层是大到鹅卵石小到粗砂这个范围内的大小不等的砂石混合后覆盖在土壤表层,砂田覆盖是我国较早的一种独特的传统抗旱耕作种植模式,是长期以来劳动人民和干旱做斗争的产物,至今已有 300 多年的历史。据试验,砂田可抑制土壤水分蒸发 80%左右。目前西北的砂田主要集中在甘肃省中部干旱地区,尤以皋兰、景泰、永登、靖远等县和兰州市郊分布最多,约占砂田总面积的 90%以上,宁夏回族自治区和青海省也有零星分布。可种植小麦、棉花、糜子、烟草、花生、瓜类、豆类、白菜和辣椒等多种作物(图21.4)。砂田覆盖的抗旱保墒作用极其明显,在干旱年份只要降雨量达到 10～15 mm,铺砂田的小麦就能保住全苗,而土田则无法播种。砂田的增产效果显著,逢干旱年更显著,素有"石头是个金蛋蛋,雨多丰收,雨少平收,大旱也有收"之说。砂田对于西北旱地农业增产保收起着特殊作用,据宁夏固原地区调查,一般作物能增产 25%～150%,小麦增产幅度更大。在湿润年砂田小麦增产 230%,平常年增产 250%;干旱年砂田仍能获得亩产 40 kg 的小麦,而不铺砂的则颗粒无收。种植粮食作物的旱砂田比一般土田的收成要提高 3 倍左右。国外也有铺砂覆盖,大体与我国的经验相似,据报道美国的砂田玉米增产幅度 122.5%～440%、高粱增产 157.5%、大豆增产 109.6%、番茄增产 360%,增产效果显著。

图 21.4 砂田白兰瓜

　　地膜覆盖栽培技术是一项非常成功的农业增产技术。20世纪中期,地膜覆盖技术在一些发达国家开始发展。起初应用在蔬菜种植上,逐步推广到种植作物。1978年,我国首次从日本引进了地膜覆盖栽培技术,并在全国14个省(区、市)进行了实验,面积达44 hm²,获得了较好的实验效果。从20世纪80年代开始,地膜覆盖技术从实验逐步进入大面积的推广使用。地膜覆盖技术的使用标志着我国由传统农业向现代化、集约化农业的发展。地膜覆盖技术及其配套的地膜、地膜覆盖机,已经形成了适合我国干旱半干旱区自然条件和经济水平的地膜覆盖技术体系,目前,不但应用于瓜果蔬菜栽培,也相继用于大田作物、果树、林业、花卉及经济作物的生产等。截至21世纪初,全国推广面积达到7.01万hm²,经济和社会效益非常明显(图21.5)。

图21.5　地膜种植百合

21.3.1　白兰瓜

　　在砂田+地膜、砂田+小拱棚、砂田+地膜+小拱棚、砂田、土田多种栽培方式下,砂田双覆盖同时具备了砂田、地膜、小拱棚三种覆盖方式的优点,水、温度条件好,出苗早、早成熟、产量高,市场优势明显。白兰瓜实际生产中播种期还可以提前到3月20日左右,成熟期早的优势更加显著,同时避开了8月份高温多雨,易发病虫害的威胁,减少农药的使用,降低成本。投资不高,效益显著,为建议大面积推广的栽培模式。

21.3.2　大樱桃

　　大樱桃果带地膜覆盖后,均能明显提高土壤温度,增加土壤含水量,枝条生长快,发育充实;在春季以白色地膜为大樱桃幼树根系生长发育创造的条件最好,进入夏季后,地表30 cm内地温高于30℃就对大樱桃幼树根系生长发育有抑制作用,所以,果树幼园进行果带覆盖时,在进入夏季后,应注意除膜,防止因土壤耕层土温过高而影响根系的正常发育,成龄果园因树冠较大,太阳光线不能直接照射到覆盖面上。土壤温度可以保持在果树根系正常发育的范围之内。黑色地膜在春季能提高地温,在夏季仍能使土温保持在适宜大樱桃根系良好生长的环境温度。因此,在幼树果园建议采用黑色地膜进行果带覆盖为宜。覆草有保湿、防草、增加土壤有机质的效果,由于春季土壤增温较慢,延迟了果树物候期。因此,在果树幼园应用价值不大,但在北方果树区,对进入结果期的果园,对防晚霜危害具有较好的效果,建议在成龄果园推广。

21.3.3　酿酒葡萄

酿酒葡萄园地面覆膜、覆麦秸、覆麦壳等措施均有明显增温效应,提高土壤含水量。覆草效果优于覆膜(图21.6)。覆麦秸和麦壳表现前期降温,后期增温保温的双重效应,并增加了土壤有机质及速效氮、磷、钾含量,提高产量。

图21.6　设施酿酒葡萄地膜覆盖

21.3.4　苹果

在黄土高原,地表覆盖技术能够显著减少苹果园土壤蒸发,提高水分利用率。其中,地膜覆盖(图21.7)土壤含水量最高,但其水分利用率较低,这可能是由于覆膜影响了土壤通透性,造成根系活力的降低。砂石覆盖在果树生长的各个时期土壤含水量虽然都是最低的,但其产量却是最高的,较高的产量自然会增加土壤水分消耗的绝对量,综合看来在几种覆盖措施中砂石覆盖的水分利用率是最高的,达到 $80.25 \text{ kg}/(\text{mm} \cdot \text{hm}^2)$,而且它对土壤水分的补偿率也最高,蒸散量最低。所以,在黄土高原地区,砂石覆盖应是改善苹果园土壤水文状况的适宜技术。砂石覆盖不仅能够提高水分利用率,还能提高果实产量,尤其是丰水年,增产效果最为显著,其产量可比清耕提高 135.63%(表 21.2)。但是较高的产量就需要消耗较多的水分,导致砂石覆盖的土壤水分总量最低,若遇欠水年,果实产量与其他处理相比降低幅度最大,果树生产稳定性受到影响,因此,就需要对其进行生产力调控,通过控制果树的产量来降低果树对土壤水分消耗的绝对量,实现果树的持续优质稳产,这方面的研究目前正在进行中。

表 21.2 不同覆盖模式下苹果树的产量及水分利用效率

处理	2008 年				2009 年				平均	
	产量 (kg/hm²)	耗水量 (mm)	蒸散量 ET (mm)	水分利用效率 WUE [kg/(mm·hm²)]	产量 (kg/hm²)	耗水量 (mm)	蒸散量 ET (mm)	水分利用效率 WUE [kg/(mm·hm²)]	产量 (kg/hm²)	水分利用效率 WUE [kg/(mm·hm²)]
清耕	11 310	112.48	346.42	32.65 d	9 000	170.79	231.61	38.86 c	10 155.0	35.75
生草	10 770	133.11	325.79	33.06 d	9 000	213.17	189.23	47.56 b	9 885.0	40.31
地膜覆盖	14 873	124.50	334.40	44.48 c	12 150	164.79	237.61	51.13 a	13 511.5	47.81
秸秆覆盖	23 843	148.76	310.14	76.88 b	9 750	165.21	237.19	41.11 b	16 796.5	58.99
砂石覆盖	26 655	198.14	260.76	102.23 a	10 980	213.95	188.45	58.27 a	18 817.5	80.25

注:蒸散量:ET,evapotranspiration;水分利用率:WUE,water use efficiency;a,b,c,d 表示通过 0.05 显著性水平检验,显著性 a>b>c>d。

另有研究表明,覆膜+覆草、覆草、覆玉米秆这三种覆盖条件都能有效提高果园土壤水分含量,保证 0~60 cm 土壤的相对含水量在 70%~80% 之间,能够满足和促进苹果树体正常生长发育的需要,其中在干旱季节采用覆膜+覆草处理,集雨保墒效果始终显著。而对照和生草处理的土壤相对含水量仅为 50%~60%,土壤相对干旱,果树生长受到胁迫。

图 21.7 苹果园地膜覆盖

21.3.5 板栗

覆盖处理(覆膜、生草)可以显著提高板栗的水分利用效率,尤其是板栗的两个需水关键期(初花期、果实膨大期),这对于干旱无灌溉的山区,提高板栗水分利用效率,提高板栗的抗旱性有明显效果,是缺水地区进行板栗节水抗旱栽培时比较理想的耕作方式(表21.3)。

表 21.3 覆盖对板栗水分利用效率的影响

生长时期	耕作方式	水分利用效率均值	差异显著性
初花期	夏季深翻	2.87	A a
	生草	3.68	A a
	春季覆膜	7.25	B b
	清耕	4.11	A a
	秋季覆膜	7.05	C c
盛花期	夏季深翻	1.45	A a
	生草	2.30	AB a
	春季覆膜	3.23	C c
	清耕	1.56	AD ad
	秋季覆膜	2.28	AC ac
果实膨大期	夏季深翻	1.53	B bc
	生草	2.53	A a
	春季覆膜	2.84	A a
	清耕	2.14	A c
	秋季覆膜	2.43	A a

注:以上多重比较采用SPSS软件中的LSD计算方法,A,B,C,D表示通过0.01显著性水平检验,显著性A>B>C>D;a,b,c,d表示通过0.05显著性水平检验,显著性a>b>c>d。

21.3.6 甘草

在甘肃省民勤县,覆膜栽培甘草的株高、分枝数、主根长和芦径粗度较露地穴播的分别增高5.51%、7.1%、2.17%和10.21%,较露地条播依次增高10.30%、11.6%、9.48%和15.65%;2年生甘草各项生长指标的变化趋势与1年生的基本相似;覆膜栽培对甘草的生长发育产生促进作用的机理是覆膜栽培能较大幅度地提高地温和水分利用效率,增温幅度达0.8~2.65℃;覆膜栽培甘草单株干物质积累量和鲜产量明显高于露地穴播和露地条播处理的;覆膜穴播甘草生长1年的较露地条播增产39.87%,生长2年的较露地条播增产22.92%。

21.3.7 百合

地膜覆盖百合提高10 cm土层的土壤温度1.5~3.2℃,0~100 cm土层的含水量提高7.61%~19.14%。与普通地膜覆盖相比,渗水膜覆盖条件下的土壤温度在百合生长前期和后期都更高,而在气温较高的月份,渗水膜覆盖条件下的土壤温度反而低于普通地膜覆盖,这可以避免温度过高对植株生长造成的不利影响。整个百合生育期内,渗水膜覆盖条件下土壤含水量一直高于普通地膜覆盖。百合植株在覆膜条件下表现得更强健,株高、茎粗、叶片数,在覆膜条件下均有所增加,特别是在渗水膜覆盖条件下。覆膜显著提高干物质积累,并且使得地下鳞茎部分干物重占全株干物重百分比增加。这证明覆膜能促进光合产物向地下鳞茎的转移。相比露地垄作,覆膜提高了百合鳞茎产量,在普通地膜覆盖和渗水膜覆盖条件下,分别达到了 17 268.56 kg/hm² 和 16 655.67 kg/hm²,露地垄作条件下鳞茎产量为14 838.65 kg/hm²。覆膜同样提高了水分利用效率,普通地膜覆盖和渗水膜覆盖下的水分利用效率比露地垄作分别提高了 12.56% 和 19.40%。

21.3.8 花椒

旱地幼龄花椒园树盘覆膜技术,具有明显的提高地温、土壤含水量,促进树体早成形、早结椒的作用。椒园覆膜时间以 3 月中上旬土壤解冻后降雨或灌水后为最佳,尽可能将地膜接近树干,拉紧扯平,边缘压土踩实,地膜破损处可用土盖住或用塑料黏膜带修补。该项技术难度小,成本低,易操作,年投资约 450~525 元/hm²,是一项费小效宏的实用技术,对连续干旱的山地具有易推广的实用性。

21.3.9 黄花菜

覆膜可提高黄花菜幼苗成活率,有利于植株的营养生长、生殖生长。由于地膜覆盖有效地改善了土壤温度和湿度,从而明显地促进了幼苗的早发、多分蘖。延长采摘期,地膜覆盖的黄花菜,从现蕾到采摘适期需 9~14 d,不覆盖地膜的需 10~17 d。由于地膜覆盖的花蕾发育加快,采摘时间也相应提前,覆盖比不覆盖的采摘时间可提前 10 d 左右。减轻病害发生,据调查地膜覆盖后黄花菜锈病发病指数明显降低,与不覆盖相比发病率降低 20%~30%,同时植株发病程度也明显减轻。地膜覆盖可使 1 年菜龄的黄花菜增产 1~1.5 倍,2年以上菜龄的菜田增产 20.8%~114.2%,平均增产 49.1%。地膜覆盖可有效提高土壤温度,降低土壤水分在黄花菜非生长季无效消耗,加快黄花菜发育进程,黄花菜长势较好,但产量低成本高;而秸秆覆盖可有效抑制春季土壤温度过快回升,减少土壤水分蒸发,延长黄花菜采摘期,产量高成本低。在甘肃省陇东地区黄花菜栽培中应推广秸秆覆盖技术,减少传统种植方式。

21.3.10 啤酒大麦

在甘肃省河西绿洲灌区当灌溉量为 330 mm 时,啤酒大麦垄作沟内覆草模式产量较对照增产695 kg/hm²,增产率为 10.2%;在灌溉量为 270 mm 时,垄作和垄作沟内覆草处理较对照没有减产,可节水 60 mm;不同栽培模式水分利用效率随灌溉量增加(210~330 mm)呈现先增大后降低的趋势,且都在 280 mm 时达最大值,其中垄作沟内覆草模式能显著提升土壤养分含量,且水分利用效率最高为 17.57 kg/(mm·hm²)。在河西内陆河灌区,垄作沟内覆草模式是啤酒大麦增产节水的最佳栽培模式。

21.3.11　油橄榄

在无灌溉条件的半干旱坡地油橄榄园,覆盖提高了园地土壤含水量,以薄膜最高,秸秆覆盖最小。随着土壤深度增加,不同覆盖处理之间土壤水分含量具有差异性。深翻则改变了土壤结构,改善持水能力,修剪根系,促进树体健壮生长。覆盖对土温变化的调节作用主要表现在土壤表层,随土层深度增加调节作用减小;夏季油橄榄园覆盖后随气候温度升高土壤温度日变幅减小;不同材料覆盖间存在差异,薄膜覆盖土温变幅最大,纸箱次之,秸秆变幅最小。覆盖提高了园地土壤含水量,有较好的保墒效果;覆盖秸秆、杂草 0~20 cm 土层含水量较高。4 种材料覆盖均有利于降低土壤容重,其中以秸秆效果最显著。

21.4　田间微集水技术

农田微集水种植技术是一种通过改变农田地表微地形,达到雨水就地富集、利用及储存的田间集水农业技术,它适用于缺乏径流源或远离产流区的旱平地和缓坡旱地。在我国干旱半干旱农业区,地下水位深,降水量少,缺水严重制约着农业的发展。根据多年研究的经验表明,发展集水农业是解决这一突出问题的重要途径。田间微集水技术是通过人为改变田间地表微地形,实现降水田间再分配,使有限的降水分布到作物根系的土壤中,减小田间蒸发,达到雨水高效利用的目的。主要途径是在农田建造垄沟,垄面覆膜集雨,沟内种植作物,垄、沟相互联系实现雨水积蓄、保墒的功能。降水时,雨水通过垄面径流汇集于沟中,并向地下和垄下入渗;当长期无降水时,由于垄面覆膜抑制了地表蒸发,其含水量比沟内高,而沟内土壤因水分蒸发而含水量较低。于是水体通过运动由垄上土壤补给到沟内,作物的根系也会从土壤湿度大的部位转移到土壤比较干燥的区域。在长时间无降水时,作物根系也会把水分从垄下较湿润区输送到沟内干燥区。垄水反补沟水的作用,有效避免了长期干旱引起沟内土壤干燥而导致作物干枯死亡,也便于在降水来临时迅速吸收利用水分和沟内的养分,对增强作物的抗旱能力,促使作物稳产高产具有重要的意义。

我国自 20 世纪 80 年代以来,开展了大量关于田间微集水技术的研究,取得了很好的研究成果。通过对西北黄土高原旱作农业区的实验表明,通过修筑沟垄、改变田间微地形,垄上覆膜可使降水的使用效率提高,使小雨量叠加增值,改善了土壤含水量,保证了作物稳产高产的水分来源。在宁南旱作区对糜子的实验表明,微集水种植技术能够改善糜子根系的水分状况,加速生长发育,提高作物产量。在半干旱雨养农业区,田间微集水种植可改善土壤供水能力,提高水分利用效率,促苗早发,增加小麦产量。可使出苗提前 2~6 d,出苗率提高 11%~18%,提高供水能力 46%~158%,小麦增产 31%~59%,水分利用效率提高 2~3.4 kg/(hm²·mm)。

实验研究发现将田间微集水技术和地膜覆盖技术相结合,集雨的同时可以保墒,降低棵间水分蒸发,提高作物蒸腾作用,大大提高了水分利用效率,特别对于降水强度较低的小雨利用率更高。旱作农业绿豆田间微集雨技术的研究表明,双沟覆膜集水比垄沟种植、平膜穴播及露地平作的产量显著提高,其水分利用效率提高也很明显。双沟覆膜比露地对照产量和水分利用效率分别提高了 24.5% 和 32.9%。这个结果说明田间微集雨技术具有良好的集水和保墒作用,旱作绿豆种植应大面积推广。在干旱半干旱区,田间微集雨种植能使无效或微效降水有效化,增加了有效降水量和土壤水分的入渗能力。对旱作农业苜蓿田间微集雨技术种植的研究表明,膜垄的产流效率显著高于土垄,减少无效蒸发。在越冬期,20~120 cm 土层含水量显著提高,确保苜蓿安全返青。在整个生育期,0~120 cm 土层平均含水量垄覆膜较土垄高,且与降水量的变化增幅也有明显的关系,土壤储水量表现为先降低后升高的趋势。而土垄 0~120 cm 土层平均储水量表现出由高到低的趋势,表明垄膜的蓄墒效果优于土垄,垄覆膜处理后土壤平均水分利用效率是露地平作的 2.25 倍,较土垄处理的也提高了 22.6%。同时,垄沟集雨种植能明显增加浅层 0~40 cm 土壤层孔隙度,降低土层容重,膜垄效果优于土垄。旱作苜蓿栽培更加适合垄覆膜技术,这对于提高苜蓿水分利用效率和增强抗旱能力都有很好的效果。李儒等研究了垄面集雨和沟内保水不同覆盖模式的效果,结果表明垄覆地膜沟覆秸秆的蓄水保墒作用最为明显,能有效改善土壤的水分利用状况;垄覆地膜沟覆秸秆和垄覆液膜沟覆秸秆的产量最高。3 年平均产量较平作不覆提高 39.3% 和 29.4%,较垄不覆沟不覆提高 35.6% 和 25.9%。

沟垄宽度和不同的沟垄比影响集雨保墒效果。在甘肃省榆中县 2 年的马铃薯实验研究表明,膜垄种植是露地平作对照的 2~3 倍,土垄种植水分利用效率与对照差异不显著。膜垄和土垄种植比露地对照产量分别提高了 119%~226% 和 18%~85%。对马铃薯产量和垄沟宽度进行回归分析,发现膜垄在最佳沟垄比为 60 cm∶40 cm 时,马铃薯经济产量可以达到最大值。但本次试验是在半干旱年降水量小于 250 mm 的地区进行的,地区应根据降水特点、土壤条件和作物品种等来确定。当膜垄的沟垄比为 60 cm∶60 cm、土垄的沟垄比为 60 cm∶70 cm 时,苜蓿的经济产量最大,较露地平作对照分别提高 227% 和 186.8%,膜垄处理较土垄处理经济产量提高了 14%。因此,建议采用垄膜集雨种植能显著提高苜蓿水分利用效率和产量。在同一沟垄比例下,沟和垄的宽度越大,不同带型谷子的边行优势越强,边际效应指数和边际效应均增大,谷子边行的增产作用呈上升趋势,而中行的增产作用则呈下降趋势。

田间微集雨种植技术的适宜性与地区降水特征、缺水程度、下垫面状况以及作物品种等有关。黄土高原田间微集雨种植中,当覆膜垄的产流临界降水量为 0.8 mm 时,年平均径流效率为 87%。降水量在 230~440 mm 时,田间微集雨种植能提高水肥利用效率和玉米产量,在 230~440 mm 范围内,降水量较低时,提高水分利用效率和增产的效果越明显;当雨量增大时,微集雨种植的水分利用效率的提高幅度相对下降,增产效应相对减弱甚至消失。

近年来,农田微集雨技术不断发展并日渐成熟,在我国北方干旱半干旱农业区进行推广

并获得了极大的成功。旱作玉米采用全膜双垄沟播集雨技术(图21.8)比半膜覆盖增加产值
2 345.4 元/hm²,平均单产增加 30.4%;小麦采用垄膜田间微集雨技术比露地常规种植增加
产值 758.25 元/hm²,平均产量增加 25.2%。2005 年,甘肃省平凉市开始小面积试验全膜
双垄沟播种技术。至 2007 年已推广至全市 6 个县 25 个镇 91 个村 32 104 户,总面积为
5 880 hm²。玉米平均产量 9 270 kg/hm²,比传统露地平作增产 74.2%,增加纯收入 1 920
元/hm²。比常规半膜覆盖种植增产 22.1%,提高水分利用效率 20%以上;马铃薯平均产量
3 450 kg/hm²,比传统露地种植增产 27.8%。

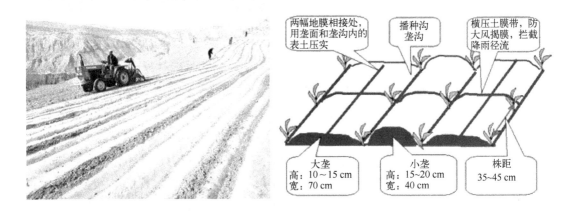

图 21.8　玉米全膜双垄沟播集雨示意图

此外,由于我国西北旱作农业区春季降水稀少、土壤墒情极差,而传统的半膜平铺穴播
技术地面覆盖率较低,只有 50%～60%,土壤水分多以无效棵间蒸发形式损失,保墒能力
差,降水利用效率低;传统的半膜平铺穴播种植只能对作物种植区膜面进行小部分雨水集
蓄,且对于 10 mm 以下的微效降水则不能有效利用。针对以上传统半膜平铺穴播种植的不
足,近年来,旱作农业工作者为最大限度地纳雨保墒,改善农田水分供给状况,创新地提出了
全膜覆盖双垄面沟播技术,该技术是覆膜技术结合垄沟集雨技术,集膜面集雨保墒、膜抑制
蒸发、垄沟抗逆播种于一体,有效地增加了旱地土壤水分,缓解了水资源供需矛盾。该技术
在甘肃省中东部旱作农业区玉米种植大面积推广中,效果显著,提高土壤温度,增强集雨效
果,抑制了无效蒸发,玉米增产 30%以上。但也有研究表明,长期采用全膜双垄沟播种植会
造成作物对深层土壤水分过度利用而使深层土壤干燥化,对土壤的可持续生产力造成不利
影响。由于全覆膜双垄沟播技术在玉米推广应用上的极大成功,给马铃薯种植带来启发,许
多科技工作者开始探索覆膜结合垄沟种植对马铃薯种植的效果。有研究表明,垄沟全膜和
垄沟半膜覆盖种植较平地对照出苗率提高,生育期缩短,前期叶面积指数增大,后期叶面积
指数减小,产量显著提高。在对不同覆膜与沟垄种植模式对旱作马铃薯产量形成及水分运
移的影响研究显示,全膜双垄垄播和全膜双垄沟播的产量最大,水分利用效率最大,其中全
膜双垄垄播的产量和水分利用效率均略高于全膜双垄沟播,这一点和玉米稍有区别,并且全

膜双垄垄播和沟播均有利于提高大薯率和中薯率、降低绿薯率和烂薯率。王琦等(2005)的研究发现在年降水量小于 250 mm 的半干旱区,膜垄的最佳沟垄比为 60 cm∶40 cm。有人综合土壤蒸发量和马铃薯产量得出最佳沟垄比为 45 cm∶60cm。

目前,我国干旱半干旱区田间微集雨技术的研究主要集中在最佳沟垄比、集水效率、覆盖措施等相结合的微集水系统技术指标以及作物的增产效应对土壤水分、温度和施肥的影响。虽然取得了一些成果,但还存在一系列问题需要进一步研究解决。其一是作为农作物生产基本条件的水肥,在田间微集水种植中的相互作用研究还比较少。特别是在不同雨量条件下,微集水技术的增产效应的水肥耦合机理还不够明确;其二是在不同雨量区,微集雨种植模式及效果对比对该地区是否推广微集水技术具有重要的科学意义,而目前还缺乏在不同雨量梯度下微集雨种植作物的增产效应对比研究,今后应加强这方面的研究;其三是微集水技术在黄土高原一些地区逐步推广,可是还没有一些操作规程的完善表述和关键的技术指标,这对于微集水技术的大面积推广具有重要意义。

21.5 节水灌溉技术

目前节水灌溉技术有喷灌、滴灌、微喷灌、渗灌、膜灌、交替灌溉和调亏灌溉。

喷灌,几乎适用于除水稻外的所有大田作物、蔬菜、果树等,对于高棵作物全生育期的用水问题,效果尤其显著。喷灌的优点是灌水均匀,少占耕地,节省人力等。经过 20 多年的努力,现在我国已有喷灌面积 80 多万 hm²。喷灌系统的形式很多,其优缺点也就有很大差别。喷灌对地形、土壤等条件适应性强。但在多风的情况下,会出现喷洒不均匀,蒸发损失增大的问题。与地面灌溉相比,大田作物喷灌一般可省水 30%～50%,增产 10%～30%。最大优点是使农田灌溉从传统的人工作业变成半机械化、机械化,甚至自动化作业,加快了农业现代化的进程。但在多风、蒸发强烈的地区容易受气候条件的影响,有时难以发挥其优越性,在这些地区进行喷灌应该对其适应性进行进一步分析。

滴灌,是 20 世纪 60 年代由以色列首先发明的节水灌溉技术,它是通过干管、支管和毛管上的滴头,将水分、肥料或化学剂等缓慢地滴入植物根部土壤进行局部灌溉的一种浇水方法。它是集节水、优质良种、高产高效栽培技术及物质投入、先进农机具推广应用于一体的科技成果转化,可提高土地产出率、劳动生产率和资源利用率。常用的滴灌方式主要有膜下滴灌带、膜下滴灌管、管上式压力补偿滴头、滴箭等,如采用滴灌和地膜栽培技术种植蔬菜,蔬菜覆盖地膜后,具有增温、保墒、抑制土壤盐分上升、改善蔬菜生态条件,利于苗齐、苗壮、增产幅度大的优势,从而进一步加大土地的利用率和产出效益。通过膜下滴灌按农作物高度可控性给水给肥,为精准施肥、精准用药、机械化精准收割等技术提供了一个整合平台,对于大面积农田实施固定式滴灌技术,使节水措施发挥巨大效益。滴灌以及节水的效果相当明显,与传统的漫灌相比,节水达 70% 以上,增产达 30% 左右。

微喷灌,简称微喷,是介于喷灌、滴灌之间的一种节水灌溉技术。微喷是由收集山涧水的微型蓄水池和微型滴灌组合而成的一种适用于水源匮乏山区的节水灌溉模式。能充分利用山区自然地势落差获得输水压力,形成自流灌溉,无须外界动力,经济适用。适用于近水源的平地、设施、山地等地的长季节蔬菜栽培。这种灌水技术可以就近取水,以较小水量供应满足作物需水要求,灌水时间不受限制,可根据作物需水量供水,用水量少,渗漏损失量少,而且管道安装以后操作简便、易于管理、省工省力。一般情况下,微喷是一种局部灌溉,即灌溉水不是普遍洒到整个灌区,而是仅仅洒到植物根系活动最活跃部分的地面上,这样可减少无效灌溉和棵间水分蒸发,达到更为节水的目的。据有关研究资料表明,采用微喷技术,可使灌溉水的利用率达到90%以上。微喷系统装配肥料注入系统后,肥料可随灌溉水一起洒到作物根区,这样可以减少肥料的损失和保持土壤的肥力。由于微喷头嘴的直径轻小,如水中杂质较多或所用肥料溶解不好颗粒较大时,会导致喷头堵塞。为了防止这样故障的产生,应对灌溉用水及加入肥料后灌溉水进行过滤。

渗灌,又称地下灌溉,是当代国际上最先进、最经济而又有发展前途的农业节水灌溉技术,它是利用埋设在地下的管道,通过管道本身的透水性能或出水微孔,将水分渗入土壤中,供作物根系吸收的一种灌水方法。渗灌技术能使土壤疏松、土壤肥力提高、地表温度增加,促进农作物生长,提高农作物产量,因而成为近年来国外普遍推广的高效节水灌溉技术。渗灌水的田间利用率可达95%,比漫灌节水75%,比喷灌节水25%。渗灌技术主要应用于保护地蔬菜、花卉以及果树的栽培灌溉,果园标准化生产以及城乡绿化灌溉。

膜灌,有膜上灌与膜下灌之分。膜上灌是在覆盖作物的塑料薄膜上输水,由膜上的放苗孔或专门渗水孔向下渗水的一种灌溉方法;膜下灌是在灌水沟上蒙一层塑料薄膜,灌水在膜下沟中进行的一种暗水灌溉方法。膜灌可以大大提高灌水的均匀度和水的有效利用率,有利于作物增产和品质提高,且往往可与滴灌结合使用。膜灌技术主要应用于设施栽培以及我国西部干旱半干旱地区露地栽培的各种经济作物及大田作物。

交替灌溉,主要有分根交替、干湿交替、隔沟交替灌溉等技术,交替灌溉能在保持作物产量基本不变的前提下提高水分利用效率。它是基于节水灌溉技术原理与作物感知缺水的根源信号理论的一种节水灌溉新方法,由康绍忠等于1996年提出,是在充分吸收植物生理学、土壤学、农田水利学等学科研究成果的基础上的一种新的节水思路。分根交替灌溉是人为保持根系活动层的土壤在水平或垂直剖面某个区域干燥,同时通过人工控制使根系在水平或垂直剖面上的干燥区和湿润区交替出现,即始终保持作物部分根系生长在干燥或较为干燥的土壤区域中。控制性交替灌溉使不同区域的根系经受一定程度的水分胁迫锻炼,刺激根系的吸收补偿功能,有利于作物部分根系处于水分胁迫时产生的根源信号脱落酸(ABA)传输至地上叶片,调节气孔开度,达到不牺牲作物光合产物积累而大量减少其奢侈的蒸腾耗水,同时还可减少两次灌水间隙棵间土壤湿润面积,减少棵间蒸发损失。控制性根系分区交替灌溉技术最适于根系出现生长冗余的作物,如葡萄的根区限制栽培、甜瓜的露地栽培等。该技术在实用中可改为隔沟交替灌溉系统、交替灌溉系统等。

调亏灌溉,是在作物生长发育某些阶段(主要是营养生长阶段)主动施加一定的水分胁迫,促使作物光合产物分配向人们需要的组织器官倾斜,以提高其经济产量的节水灌溉技术。该技术于 20 世纪 70 年代中期由澳大利亚持续灌溉农业研究所 Tatura 中心研究成功,并正式命名为调亏灌溉。它的节水增产机理,依赖于植物本身的调节及补充效应,属于生物节水和管理节水的范畴。从生物生理角度考虑,水分胁迫并不总是表现为负效应,适时适量的水分胁迫对作物的生长、产量及品质有一定的积极作用。国外对调亏灌溉的研究应用大多集中在果树方面,而我国从 20 世纪 80 年代末开始研究调亏灌溉技术,并将其应用由果树、蔬菜,推广到冬小麦、玉米和棉花等主要农作物。与充分灌溉相比,调亏灌溉具有节水增产作用。

21.5.1 百合

在百合生长发育中,采用喷灌灌溉方式进行大棚定植种植,能明显改善小气候,有效提高百合的成活率、产量和品质,具有明显的节水、增产,提高水分利用效率等优点,产生显著的经济效益。大棚试验表明:百合定植期喷灌比地面灌溉节水 11.1%,而整个百合生育期内,喷灌比地面灌溉节水 19.3%,可见喷灌比地面灌溉有明显的节水效果。在灌溉水量明显减少的情况下,喷灌具有明显的增产效果,增产率达 15.4%,同时采用喷灌灌溉方式,极大地提高了百合鲜切花商品价值。

21.5.2 板栗

在板栗的生产中滴灌为最佳的灌溉方式,据测定板栗滴灌比漫灌节水 60% 以上。滴灌时水分靠毛细管作用扩散,不破坏土壤结构,土壤孔隙度大,通气良好,利于养分的转化和根系的生长,提高了水分利用率,达到了节水增产的目的(表 21.4)。

表 21.4　滴灌对板栗生长和结果的影响

处理	调查株数	枝条长(cm)	栗总蓬数	空蓬数(个)	每蓬栗数(个)	出实率(%)	总产量(斤①)
滴灌	10	34	788	88	2.83	45	32.6
对照	10	21	749	220	2.45	37.5	21.24

21.5.3 樱桃

在樱桃整个生育期内,采用滴灌进行灌溉,均比畦灌减少了灌水量,减幅在 156.1～163.7 m³/亩之间,亦即节水 48.78%～51.16%,节水量非常可观。采用滴灌进行灌溉施肥的处理,比起畦灌冲肥的处理,在大量节水的情况下,产量也有不同程度的增加。由于这两方面的原因,灌水量大幅度减少和产量有所增加,滴灌中肥处理和高肥处理实现了增产和灌溉水高效利用的统一,在增加产量 16%～26% 的同时,水分利用效率提高了 1.3～1.4 倍;增加了果实含糖量与糖酸比,并保证了维生素 C 的营养价值。在施用基肥的基础上,滴灌施用

---

①　1 斤=0.5 kg。

17.1 kg N、2.3 kg P_2O_5 和 24.6 kg K 能够实现作物增产、资源高效和品质优良(表 21.5)。

表 21.5　不同灌溉施肥方式对樱桃水分利用效率的影响

处理	节水量(m³/亩)	灌水量(m³/亩)	水分利用效率(kg/m³)
畦灌冲肥 TM	—	320.0	16.6
滴灌低肥 DF1	163.7	156.3	31.3
滴灌中肥 DF2	160.7	159.3	38.9
滴灌高肥 DF3	156.1	163.9	40.2

21.5.4　葡萄

在甘肃嘉峪关,葡萄膜下滴灌(3 600 mm/hm²)和常规滴灌(5 400 mm/hm²)的葡萄叶片日平均水分利用效率高于灌水量多的覆膜处理,膜下滴灌比对照的水分利用效率高7.8%,且对照比膜下滴灌多消耗 33% 的水量。膜下滴灌使单叶水平的水分利用效率和产量水平的水分利用效率均明显增加,可以达到以水促产,以水调质的目的,有利于膜下滴灌葡萄在戈壁干旱荒漠区的推广应用(表 21.6)。

表 21.6　不同膜下滴灌对葡萄产量和水分利用效率的影响

处理	经济产量(kg/hm²)	灌水量(mm)	WUE[kg/(mm·hm²)]
T_1	10 759.2	240	2.99
T_2	10 174.5	300	2.26
T_3	9 640.8	360	1.79
T_4	13 519.95	420	2.15
常规滴灌	7 476.6	360	1.38

在宁夏贺兰山,葡萄采取沟灌后水分下渗基本在 70 cm 内的根系分布层,灌溉后期含水率低,灌溉周期为 13 d;双管滴灌水平侧渗区域主要集中在 20~45 cm 的葡萄毛根活动区域,垂直入渗在 60 cm 根系分布区内,灌溉周期为 9 d;单管滴灌垂直下渗速率高于侧渗速率,灌溉周期为 7 d。单管滴灌方式便于大规模的葡萄机械化管理,最佳水分管理方式为增加单次灌溉时间让单次灌水量达到 450 m³/hm²。

在新疆石河子,同一灌水条件下根区交替滴灌(SDI)则能促进根系下扎,提高深层土壤的根系活力,有效维持地上部叶片生理功能的稳定性。根区垂直交替滴灌条件下一侧地下穴储滴灌一侧地表滴灌对酿酒葡萄根冠生长的影响优于两侧均为地表滴灌,与两侧地下穴储滴灌差别不大。综合生产成本、田间实际操作与植株根冠生长差异,在本试验条件下采用一侧地表滴灌、一侧地下穴储滴灌的根区交替滴灌供水模式为最佳处理(图 21.9)。

甘肃武威的酿酒葡萄试验表明,浆果生长期是酿酒葡萄需水关键期,该阶段亏水减产幅度达 28.7%,WUE 降低 12.8%;新梢生长期适度亏水能提高酿酒葡萄挂果率,达到增产的目的;开花坐果期或浆果成熟期适度亏水对产量影响较小,但浆果成熟期适度亏水有利于果

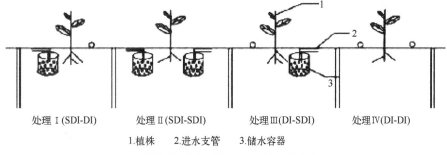

处理Ⅰ(SDI-DI)　　处理Ⅱ(SDI-SDI)　　处理Ⅲ(DI-SDI)　　处理Ⅳ(DI-DI)

1.植株　　2.进水支管　　3.储水容器

图21.9　根区交替滴灌装置示意图

注:处理Ⅰ左侧地下穴储滴灌,右侧地表滴灌(SDI－DI);处理Ⅱ两侧均为地下穴储滴灌(SDI－SDI);处理Ⅲ左侧地表滴灌,右侧地下穴储滴灌(DI－SDI);处理Ⅳ两侧均为地表滴灌(DI－DI)

实干物质积累,能够使总糖含量提高22.4%,可滴定酸含量降低9.3%,并能保持适量的单宁和花色苷,对提高葡萄品质具有重要意义。在生育期充分灌水条件下,浆果成熟期土壤含水量达到田间持水量的55%~65%时进行灌水可以明显改善葡萄品质。

21.5.5　苹果

深层滴灌(14 cm)与表面滴灌相比苹果幼苗的光合特性和根系活力降低,而根冠比和水分利用效率升高;中层滴灌(7 cm)与表面滴灌相比苹果幼苗的光合特性升高,根系活力未发生显著变化而水分利用效率降低。虽然深层处理的灌水利用效率总体趋势较高,但是处理末期根系活力和光合等生理状态不佳,而此时中层处理的光合和根系活力较高,到末期灌水利用效率有逐步升高趋势,从长远来讲中层灌水处理更利于苹果幼苗的生长(图21.10)。

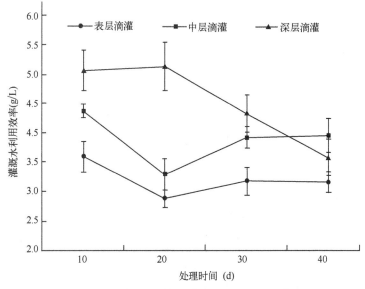

图21.10　不同深度滴灌对苹果水分利用效率的影响

在苹果生产中采用交替单侧沟灌技术后没有显著降低果品产量和果品质量,从经济产量的形成来看,显著提高了水分利用效率和灌溉水生产效率,减少了果园生产用工,节约了生产用水,提高了灌溉收益率。因此交替单侧沟灌是苹果园生产中切实可行,具备环保节能降耗特点的灌溉方法(表 21.7)。

表 21.7　不同灌溉方式对富士苹果经济效益的影响

处理	产量 (kg/hm²)	自然降水量 (mm)	灌水量 (m³/株)	灌溉成本结构			成本收益		水分利用效率 (kg/m³)	灌溉水生产效率 (kg/m³)
				灌水 (元/hm²)	农艺灌溉工程建设 (元/hm²)	管理用工 (元/hm²)	灌溉新增产量 (kg/hm²)	灌溉收益率 (%)		
对照(CK)	34 034	725	0	0	0	0	0	0	46.943	0
畦灌	417 474.5	725	3.9	2 601.3	450	90	7 440.5	4.737	42.106	28.617
隔行交替灌溉	40 167.2	725	2	1 334	450	60	6 133.2	6.652	46.797	45.999
交替单侧沟灌	39 854.2	725	1.44	960.48	600	45	5 820.2	7.250	48.543	60.627

注:富士苹果生产水分利用效率表示降水和灌溉水总水分利用效率,灌溉水生产效率=(灌溉处理的产量－未灌溉处理的产量)/灌水量。

　　西北农林科技大学白水苹果试验站通过对 15 年生红富士设立无灌溉全量施肥(对照)、分区交替灌溉半量施肥、分区交替灌溉全量施肥、不分区灌溉半量施肥和不分区灌溉全量施肥等 5 个肥水耦合处理研究结果显示:在不同灌溉方式和不同施肥量的耦合试验中,灌溉方式是影响叶片光合特性的主要因素,分区灌溉处理节水 50% 且显著提高水分利用效率。分区灌溉半肥处理叶面积和新梢生长量降低,但坐果率显著高于其他处理。分区灌溉全肥处理和分区灌溉半肥处理叶片氮、磷、钾元素的含量显著高于对照,但是低于不分区灌溉全肥和半肥处理。肥水分区交替的 2 个处理除总酸、果锈指数和硬度 3 个指标外,着色率、光洁指数、可溶性固形物等其他果实品质指标均显著优于对照。分区交替灌溉半肥处理叶片氮、磷、钾元素的含量高于目前生产上的常规施肥方式,且果实品质没有明显下降,将是干旱地区果园一项节水、节肥的肥水调控新措施。

21.5.6　桃树

　　滴灌条件下桃树灌水量过多或过少均不利于产量和水分利用效率的提高,在各种灌水处理中,萌芽前、成熟前 15 d 和树冠恢复期灌水处理的产量和水分利用效率最高,分别达 41 521.5 kg/hm² 和 54.46 kg/(mm·hm²),比不灌水的处理分别高 2.90 倍和 2.61 倍,比灌水较多的处理分别高 24.7%,35.6%。可见,华北平原地区日光温室桃树在整个年生长周期中灌 4 次水,灌水时期分别为萌芽期、花芽分化期、果实速长期和树冠恢复期,每次灌水量为 45~75 mm,是一种较为优化的灌溉方式。

　　在半干旱气候区,桃树分根交替灌溉处理的湿润一侧土壤含水量随深度的增加而减小,而干旱一侧则随深度的增加而增大,二者含水量最大差值出现在土壤表层(0~25 cm);每2周和每4周交替灌溉1次的分根交替灌溉处理在黎明前叶水势明显低于常规对照(充分灌溉),但随着时间(白天)的推移,所有处理的叶水势都趋于降低,下午分根交替灌溉处理与对照差异不显著。分根交替灌溉处理桃产量比对照降低10%,但供水量减少了50%,水分利用率提高了75%;分根交替灌溉处理明显降低了桃树植株的新梢生长量,但对果实直径没有显著影响。

山东农业大学对设施油桃通过试验研究根系分区灌溉对生长发育、产量及品质的影响结果表明,根系分区交替灌溉和根系分区固定灌溉处理可抑制油桃新梢生长,果实成熟期均较常规灌溉提前,平均单果重略低于常规灌溉,但产量基本未受影响,果实硬度降低,而可溶性固形物含量高于常规灌溉,根系分区交替灌溉和固定灌溉比常规灌溉节水50%,且水分利用效率提高。根系分区交替灌溉与根系分区固定灌溉相比,前者处理果实除硬度低于后者外,其平均单果重、产量、可溶性固形物含量和水分利用效率均高于后者。

21.5.7 甘草

50%的土壤含水量有利于甘草根系生物量积累,有利于提高人工种植甘草的药材产量。灌水次数在6次以内,总灌水量在5 400 m³/hm²以下时,随着灌水量的增加,甘草产量增加,超过该灌水量后,灌水量再增加,产量呈下降趋势。在适宜灌水范围内,甘草农艺性状随灌水量的增加呈增加的趋势,表现出良好的生长态势,使得甘草各部分干物质积累量随灌水量增加而增加,进而促进其产量提高。试验条件下以灌水次数为5~6次,总灌水量为4 500~5 400 m³/hm²时,无论是甘草的农艺性状还是干物质积累量或产量,均表现出最好。

在辽西地区整个甘草生长期内,压片式微喷带灌溉处理耗水4 139 m³/hm²,介于漫灌灌溉和无灌溉处理两者之间,相对漫灌节水9.2%;压片式微喷带灌溉产量最高,约14 970 kg/hm²,较漫灌增产15.0%;在压片式微喷带灌溉条件下水分有效利用量为3.62 kg/m³,显著高于其他处理;效益分析表明净效益大小顺序为:压片式微喷带灌溉>漫灌灌溉>无灌溉,使用压片式微喷带灌溉净效益达60 570元/hm²,较漫灌提高17.0%。由此可见,压片式微喷带的田间应用具有较好的经济效益,适合用于辽西地区节水抗旱农业发展。

21.5.8 黄花菜

黄花菜采取膜下滴灌技术,由过去直接浇土壤转变为浇作物根系,定时定量给作物补充水肥。在黄花菜膜下滴灌区铺设主管道和支管道,根据土壤墒情、气候及黄花菜需水需肥规律,一般在春苗期、抽薹现蕾期、干花期3个生长期进行6次滴灌。滴灌每次平均灌水定额为225 m³,灌溉水定额为1 350 m³/hm²,大水漫灌平均定额为1 050 m³/hm²,全生育期灌水4次,灌溉水定额4 200 m³/hm²,膜下滴灌比大水漫灌节水51 750 m³/hm²。

21.5.9 枸杞

枸杞对水分的消耗基本呈现为秋果采收期和秋果生长期小、营养生长期较大、高峰为盛果期和盛花期的特点;通过对枸杞产量和耗水量进行拟合,得出水分生产函数为 $y=-1.2162x^2+1461.07x-436\,857(R^2=0.7673)$,当耗水量达到 600.68 mm,产量达到 1965.47 kg/hm²,即当灌水量为 675 mm 时,不仅可获得最高产量,使水分利用效率相对较高,同时也获得了较好的枸杞品质,实现了高产与高效的统一。

　　在宁夏试验发现灌水量为 675 mm 时枸杞产量和水分利用效率最佳,在节水条件下,900 m³/hm² 的月灌溉定额较适合枸杞生长。从产量、水分利用效率与灌水定额的关系(图 21.11)可以看出,在秸秆覆盖条件下,枸杞全生育期灌溉定额为 6 270 m³/hm²,萌芽期、营养生长期、盛花期、盛果期、秋果生长期和冬水分别灌水 960 m³/hm²、960 m³/hm²、1 200 m³/hm²、1 200 m³/hm²、800 m³/hm² 和 1 150 m³/hm² 为最适宜灌溉制度。产量和水分利用效率分别为 2 598.32 kg/hm² 和 2.4 kg/(mm · hm²)。

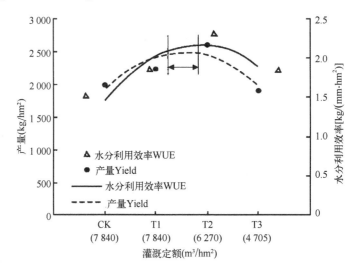

图 21.11　枸杞产量、水分利用效率与灌水定额的关系

21.5.10　花椒

　　花椒虽然属于较为耐旱树种,但水分对花椒的产量影响较大。干旱年份在花椒生长期进行灌溉,可以获得较高的花椒产量;在水资源有限的条件下,可将水灌在果实膨大期(4—6月);在水资源较丰富的地区,保证果实膨大期的水分需求,不仅可以获得较高的产量且可获得较高的 WUE。为了保证花椒品质,在果实成熟期,尽量保持较低的土壤水分。

21.5.11　啤酒大麦

　　在适宜灌水定额条件下,啤酒大麦采用春季储水灌溉技术较冬季储水灌溉技术可减少储水灌溉水量 75 mm,减少土壤蒸发 37.4%,水分利用效率提高 26.2%。因此,在实际啤酒大麦种植生产中可采取春季储水灌溉技术,春季储水灌溉定额以 75 mm,生育期共灌水 5次,灌水定额 75 mm 为宜,这样不仅可节约有限水资源,还可提高地温及水分利用效率,达到节水、增效的目的。但春季灌溉未经过冬季上冻与春季消融这一过程,不利于疏松土壤,灌溉定额过大时不仅增加了土面无效蒸发量,还因为土壤表层含水量过大而不利于提高地温及作物出苗率,因而研究不同地域、不同土壤条件下适宜的春季储水灌溉定额将是解决这一问题的关键。在推广过程中应考虑流域春季可供水量,部分推广春季储水灌溉技术。

啤酒大麦垄作栽培后节水效果明显,垄作啤酒大麦的水分利用效率随灌水量的增加而降低,但在5个不同的灌溉定额下,垄作栽培的水分利用效率均高于平作,较相应的平作栽培提高 1.95~3.30 kg/(mm·hm²),增幅为 13.86%~26.83%。灌溉定额为 2 850m³/hm² 时,垄作较平作栽培的水分利用效率增加 3.00 kg/(mm·hm²),增幅为 26.32%,较相应水分利用效率的灌溉定额 2100,3600 m³/hm²,分别节水 750,1 500m³/hm²(表 21.8)。

表 21.8 啤酒大麦不同灌溉定额下垄作和平作栽培的水分利用效率

灌溉定额 (m³/hm²)	水分利用效率[kg/(mm·hm²)]		垄作较平作增加 [kg/(mm·hm²)]	增幅 (%)
	垄作	平作		
1500	17.25	15.15	2.10	13.86
2100	15.60	12.30	3.30	26.83
2850	14.40	11.40	3.00	26.32
3600	14.10	11.55	2.55	22.08
4350	13.20	11.25	1.95	17.33

21.5.12　油橄榄

油橄榄园适宜灌溉 50%ET。(蒸腾蒸发量)左右的水分,1 年灌溉 4 次。1—2 月,第 1 次灌溉,促进花芽分化;开花前一个月,第 2 次灌溉;硬核形成期,第 3 次灌溉,为油脂储存提供充足的场所;采果后第 4 次灌溉,保持树体各个器官的水分平衡,为来年的丰产做好准备。漫灌不仅浪费水资源,而且很容易造成局部供水过量,不利于油橄榄品质的提高,在一定程度上引起油橄榄青枯病发生。油橄榄园适宜喷灌和间歇性滴灌,较好地控制灌溉度,不容易造成局部灌溉过量。由于油橄榄叶面气孔导度是由土壤湿度来控制,而不是叶面湿度来控制,滴灌宜采用埋入式滴灌法。

21.6　栽培管理技术

21.6.1　板栗

在干旱区,不同浓度的"施丰乐"对板栗的水分利用效率影响很大,在板栗的 4 个生育期,10,20 以及 30 mg/L 的"施丰乐"喷施浓度,在不同程度上都提高了板栗叶片的水分利用效率,且得到较为一致的结果,20 mg/L 的"施丰乐"喷施浓度,可以最大限度地提高其水分利用效率。同样在板栗的幼花期、盛花期以及果实膨大期,20 mg/L 的"施丰乐"都能显著提高板栗叶片的水分利用效率。所以,在干旱没有灌溉条件的栽植环境下,喷施 20 mg/L 的"施丰乐"有利于其生长,有利于其进行正常的生理活动,有利于进行抗旱节水栽培。

山东省泰安市万吉山山地板栗试验园试验表明,$(NH_2)_2CO$ 与 KH_2PO_4 混合施肥可显著提高叶片水分利用效率及光合效率,并大幅提升板栗产、质性能,同步增加了生物学产量和经济学产量,其原因在于氮、磷、钾有很强的时效互补性和功能互补性,通过肥料配施表现出明显的正向协同效应,其中 $0.3\%(NH_2)_2CO+0.3\% \ KH_2PO_4$ 组合对于提高板栗综合生产性能尤为明显。鉴于此,生产上要根据果园立地条件,以及果树的生长、结实特性与不同生长阶段的需肥特点,合理搭配肥料,才能显著增强树势,同时达到高产、稳产和优质的生产目标。

21.6.2 苹果

在供水充足的条件下,苹果树叶面喷洒甜菜碱、$\beta-$氨基丁酸和壳聚糖可提高叶片水分利用效率。经过甜菜碱、$\beta-$氨基丁酸、壳聚糖和自然干旱预处理,可提高土壤自然失水时苹果叶片脯氨酸的含量,有效延缓叶片 WUE 的下降,具有类似"干旱锻炼"的效果(表 21.9)。

表 21.9 甜菜碱、$\beta-$氨基丁酸、壳聚糖对苹果水分利用效率的影响

处理	自然失水第 5 天		自然失水第 10 天	
	水分利用效率 WUE (mol/mmol)	光合速率 $[\mu mol/(m^2 \cdot s)]$	水分利用效率 WUE (mol/mmol)	光合速率 $[\mu mol/(m^2 \cdot s)]$
喷水(对照)	4.60 a	7.02 a	1.17 a	1.99 a
自然干旱	12.80 c	7.34 a	1.46 b	2.58 b
甜菜碱	10.59 c	8.38 b	1.99 c	3.21 c
$\beta-$氨基丁酸	6.58 b	8.19 b	1.56 b	2.98 b
壳聚糖	5.32 b	7.76 b	1.49 b	2.77 b

注:表中数据后 a,b,c,d 表示通过 0.05 显著性水平检验,显著性 a>b>c>d。

西北农林科技大学采用盆栽控水的方法研究了干旱条件下 3 种外源多胺(精胺、亚精胺和腐胺)对苹果树苗抗生长及抗旱性的影响。在中度干旱条件下叶面喷施多胺能提高苹果树苗的光合速率和水分利用效率,同时促进游离氨基酸、可溶性糖和脯氨酸等有机渗透调节物质的合成与积累,增强渗透调节能力。喷施外源多胺能维持或提高保护酶(SOD,CAT)活性,降低质膜透性和丙二醛(MDA)含量,防止或降低细胞膜脂过氧化作用,由此维持正常代谢水平,促进植物的生长,提高抗旱性。3 种外源多胺中精胺的效果相对较好,但三者之间对多数抗旱性生理指标及生长的影响差异不显著。

顶梢 30 cm 内喷施 1 500 mg/L 普洛马林溶液可抑制苹果幼树株高生长,促进主干粗度及分枝生长;显著促进地下部细根生长;喷施处理促进幼树当年的总氮含量,当年氮肥利用率显著提高 25.07%～34.74%,翌年氮肥利用率增加 24.96%～26.69%。因此,喷施普洛马林可以增加苹果幼树整体生物量,连续两年提高氮素营养吸收,有利于幼树形态建成和树

体结构发育。

在充足供水时,施 N 肥苹果植株的光合明显提高,但因蒸腾提高幅度更大,导致水分利用效率(WUE)降低;土壤供水不足时,施 N 肥植株的 WUE 高于对照,随植株施 N 量的增加,WUE 逐渐提高。由此看来,土壤缺水或无灌溉条件的果园,可以通过增施 N 肥来提高WUE,起到以肥补水的作用。但土壤充足供水时,增施 N 肥尽管光合速率提高,但因蒸腾强烈,水分利用率降低,还可能引起树体旺长和部分养分的渗漏损失,很难起到预期效果。所以"肥水相济"应该是有条件的,相对的,关键是因树因地寻找最佳肥水结合的量化指标,才能做到事半功倍。

21.6.3 葡萄

目前葡萄管理中存在重视氮磷钾肥,忽视中量元素和腐殖酸类肥料的问题。贺兰山东麓试验研究表明:钙、镁、硫肥显著提升了叶片全氮和可溶性糖含量,总酸度降低;腐殖酸肥能显著增加叶片干重,并显著提升可溶性糖和维生素 C 含量。在滴灌条件下增施中量营养元素和腐殖酸肥对贺兰山东麓酿酒葡萄生长和产量品质有巨大促进作用。

在甘肃武威石羊河流域,高氮条件下有限的水分亏缺对酿酒葡萄产量造成的影响并不显著,而低氮条件下,作物的产量随着水分亏缺降低很明显。氮素的亏缺会显著降低植株的叶面积,叶片中叶绿素含量以及光合速率,且花期后氮素亏缺对干物质积累的影响更为明显;水分的亏缺会导致作物的减产,而轻度和重度水分亏缺处理浆果可显著提高果实可溶性固形物含量。在氮素充足条件下土壤水分的有限亏缺对葡萄产量无显著影响,而可溶性固形物含量会随着土壤水分的降低而略有上升。高氮条件下作物的耗水量也略低于中氮和低氮,土壤水分的亏缺会导致叶片光合速率的降低,但适度的水分亏缺会提高酿酒葡萄的叶片水分利用效率。而施氮量的提升可以提高植株的光合速率。

21.6.4 甘草

氮、磷、钾施肥量对甘草单位面积产量有显著的影响。随氮、磷、钾施用水平的增加产量呈先升后降的趋势,较低水平的氮、磷、钾施用量对甘草产量有促进作用,但施用量达到一定水平后产量并不明显增加;施肥对 1 年生甘草的各项生长指标影响效果要比 2 年生的明显;干物质积累的规律为:随着生长月份的不同,氮、磷、钾施用水平对甘草干物质积累的影响也不同,总趋势是 8 月前地上部干物质积累较快而地下部较慢,8—10 月甘草总干物质积累明显加快,转为地上部干物质积累减慢而地下部加快。通过不同氮、磷、钾施肥水平对甘草地上、地下生长、生物量和药材产量影响的综合分析,初步确定最佳施肥量为:N 67.5～101.79 kg/hm^2,P_2O_5 172.5～260.13 kg/hm^2,K_2O 162～243 kg/hm^2。

21.6.5 百合

施肥是百合生长过程中重要的管理措施,科学合理地施肥能够有效地提高百合鳞茎产量和品质。施肥提高了兰州百合鳞茎产量,单施氮、磷肥,或是单施钾肥,鳞茎产量都随着施肥量的增加而提高。单施钾肥鳞茎产量增幅较单施氮、磷肥大。氮、磷、钾肥配施,对鳞茎产量的提高最为显著,原因在于钾能够增强百合对氮的利用率,促进氮的吸收与代谢,并调节碳、氮之间的代谢平衡,在一定程度上减少氮过剩的不良影响。一般认为,在干旱半干旱地区,土壤中钾素丰富,所以在兰州百合种植过程中,一直存在着"重氮磷肥、轻钾肥"的现象。但是,由于连年耕种,再加上土壤侵蚀严重,土壤速效钾的含量已是明显下降,对一般作物的生长已经不足,对于地下鳞茎的生长要求高水平钾的百合更是如此。钾可以促进营养物质向地下鳞茎转移,这对于百合这种收获地下器官的作物来说十分重要。钾还能促进植物对氮、磷的吸收,抗病虫害,促进根的伸长,增强植物抗旱性。因此,在百合种植中,提倡施用钾肥、有机肥料和草木灰,使土壤中钾素养分得到补充,是促进百合植株生长、提高地下鳞茎经济产量的措施之一。

21.7　适应气候变化对策

21.7.1　制定精细化名特优作物综合农业自然资源区划,确定精准的最适宜和适宜种植区范围

受气候变化影响,名特优作物最适宜和适宜种植区范围和种植结构也发生了改变,加之以往很少开展名特优作物精细化综合自然资源区划,从名特优作物种植结构调整的实际出发,充分利用气候和自然资源优势,划分出每一"网格点"适合种植的名特优作物,具体区域可精细到 1 km、每个村落。气象与农业部门密切配合,确定标准的区划指标体系,采用"3S"技术,即地理信息系统、遥感技术、全球卫星定位系统进行客观性和定量化标准制作"精细化名特优作物综合农业自然资源区划产品系统",确定精准的最适宜和适宜种植区范围,使名特优作物种植结构调整方案精细化。

21.7.2　加快优质商品生产种植基地建设,建立管理生产新模式适应气候变化

在最适宜和适宜种植区内建立优质商品生产种植基地或示范区,实现规模生产加工经营产业系列的发展模式。政府和农业部门要制定出台名特优作物优势产业发展政策措施支持;农业科技部门研制和提出不同的名特优作物配套技术支撑。要创建名特优作物现代农业发展模式和管理新模式,建立一整套农业生产机制来适应气候变化。气候变暖,春季气温回升较快,应适时早播,多年生的特种作物萌芽早或返青早,应加强早期管理,充分利用早春热量资源。作物生长季积温提高,生长季延长,有利于种植熟性偏晚的品种,提高产量。气候变干,半干旱和半湿润旱作区生长季的降水量对产量至关重要,应选耐旱性较强的品种种植。遇到干旱年份,有条件的地方可进行适时节水补灌,确保高产稳产。干旱和半干旱灌溉区应适时灌溉,避免缺水作物受旱而减产。湿润区和高寒阴湿区应防止生殖生长后期水分

过多,热量不足而造成减产。

21.7.3　根据未来气候预测和不同气候年型调整作物种植结构和比例

我国气象专家预测,21世纪中国气候将明显继续变暖,尤以北方最为明显,2020年最大增温区域在华北、西北和东北的北部,增温幅度为0.6~2.1℃。气候变暖,对于喜温热作物的板栗、花椒、油橄榄和喜温凉作物的啤酒花、黄花菜可扩大种植面积;对于喜凉耐寒作物的啤酒大麦和百合应在最适宜和适宜种植气候区内适当扩大面积比例。这样有利于提高品质、产量和效益。气候虽然呈持续变暖趋势,但在增暖的大背景下也会出现低温年份。不同气候年型对不同属性的作物产量和品质影响较大,应根据不同气候年型及时准确地调整作物种植结构和种植比例,在低温气候年型应降低喜凉耐寒作物的种植比例,但喜温热和喜温凉作物可根据降温幅度来调整不同适宜种植区域的种植比例;增暖气候年型正好相反。这样,才能确保各特种作物平衡发展、高产稳产,农民增产增收。

21.7.4　加强气象灾害监测、评估、预警与防御工作

受气候变暖影响,我国日最高和日最低气温都将上升,冬季极冷期可能缩短,夏季炎热期可能延长,高温热害、干旱等愈发频繁。因此,要重视和加强气象灾害的监测、预测和评估;建立气象灾害监测预警基地,研究防御对策;建立具有较好的物理基础、较强的监测和预测能力、有效的服务功能的气象灾害综合业务服务系统,为决策部门和社会用户提供优质服务。

气候干暖化,春季回暖早,特别注意防范后春出现的强寒潮、晚霜冻及强降温天气对百合的幼苗、花椒和栗树萌芽的危害。应加强防范高温热害对百合生长旺盛期的影响。啤酒花除注意防大风外,成熟期的连阴雨天气也是影响啤酒花质量的不利气象灾害。干旱对旱作区的名特优作物造成的损失比较严重,如花椒成熟期的干旱和黄花菜抽薹现蕾期的春旱等的危害。

参考文献

艾钊,陈志成,杨菲.2014.文冠果柿树花椒幼树对不同土壤水分的生理响应[J].中国水土保持科学,**12**
　　(6):68-74.

安文芝,谢建军,占发源,等.2005.河西干旱区甘草直播栽培技术[J].农业科技通讯,(8):28-29.

毕红艳,张丽萍,陈震,等.2008.药用党参种质资源研究与开发利用概况[J].中国中药杂志,**33**(5):
　　590-594.

毕继业,王秀芬,朱道林.2011.地膜覆盖对农作物产量的影响[J].农业工程学报,**24**(11):172-175.

毕彦勇,高东升,王晓英.2005.根系分区灌溉对设施油桃生长发育、产量及品质的影响[J].中国生态农业
　　学报,**13**(4):88-90.

边金霞,马忠明.2007.河西绿洲灌区3种作物垄作沟灌节水效果及栽培技术[J].甘肃农业科技,(11):
　　47-50.

蔡志翔,马瑞娟,俞明亮.2011.南京地区2010年春季气候对桃树生长结果的影响[J].江苏农业科学,**39**
　　(3):13-17.

曹春萍,梁维峰.2009.板栗栽植对环境条件的要求[J].河北林业科技,(3):14-16.

曹建军.2006.中药黄芪种质资源及环境因素对品质的影响[D].杨凌:西北农林科技大学.

曹小兰.2014.大樱桃丰产园建园技术[J].现代农业科学,(17):25-26.

曹玉琴,刘彦明.1994.旱作农田沟垄覆盖集水栽培技术的试验研究[J].干旱地区农业研究,**12**(1):
　　74-78.

常国刚,李林,朱西德,等.2007.黄河源区地表水资源变化及其影响因子[J].地理学报,**62**(3):312-320.

常金财.2014.现代枸杞栽培管理技术概述[J].农学学报,**4**(11):59-60.

常欣,程序,刘国彬,等.2005.黄土高原农业可持续发展方略初探[J].科技导报(农业),**23**(3):52-56.

常永瑞.2008.黄花菜膜下滴灌技术[J].山西农业科学,**36**(12):49-50.

陈朝基,雷淑琴,李琳.2012.酒泉啤酒花气候适宜性研究[J].安徽农业科学,**40**(4):2275-2277.

陈刚.2010.中国水资源利用效率的区域差异研究[D].大连:大连理工大学.

陈辉,李忠勤,王璞玉,等.2013.近年来祁连山中段冰川变化[J].干旱区研究,**30**(4):588-593.

陈明.2006.晋西黄土高原补灌果园耗水及产量关系研究[D].北京:北京林业大学.

陈少勇,邢晓宾,张康林,等.2010.中国西北地区太阳总辐射的气候特征[J].资源科学,**32**(8):
　　1444-1451.

陈雪金.1993.桃的栽培[M].福州:福建科学出版社,55-62.

陈亚宁,李稚,范煜婷,等.2014.西北干旱区气候变化对水文水资源影响研究进展[J].地理学报,**69**(9):

1295-1304.

陈亚宁,徐长春,郝兴明,等.2008.新疆塔里木河流域近50 a气候变化及其对径流的影响[J].冰川冻土,**30**(6):921-929.

陈艳华,史宝秀,谢玲,等.2003.甘肃中部百合气候适应性及适生种植区划[J].中国农业气象,**24**(3):51-53.

成治军.2008.酒泉市无公害啤酒花高产栽培技术[J].农业科技与信息,(11):27-29.

程才,胡玉彬.2014.关于发展梨产业的几点思考[J].甘肃农业,**381**(3):21-23.

程沛霖,王庆瑞.1985.甘肃黄花菜品种及其快速繁殖法的研究[J].园艺学报,(7):181-185.

崔永寿,崔承勋.2010.关于加快发展苹果梨产业的几点思考[J].吉林农业,**246**(8):41-42.

崔永增,李唯,李昭楠,等.2012.戈壁葡萄膜下滴灌土壤水分动态规律的研究[J].灌溉排水学报,**31**(6):140-142.

单人骅,佘孟兰.1992.中国植物志第五十五卷第三分册[M].北京:科学出版社,50,75.

邓振镛.1999.干旱地区农业气象研究[M].北京:气象出版社,96-139.

邓振镛.2000.陇东气候与农业开发[M].北京:气象出版社,108-111.

邓振镛.2005.高原干旱气候作物生态适应性研究[M].北京:气象出版社,60-78.

邓振镛,仇化民,李怀德.2000.陇东气候与农业开发[M].北京:气象出版社,67-89.

邓振镛,李栋梁,尹宪志,等.2005.高原地区主产地三种中药材气候生态适应性研究[J].中草药,**36**(Supplement):208-211.

邓振镛,王鹤龄,王润元,等.2008.气候变化对祁连山北坡农林牧业结构的影响与对策研究[J].中国沙漠,**28**(2):381-387.

邓振镛,尹宪志,陈艳华,等.2004.甘肃三种特色作物气候生态适应性分析与适生种植区划[J].南京气象学院学报,**24**(6):814-821.

邓振镛,尹宪志,杨启国,等.2005.白龙江沿岸油橄榄气候生态适应性研究[J].中国油料作物学报,**27**(1):65-68.

邓振镛,尹宪志,尹东,等.2005.岷当气候生态适应性研究[J].中国中药杂志,**30**(12):889-892.

邓振镛,张强.2008.西北地区农林牧业生产及农业结构调整对全球气候变暖响应的研究进展[J].冰川冻土,**30**(5):836-842.

邓振镛,张强,刘德祥,等.2008. The Impacts of Climate Warming on Changes of Crop planting over Northwest China[J].生态学报(英文版),**28**(8):3760-3768.

邓振镛,张强,宁惠芳,等.2010.西北地区气候暖干化对作物气候生态适应性的影响[J].中国沙漠,**30**(3):633-639.

邓振镛,张强,蒲金涌.2008.气候变暖对中国西北地区农作物种植的影响[J].生态学报(英文版),**28**(8):3760-3768.

邓振镛,张强,王强,等.2011.甘肃黄土高原旱作区土壤储水量对春小麦水分生产力的影响[J].冰川冻土,**33**(2):425-430.

邓振镛,张强,王强,等.2012.高原地区农作物水热指标与特点的研究进展[J].冰川冻土,**34**(1):177-185.

邓振镛,张强,王润元,等.2012.甘肃特种作物对气候暖干化的响应特征及适应技术[J].中国农学通报,**28**

（15）：112-121.

邓振镛，张强，王润元，等.2012.西北地区特色作物对气候变化响应及应对技术的研究进展[J].冰川冻土，**34**（4）：855-861.

狄彩霞，王正锻.2004.影响花椒产量和品质的因素[J].中国农学通报,**20**（5）：35-39.

邸瑞琦.2001.内蒙古地区黄芪生长的农业气候条件分析[J].内蒙古气象，（2）：21-23.

邸淑娇，刘艳荣.2006.设施栽培桃树果实裂核的原因及防治措施[J].中国果树，（3）：58-59.

丁宏伟，张举，吕智，等.2006.河西走廊水资源特征及循环转化规律[J].干旱区研究,**23**（2）：241-248.

丁林，金彦兆，王以兵.2014.春季储水灌溉条件下啤酒大麦节水增产机理研究[J].干旱地区农业研究,**32**（1）：78-83.

丁瑞霞，贾恚宽，韩清芳.2006.宁南旱区微集水种植条件下谷子边际效应和生理特性的响应[J].中国农业科学,**39**（3）：494-501.

丁一汇，王守荣.2001.中国西部地区气候与生态环境概论[M].北京：气象出版社,44-74,194-203.

丁永建，叶伯生，刘时银.2000.祁连山中部地区40 a来气候变化及其对径流的影响[J].冰川冻土,**22**（3）：193-198.

杜荣江，方玉霞.2010.提高我国水资源利用效率的措施与对策[J].水资源保护,**26**（3）：91-93.

段金省，李宗奎，周忠文.2008.保护地栽培对黄花菜生长发育的影响[J].中国农业气象,**29**（2）：184-187.

樊惠芳，郭旭新，罗碧玉.2005.渭北旱塬花椒灌溉效应研究[J].干旱地区农业研究,**23**（5）：164-166.

樊新华，辛平，王玉龙.2014.河西走廊绿洲灌区优质酿酒葡萄高效栽培技术[J].甘肃农业科技,（5）：66-67.

范雄.2002.四川油橄榄气候适应性分析[J].四川气象,（3）：25-27.

冯德强，陈克超.2011.不同灌溉量对油橄榄产量和果实品质的影响[J].四川林业科技,**32**（6）：76-78.

冯玉香，何维勋.1998.梨花霜害及其防御[J].中国农业气象,**19**（2）：37-41.

高卫东，魏文寿，张丽旭.2005.近30 a来天山西部积雪与气候变化——以天山积雪雪崩研究站为例[J].冰川冻土,**27**（1）：68-73.

巩文，杨艳萍.2002.定西中部干旱地区高产优质党参栽培技术[J].经济林研究,**20**（3）：33-34.

郭海英，赵建萍，杨兴国.2007.陇东塬区适生农作物水分利用率及经济效益对比分析[J].土壤通报,**38**（4）：709-712.

郭海英，赵建萍，张谋草.2006.庆阳地区黄花菜越冬覆盖水热效应研究[J].干旱地区农业研究,**24**（4）：99-103.

郭兴章，陈柔，张振太，等.1988.优质啤酒大麦的农业气候生态[J].新疆农业科技,（5）：9-13.

韩华柏，罗洪平，廖明安.2011.油橄榄水分的研究进展[J].中南林业科技大学学报,**31**（3）：85-89.

韩建峰，高析，魏野畴，等.2012.酒泉移民区甘草套种孜然栽培技术[J].农业科技通讯,（11）：143-144.

韩凯.2010.水分胁迫对3种黄芪抗旱特性及黄芪甲苷含量的影响[D].杨凌：西北农林科技大学.

韩兰英，孙兰东，张存杰，等.2011.祁连山东段积雪面积变化及其区域气候响应[J].干旱区资源与环境,**25**（5）：109-112.

韩清芳，李向拓，王俊鹏，等.2004.微集水种植技术的农田水分调控效果模拟研究[J].农业工程学报,**20**（2）：78-82.

韩睿，李登绚.2006.庆阳黄花菜产业化现状与思考[J].陕西农业科学,（1）：47-48.

韩玉国,杨培岭,任树梅.2006.保水剂对苹果节水及灌溉制度的影响研究[J].农业工程学报,**22**(9):70-73.

何国长.2013.河西走廊葡萄酒产业发展的SWOT分析及战略对策[J].兰州商学院学报,**29**(5):24-30.

何华,李俊良,郝庆照,等.2010.不同灌溉施肥方式对大棚樱桃番茄产量和品质的影响[J].现代节水高效农业与生态灌区建设(上).

何璐西.2013.药材黄芪的生长习性与栽培技术介绍.http://www.zyctd.com/chanye-item-538508-1-1052.html

何启明.1992.旱作沟垄地膜覆盖农田气候工程集水率的计算及效应评价[J].干旱地区农业研究,**10**(4):62-67.

何三信,陈富.2007.甘肃省啤酒大麦产业发展现状及建议[J].甘肃农业科技,(10):24-26.

贺润平,翟明普,王文全.2007.水分胁迫对甘草光合作用及生物量的影响[J].中药材,**30**(3):262-263.

胡列群,李帅,梁凤超.2013.新疆区域近50年积雪变化特征分析[J].冰川冻土,**35**(4):793-800.

胡苗.2012.影响啤酒大麦种植面积减少的因素分析[J].中国农机化,**244**(6):196-199.

胡汝骥,马虹,樊自立,等.2002.新疆水资源对气候变化的响应[J].自然资源学报,**17**(1):22-27.

怀保娟,李忠勤,孙美平,等.2014.近50年黑河流域的冰川变化遥感分析[J].地理学报,**69**(3):365-377.

黄健,季枫.2014.温室增温和灌溉量变化对棉花产量、生物量及水分利用效率的影响[J].中国农学通报,**30**(30):152-157.

火克仓,潘永东,包奇军,等.2013.甘肃省高寒阴湿区啤酒大麦优质高产标准化生产技术[J].农业科技通讯,(12):206-207.

纪学伟,成自勇,赵霞,等.2015.调亏灌溉对荒漠绿洲区滴灌酿酒葡萄产量及品质的影响[J].干旱区资源与环境,**29**(4):184-187.

贾金生,马静,杨朝晖,等.2012.国际水资源利用效率追踪与比较[J].中国水利,(5):13-17.

贾瑞亮,周金龙,李巧.2012.我国气候变化对地下水资源影响研究的主要进展[J].地下水,**34**(1):1-4.

贾永国,张双宝,徐淑贞.2007.滴灌条件下不同供水方式对日光温室桃树耗水量、产量和水分利用效率的影响[J].华北农学报,**22**(2):111-114.

蒋菊芳,景元书,王润元,等.2013.灌溉春玉米大喇叭口期光合特性及水分利用效率研究[J].中国农学通报,**29**(27):76-82.

蒋菊芳,景元书,王润元,等.2014.石羊河流域气候变化对春玉米发育及水分利用效率的影响[J].中国农学通报,**30**(2):272-279.

蒋菊芳,景元书,魏育国.2014.石羊河流域春小麦生育期和水分利用效率对气候变化的响应[J].类麦作物学报,**34**(4):502-508.

蒋树怀,王鹏科,高小丽,等.2011.旱作农田绿豆微集水技术及其效应研究[J].干旱地区农业研究,**29**(5):33-37.

颉敏昌.2011.庆阳市黄花菜面积普查及品种资源调查[J].现代农业科技,(1):164,167.

康绍忠,张建华,梁宗锁,等.1997.控制性交替灌溉——一种新的农田节水调控思路[J].干旱地区农业研究,**15**(1):1-6.

冷石林,韩仕峰.1996.中国北方旱地作物节水增产理论与技术[M].北京:中国农业科学技术出版社,3-5.

李秉新,牛云,赵国生,等.2003.张掖市苹果梨果品改良技术研究[J].甘肃科技,19(11):145-152.

李凤民,王静,赵松岭.1999.半干旱黄土高原集水高效旱地农业的发展[J].生态学报,19(2):259-264.

李洪文,陈君达,邓婕,等.2000.旱地玉米机械化保护性耕作技术及机具研究[J].中国农业大学学报,5
　　(4):68-72.

李记明,李华.1995.不同地区酿酒葡萄成熟度与葡萄酒质量的研究[J].落叶果树,(1):3-5.

李钧.2006.华北地区板栗主栽品种抗旱生理研究[D].北京:北京林业大学.

李俊玲.2005.大樱桃在西安的发展前景与设施栽培技术[J].陕西农业科学,(4):140-141.

李琳,田庆明,魏可新,等.2003.河西走廊气候条件对甘草生长发育的影响及种植区划[J].中国农业气象,
　　24(3):54-57.

李敏敏,安贵阳,郭燕,等.2011.不同灌溉方式对渭北果园土壤水分及水分利用的影响[J].干旱地区农业
　　研究,29(4):174-179.

李培基.1983.中国积雪分布[J].冰川冻土,5(4):9-18.

李培基.1998.中国季节积雪资源初步评价[J].地理学报,43(2):108-119.

李睿,张延东,滕保琴,等.2010.浅议甘肃葡萄产业的发展现状及存在问题[J].甘肃林业科技,35(1):
　　38-41.

李素君.2010.肃州区啤酒花大田滴灌高效节水灌溉技术与效益分析[J].甘肃农业,11:73-74.

李巍.2010.中国葡萄酒产区划分浅议[J].中外葡萄与葡萄酒,(1):68-72.

李先元,邓爱民,王家奇.2004.甘肃武威酿酒葡萄优质丰产栽培技术[J].中外葡萄与葡萄酒,(1):23-24.

李小雁,张瑞玲.2005.旱作农田沟垄微型集雨结合覆盖玉米种植试验研究[J].水土保持学报,19(2):
　　45-52.

李幸珍.2015.农业水资源的合理利用分析[J].黑龙江水利科技,43(1):191-193.

李续荣,何志成,杨福红,等.2013.大樱桃幼园果带覆盖效应初探[J].中国农业信息,17:33.

李延林,颜亮东.2011.西北地区降水特征及其变化趋势研究综述[J].青海科技,(5):69-76.

李彦瑾.2008.干旱胁迫对六种旱生灌木生长及水分生理特征的影响[D].杨凌:西北农林科技大学.

李昭楠.2012.戈壁葡萄滴灌节水机理及灌溉制度模式研究[D].兰州:甘肃农业大学.

李昭楠,李唯,刘继亮,等.2011.不同滴灌水量对干旱荒漠区酿酒葡萄光合及产量的影响[J].中国生态农
　　业学报,19(6):1324-1329.

李忠勤,李开明,王林.2010.新疆冰川近期变化及其对水资源的影响研究[J].第四纪研究,30(1):
　　96-106.

李仲芳,高彦明.2001.武都油橄榄发展现状考察情况[J].经济林研究,19(3):26-28.

李宗礼,郭宗楼,石培泽.1998.膜上沟灌白兰瓜优化灌溉制度研究[J].中国农村水利水电,(7):14-16.

连彩云,马忠明,张立勤.2012.绿洲灌区垄作沟灌啤酒大麦的产量及节水效应研究[J].麦类作物学报,32
　　(1):145-149.

林利.2006.板栗抗旱丰产关键栽培技术研究[D].北京:北京林业大学.

林利,李吉跃,苏淑钗.2006."施丰乐"对板栗光合特性、水分利用效率及产量的影响[J].北京林业大学学
　　报,28(1):60-63.

林纾,陆登荣.2004.近40年来甘肃省降水的变化特征[J].高原气象,23(6):898-904.

刘斌,饶碧玉,钱翠.2013.不同灌水处理对当归生长、产量及品质的影响[J].现代农业科技,(2):77-82.

刘昌明,陈志恺.2001.中国水资源现状评价和供需发展趋势分析[M].北京:中国水利水电出版社,1-2.

刘长春,付国忠,鲍常青.2013.农业灌溉中节水有效措施分析[J].科技信息,79-79.

刘潮海,康尔泗,刘时银,等.1999.西北干旱区冰川变化及其径流效应研究[J].中国科学 D 辑:地球科学,
　　29(增刊1):55-62.

刘春蓁,刘志雨,谢正辉.2007.地下水对气候变化的敏感性研究进展[J].水文,27(2):1-6.

刘静,张晓煜,杨有林,等.2004.枸杞产量与气象条件的关系研究[J].中国农业气象,25(1):17-21.

刘明春,马鸿勇.2003.河西走廊苹果梨生态气候适应性与区划研究[J].中国生态农业学报,11(2):
　　114-116.

刘明春,马兴祥,张惠玲,等.2001.河西啤酒大麦适生种植气候区划[J].甘肃科技,(4):31-32.

刘明春,张强,邓振镛,等.2007.河西干旱区酿酒葡萄生长的气象条件[J].生态学报,27(4):1656-1663.

刘明春,张旭东,蒋菊芳.2006.河西走廊干红干白酒用葡萄种植气候区划[J].干旱地区农业研究,24(6):
　　133-137.

刘启.2007.保护地节点式渗灌灌水控制下限组合对番茄生长发育的影响[D].沈阳:沈阳农业大学.

刘润萍,李红霞,岳云.2009.甘肃省啤酒大麦产业化发展的思考[J].中国农业资源与区划,30(3):39-45.

刘淑明,孙佳乾,邓振义,等.2013.干旱胁迫对花椒不同品种根系生长及水分利用的影响[J].林业科学,49
　　(12):30-35.

刘小媛.2014.分枝管理对苹果幼树生长及水肥利用效率的影响[D].杨凌:西北农林科技大学.

刘兴芬,朱建明.2010.不同水分胁迫对油橄榄生长指标的影响[J].中国林副特产,3:8-10.

刘映宁,贺文丽,李艳莉,等.2010.陕西果区苹果花期冻害农业保险风险指数的设计[J].中国农业气象,
　　(1):125-129,136.

刘渝,王岌.2012.农业水资源利用效率分析—全要素水资源调整目标比率的应用[J].华中农业大学学报
　　(社会科学版),(6):26-30.

陆小龙.2012.论我国水资源可持续发展与充分利用[J].现代经济信息,(9):10-11.

陆亚敏.2013.浅谈我国农业水资源的可持续利用[J].河南科技,(19):195.

陆咏梅.2000.甘肃农垦啤酒大麦生产优势与品质问题[J].大麦科学,(1):36-38.

路超,王金政,张安宁.2008.设施栽培条件下田间低温处理对不同品种桃树生长发育的影响[J].中国农学
　　通报,25(5):277-283.

吕鹏,高永平.2013.甘肃河西走廊啤酒大麦模式化栽培技术[J].现代农业科技,(6):20-21.

罗其友.2000.21世纪北方旱地农业战略问题[J].中国软科学,(4):102-105.

罗绍芹,饶碧玉.当归需水规律及灌溉制度试验初步研究[J].现代节水高效农业与生态灌区建设(上).

麻艳茹,王洪英.2011.黄芪栽培管理技术[J].中国园艺文摘,(8):180-182.

马洪亮,隋桂玲,刘正杰,等.2004.诸城市大樱桃种植气候条件分析[J].烟台果树,(2):3-4.

马金珠,陈发虎,赵华.2004.1000 年以来巴丹吉林沙漠地下水补给与气候变化的包气带地球化学记录[J].
　　科学通报,49(1):22-26.

马静,陈涛,申碧峰,等.2007.水资源利用国内外比较与发展趋势[J].水利水电科技进展,27(1):6-10.

马阔东,高丽,闫志坚.2010.库布齐沙地三种植物光合、蒸腾特性和水分利用效率研究[J].中国草地学报,
　　32(3):116-119.

马融,李道高.2005.川南地区引种桃品种的需冷量研究[J].中国农学通报,21(10):248-248.

马世震,陈志国,李毅,等.2005.陇西栽培黄芪不同生长期甲甙含量变化研究[J].干旱地区农业研究,(3):
　　32-35.

马兴祥,陈雷,丁文魁,等.2012.不同气候条件下耗水量对旱地油菜产量的影响及水分利用效率研究[J].
　　中国农学通报,26(27):134-140.

买亚宗,孙福丽,黄枭枭,等.2014.中国水资源利用效率评估及区域差异研究[J].环境保护科学,40(5):
　　1-7.

买亚宗,孙福丽,石磊,等.2014.基于DEA的中国工业水资源利用效率评价研究[J].干旱区资源与环境,
　　28(11):42-47.

毛斌.2011.微灌技术的特点及其应用[J].甘肃农业科技,3:51-52.

毛晨鹏,王延平,雷玉山,等.2013.干旱山地苹果树节水包滴灌技术研究[J].节水灌溉,(6):21-24.

毛娟,陈佰鸿,曹建东,等.2013.不同滴灌方式对荒漠区"赤霞珠"葡萄根系分布的影响[J].应用生态学报,
　　24(11):3084-3090.

毛云玲,邓佳,陆斌.2010.不同覆盖方式对云南干热河谷油橄榄园土壤温度、水分和容重的影响[J].西北
　　农业学报,19(2):150-154.

孟好军,张学斌.2003.张掖市苹果梨低产园改造技术[J].甘肃农业科技,(11):28-30.

苗承君,张恒嘉,张富钧.2012.不同微集雨模式对马铃薯生长和产量的影响[J].甘肃科技,27(21):
　　169-171.

牟德生,来锡福,于柱英,等.2004.葡萄新品种引进试验研究[J].甘肃林业科技,29(4):9-11.

彭晶晶,郭素娟,王静徽,等.2014.修剪强度对不同密度板栗叶片质量与光合特征的影响[J].东北林业大
　　学学报,42(11):47-50.

蒲金涌,邓振镛,姚小英,等.2004.甘肃省胡麻生态气候分析及种植区划[J].中国油料作物学报,26(3):
　　37-42.

蒲金涌,乔艳君,陈薇.2011.天水桃气候适宜性变化研究[J].中国农学通报,27(22):208-213.

蒲金涌,姚小英.2010.西北旱作区苹果水分适宜性——以天水为例[J].生态学杂志,(10):1957-1961.

蒲金涌,姚小英,王位泰.2002.陇东地区黄花菜的气候适应性分析及其种植分区[J].中国蔬菜,(6):
　　20-22.

蒲金涌,姚小英,王位泰.2008.气温变化对甘肃陇东黄土高原果树开花的影响[J].安徽农业科学,36(20):
　　8552-8553.

蒲金涌,姚小英,王位泰.2011.气候变化对甘肃省冬小麦气候适宜性的影响[J].地理研究,(1):153-160.

蒲金涌,姚小英,辛昌业.2010.天水杏子水分适宜性的研究[J].安徽农业科学,38(30):16831-16832.

蒲金涌,姚小英,杨睿.2001.天水桃生态气候特性及适生种植区研究[J].甘肃科学学报,(专辑):41-44.

蒲金涌,姚小英,姚晓红.2008.气候变暖对甘肃黄土高原苹果物候期及生长的影响[J].中国农业气象,29
　　(2):181-183,187.

蒲金涌,姚玉璧,马鹏里,等.2007.甘肃省冬小麦生长发育对暖冬现象的响应[J].应用生态学报,18(6):
　　1237-1241.

蒲金涌,张存杰.2008.甘肃省冬小麦水分适应性动态变化分析[J].资源科学,(9):1397-1402.

戚艳红,任宝君,高微.2007.综合夏剪技术在辽西北半干旱区苹果梨幼树上的应用试验简报[J].北京农
　　业,9:3.

钱翠,饶碧玉,罗绍芹,等.2012.不同水肥处理对当归种植需水量的影响[J].安徽农业科学,40(9)：5613-5617.

曲桂敏,沈向,王鸿霞.2000.不同品种苹果树水分利用效率及有关参数的日变化[J].果树科学,17(1)：7-11.

曲桂敏,束怀瑞,王炳硕.2000.苹果树盘内埋罐节水渗灌的效应[J].山东农业大学学报,31(2)：120-124.

曲桂敏,王鸿霞,束怀瑞.2000.氮对苹果幼树水分利用效率的影响[J].应用生态学报,11(2)：199-201.

冉生斌.2013.甘肃省啤酒花产业发展现状、存在问题及发展对策[J].浙江农业科学,(11)：1532-1535.

冉生斌,王国祥.2013.甘肃河西及中部灌区啤酒大麦优质高产标准化生产技术规程[J].甘肃农业科技,(8)：56-57.

任保刚,温桂华,徐海珍.2012.红富士苹果园节水灌溉方式试验研究[J].河北林业科技,(1)：4-9.

任曙霞,张旭辉,张意银.2010.连云港市大樱桃种植的气候条件分析[J].中国农业气象,(S1)：83-86.

任小龙,贾志宽,陈小丽.2010.不同雨量下微集水种植对农田水肥利用效率的影响[J].农业工程学报,26(3)：75-81.

山仑,陈国良.1993.黄土高原旱地农业的理论与实践[M].北京：科学出版社.

山仑,邓西平,苏佩,等.2000.挖掘作物抗旱节水潜力——作物对多变低水环境的适应与调节[J].中国农业科技导报,2(2)：66-70.

尚婧.2012.我国啤酒花产业发展现状与潜力展望[J].陕西农业科学,(1)：177-179.

尚雪英.2007.甘肃啤酒大麦产业的比较优势及竞争力分析[J].甘肃科技,23(10)：1-3.

申旭红,朱万.2008.四川省油橄榄引种地气候因子分析[J].安徽农业科学,36(3)：995-997.

沈永平,苏宏超,王国亚,等.2013.新疆冰川、积雪对气候变化的响应（Ⅰ）：水文效应[J].冰川冻土,35(3)：513-527.

沈永平,王国亚,张建岗,等.2008.人类活动对阿克苏河绿洲气候及水文环境的影响[J].干旱区地理,31(4)：524-534.

沈元月,祝军,郭家选,等.1999.温度对桃性器官发育的影响[J].果树学报,16(4)：301-303.

史宗理.1996.玉门地区啤酒花优质高产栽培技术[J].甘肃农业科技,(8)：15-16.

宋磊,岳玉苓,狄方坤.2008.分根交替灌溉对桃树生长发育及水分利用效率的影响[J].应用生态学报,19(7)：1631-1636.

苏波,韩兴国,李凌浩,等.2000.中国东北样带草原区植物 $\delta^{13}C$ 值及水分利用效率对环境梯度的响应[J].植物生态学报,24(6)：648-655.

苏里坦,张展羽,宋郁东,等.2005.塔里木河下游土地沙漠化对地下水位动态的响应——建立沙漠化程度预测数学模型[J].干旱区资源与环境,19(2)：62-66.

苏占胜,刘静,李剑萍.2004.宁夏枸杞产量气候区划研究[J].干旱地区农业研究,22(2)：132-135.

孙红梅,张本刚.2010.甘肃地区当归生长动态调查[J].中国农学通报,26(17)：386-389.

孙惠玲.2007.准噶尔盆地荒漠主要草本植物稳定碳同位素特征研究[D].石河子：石河子大学.

孙维.2012.岩黄芪属与锦鸡儿属在干旱胁迫下的生态价值比较[J].内蒙古科技与经济,2：101-103.

田莉,奚晓霞.2011.近50年西北地区风速的气候变化特征[J].安徽农业科学,39(32)：20065-20068.

田应秋,梁及芝.2005.我国板栗生产现状、存在问题及发展对策[J].柑橘与亚热带果树信息,21(6)：11-12,21.

童芳芳,郭萍.2013.考虑径流来水不确定性的灌溉用水量预测[J].农业工程学报,29(7):66-75.

涂美艳,陈栋,谢红江.2011.持续低温阴雨天气对四川盆地早熟桃生产的影响[J].安徽农业科学,39(36):280-282.

汪有奎,贾文雄,刘潮海,等.2012.祁连山北坡的生态环境变化[J].林业科学,48(4):21-26.

王东升,孟月娥.1999.桃树优质高效设施栽培新技术[J].中国农学通报,16(6):71-73.

王广鹏,孔德军,刘庆香.2008.板栗单株产量的主要影响因素相关分析及通径分析[J].安徽农业科学,36(4):1281-1281,1304.

王广鹏,刘庆香,孔德军.2004.板栗主要园艺性状与单株产量的通径分析[J].河北农业科学,8(3):60-62.

王国亚,沈永平.2011.天山乌鲁木齐河源1号冰川面积变化对物质平衡计算的影响[J].冰川冻土,33(1):1-7.

王海兵,窦超银,于秀琴.2012.压片式微喷带在辽西干旱区甘草种植中的应用[J].安徽农业科学,40(20):10703-10706.

王海波,高东升,王孝娣,等.2006.落叶果树芽自然休眠诱导的研究进展[J].果树学报,23(1):91-95.

王海波,王孝娣,高东升,等.2009.不同需冷量桃品种芽休眠诱导期间的生理变化[J].果树学报,26(4):445-449.

王颗.2010.甘肃河西地区啤酒大麦产业化发展现状与对策[J].中国农业资源与区划,31(3):86-89.

王花兰.2004.苹果梨花期冻害与防冻技术[J].甘肃农业,(3):39.

王会肖,刘昌明.2000.作物水分利用效率内涵及研究进展[J].水科学进展,11(1):99-104.

王今觉,章国镇,先静.1991.古本草中当归产地的考证[J].中国医药学报,6(5):37-39.

王劲松,费晓玲,魏锋.2008.中国西北近50a来气温变化特征的进一步研究[J].中国沙漠,28(4):724-732.

王磊.2010.中国的葡萄与葡萄酒发展现状[J].科技创新导报,(13):231.

王琦,张恩和,李凤民,等.2005.半干旱地区沟垄微型集雨种植马铃薯最优沟垄比的确定[J].农业工程学报,21(1):38-41.

王锐,孙权,张晓娟,等.2012.合理灌溉施肥对贺兰山东麓初果期酿酒葡萄的影响研究[J].节水灌溉,(6):9-16.

王瑞芳.2008.农艺措施对甘草生长发育的调控[D].兰州:甘肃农业大学.

王润元.2009.中国西北地区农作物对气候变化的响应[M].北京:气象出版社,1-279.

王位泰,张天峰,蒲金涌.2014.甘肃陇东苹果春季生长对终霜冻变化的响应特征[J].干旱地区农业研究,(4):227-230.

王晓琳.2011.水资源开发利用存在的问题及对策[J].现代农业科技,(15):253.

王晓燕,李洪文.2004.固定道保护性耕作[J].农机科技推广,(3):44.

王效宗,金锦,王小平等.2000.西北地区啤酒大麦的品种和栽培及其发展对策[J].大麦科学,(1):31-35.

王效宗,潘永东,王宜云.2001.甘肃省优质啤酒大麦种植区划[J].甘肃农业科技,(5):5-7.

王亚宾,李甲贵,杨和财.2012.对中国葡萄酒风格的思考[J].中国酿造,31(3):186-189.

王媛媛.2013.近50年陇东地区农业气候资源的时空变化特征及其对主要农作物的影响分析[D].兰州:西北师范大学.

王正新.2009.永昌县啤酒大麦区域优势分析[J].甘肃农业科技,(11):36-38.

王志平,周继华,诸钧,等.2011.痕量灌溉在温室大桃上的应用[J].中国园艺文摘,4：10-11.

魏强,柴春山.2004.当归栽培及加工技术[J].中国野生植物资源,23(1)：64-65.

魏育国,陈雷,蒋菊芳,等.2014.灌溉方式和播期对地膜春玉米产量和水分利用效率的影响[J].中国农学通报,30(6)：203-208.

温晓霞,王立祥,廖允成.2000.论我国北方旱区水资源的高效利用[J].中国农学通报,16(1)：59-60.

吴春荣,王继和,马全林,等.2001.河西地区经济林适应性评定及发展方向浅议[J].西北林学院学报,16(4)：25-29.

吴凡.2003.桃果实管理技术措施[J].果农之友,(4)：45-46.

吴丽,陈薇,马杰.2014.1961—2010天水市光、温、水资源变化特征及其与粮食产量的关系[J].中国农学通报,30(17)：245-249.

吴燕民,吴彦祥,张国强,等.1991.甘肃省优质苹果梨产区生态条件及最适气象因素的探讨[J].中国果树,(4)：28-31.

袭祝香,潘旭,刘玉英,等.1996.苹果梨适宜栽植区域划分的研究[J].中国农业气象,17(1)：29-31.

夏军,翟金良,占车生.2011.我国水资源研究与发展的若干思考[J].地球科学进展,26(9)：905-915.

肖天贵,孙照渤,张雷,等.2010.近40年巴中地区油橄榄生长气候条件分析[J].安徽农业科学,38(5)：2665-2667.

谢秀永,付妍,刘佳,等.2011.农业节水势在必行[J].中国水运：下半月刊,11(3)：167-168.

辛渝,陈洪武,张广兴,等.2008.新疆年降水量的时空变化特征[J].高原气象,27(5)：993-1003.

熊岳农业专科学校.1985.果树栽培[M].沈阳：辽宁科学出版社,100-150,469-491.

徐俊荣,仇家琪.1996.天山地区30年来冬季降雪波动研究[J].冰川冻土,18(增刊)：123-128.

许英武,孙万河,孟繁荣,等.2005.加快桓仁县板栗产业发展的思考[J].北方果树,(2)：41-42.

严子柱.2006.沙葱生态生理特性及驯化栽培技术研究[D].兰州：甘肃农业大学.

阎红丽,邹养军,马锋旺,等.2012.不同深度滴灌对苹果幼苗生长及生理特性的影响[J].节水灌溉,(3)：29-32.

晏国生,钱加绪.2008.甘肃省啤酒花产业技术主要研发成果综述[J].甘肃农业科技,(3)：41-43.

杨桂绒,杨世宏,刘亚宜.2009.低温冻害对宜川花椒生长的影响[J].陕西林业科技,(1)：55-57.

杨洪强,接玉玲,张连忠.2002.断根和剪枝对盆栽苹果叶片光合蒸腾及WUE的影响[J].园艺学报,29(3)：197-202.

杨建设.1994.我国旱地农业发展阶段[J].西安联合大学学报,(4)：9-14.

杨来胜.2004.砂田及其不同覆盖方式的水热效应对白兰瓜生长发育影响的研究[D].杨凌：西北农林大学.

杨庆红,白雪萍,彭九慧.2011.影响板栗产量的气象条件分析及产量评估方法[J].计算机与农业,(6)：39-40.

杨小利.2014.甘肃平凉市苹果花期冻害风险分析及区划[J].干旱地区农业研究,(4)：231-235.

杨小利,段金省,赵建厚.2008.陇东黄花菜越冬不同材料覆盖下的生长特性及气候效应研究[J].干旱地区农业研究,26(6)：207-211.

杨小利,蒲金涌,马鹏里.2009.陇东地区苹果生产水分适宜性评估[J].西北农林科技大学学报,37(9)：71-76.

杨余辉.2005.新疆三工河流域气候变化及水资源响应研究[D].乌鲁木齐：新疆师范大学.

杨雨华.2006.半干旱地区兰州百合对地膜覆盖和施肥的生态学效应研究[D].兰州：兰州大学.

杨雨华,黄鹏.2006.种植模式对兰州百合生长特性和产量的影响[J].甘肃农业大学学报,**41**(2)：35-38.

杨泽粟,张强,赵鸿,等.2014.半干旱地区旱作春小麦净光合速率和蒸腾速率对微气象条件的响应[J].干旱区资源与环境,**28**(7)：56-61.

杨针娘.1991.中国冰川水资源[M].兰州：甘肃科学技术出版社,137-141.

姚鹏举.2013.我国水资源利用现状分析[J].科技传播,(15)：127.

姚檀栋,刘时银,蒲建辰,等.2004.高亚洲冰川的近期退缩及其对西北水资源的影响[J].中国科学D辑：地球科学,**34**(6)：535-543.

姚小英,贾效忠,朱拥军.2011.陇东南旱作区大樱桃气候适宜性评估[J].西北农林科技大学学报,(3)：123-126.

姚小英,蒲金涌.2001.陇东南地区板栗生态气候适宜性研究[J].气象,(10)：53-56.

姚小英,蒲金涌,姚茹莘.2010.甘肃省黄土高原旱作玉米水分适宜性评估[J].生态学报,(22)：6242-6248.

姚小英,蒲金涌,姚茹莘.2011.气候暖干化背景下甘肃旱作区玉米气候适宜性变化[J].地理学报,(1)：56-67.

姚小英,杨小利,蒲金涌.2009.天水市大樱桃种植中影响产量的生态气候因素分析[J].干旱地区农业研究,(5)：145-150.

姚小英,张岩,马杰,等.2008.天水桃产量对气候变化的响应[J].中国农业气象,**29**(2)：202-204.

姚小英,朱拥军,把多辉.2008.天水市45a气候变化特征对林果生长的影响[J].干旱地区农业研究,(2)：240-243.

姚晓红,许彦平,秘晓东.2006.气候变化对天水苹果生长的影响及对策研究[J].干旱地区农业研究,**24**(4)：129-134.

姚玉璧,马鹏里,张秀云.2011.道地与近道地当归栽培气候生态与土壤环境区划[J].中国农学通报,**27**(27)：156-160.

姚玉璧,王润元,邓振镛,等.2010.黄土高原半干旱区气候变化及其对马铃薯生长发育的影响[J].应用生态学报,**21**(2)：379-385.

姚玉璧,王润元,王劲松,等.2014.中国黄土高原春季干旱10a际演变特征[J].资源科学,**36**(5)：1029-1036.

姚玉璧,王润元,杨金虎,等.2011.黄土高原半干旱区气候变暖对胡麻生育和水分利用效率的影响[J].应用生态学报,**22**(10)：2635-2642.

姚玉璧,王润元,杨金虎,等.2011.黄土高原半湿润区气候变化对冬小麦生育及水分利用效率的影响[J].西北植物学报,**31**(11)：2290-2297.

姚正毅,王涛,陈广庭,等.2006.近40a甘肃河西地区大风日数时空分布特征[J].中国沙漠,**26**(1)：65-70.

叶柏生,丁永建,杨大庆,等.2006.近50a西北地区年径流变化反映的区域气候差异[J].冰川冻土,**28**(3)：307-311.

尹彩琴.2011.滴灌技术在啤酒花大田上的应用及盐碱化治理问题[J].甘肃农业,(5)：26-27.

尹东,邓振镛.2003.甘肃省名优瓜果气候适应性分析[J].气象科技,**31**(4)：248-252.

尹晓宁,马明,张坤.2012.不同覆盖条件对陇东旱塬苹果园土壤水分及果实品质的影响[J].经济林研究,

30(1)：34-39.

于文颖,纪瑞鹏,冯锐,等.2015.不同生育期玉米叶片光合特性及水分利用效率对水分胁迫的响应[J].生态学报,**35**(9)：67-77.

余晓林.2002.行式树盘覆膜对旱区山地椒园结果的影响初报[J].甘肃林业科技,**27**(3)：65-66.

余艳玲,余杨,董云昆.2004.设施栽培中百合需水量、需水规律及灌溉方式初探[J].云南农业大学学报,**19**(3)：304-306.

余优森.1994.甘肃名优特产气候资源与利用[J].甘肃气象,**12**(3)：41-45.

余优森.1994.花椒果实膨大生长与品质的气象条件[J].气象,**20**(7)：50-54.

余优森,任三学.1995.陇南花椒品质气象条件和气候区划[J].中国农业气象,**16**(5)：32-34.

俞康财.1991.河西中部苹果梨优质气候带分析[J].甘肃气象,(4)：40-42.

曾晓春.2013.灌溉和覆盖对枸杞生长及水分利用效率的影响研究[D].兰州：甘肃农业大学.

曾晓春,李维华,强生才,等.2013.秸秆覆盖和灌水量对枸杞生长和水分利用效率的影响[J].干旱地区农业研究,**31**(3)：61-65.

翟衡,赵政阳,王志强,等.2005.世界苹果产业发展趋势分析[J].果树学报,**22**(1)：44-50.

张盹明,王继和,马全林,等.2001.干旱沙区2种梨树光合特性的研究[J].西北植物学报,**21**(1)：94-100.

张光斗.1999.面临21世纪的中国水资源[J].地球科学进展,**14**(1)：16-17.

张继亮,孙海伟,马玉敏,等.2004.土壤干旱条件下板栗品种光合指标的差异性与耐旱力分析[J].河北林果研究,**19**(4)：330-333.

张久东,胡志桥,包兴国,等.2011.垄作和灌水量对河西绿洲灌区啤酒大麦的影响[J].干旱地区农业研究,**29**(1)：157-160.

张军翔,李玉鼎,蔡晓勤.2000.宁夏银川地区不同成熟期酿酒葡萄品种成熟生物量研究[J].宁夏农学院学报,**21**(1)：10-13.

张谋草,李宗奎,黄斌.2007.越冬期不同覆盖对土壤水分变化及黄花菜生长和产量的影响[J].土壤通报,**38**(4)：645-648.

张谋草,赵玮,周忠文,等.2013.旱作区玉米田土壤水分变化对产量的影响及水分利用效率分析[J].中国农学通报,**29**(33)：242-247.

张强,王润元,邓振镛,等.2012.中国西北干旱气候变化对农业与生态影响及对策[M].北京：气象出版社,250-280.

张强,张存杰,白虎志,等.2010.西北地区气候变化新动态及对干旱环境的影响—总体暖干化,局部出现暖湿迹象[J].干旱气象,**28**(1)：1-7.

张善玉,朴惠顺,宋成岩.2005.不同生长年限黄芪中总皂苷、黄芪甲苷、总黄酮及多糖含量比较[J].延边大学医学学报,**28**(2)：87-89.

张文化,魏晓妹,李彦刚.2009.气候变化与人类活动对石羊河流域地下水动态变化的影响[J].水土保持研究,**16**(1)：183-187.

张雯,安贵阳,李翠红.2010.肥水分区调控对苹果光合作用、生长结果和果实品质的影响[J].西北农业学报,**19**(6)：110-114.

张锡梅.1994.北方旱地农业综合发展中几个问题的探讨[J].干旱地区农业研究,(12)：18-24.

张向东,高建平,曹铃亚,等.2013.中药党参资源及生产现状[J].中华中医药学刊,**31**(3)：496-498

张颜春,孙少霞,代淑红,等.2012.露地栽培大樱桃坐果率低的原因及克服方法[J].山西果树,(6):34-36.

张义,谢永生.2011.不同覆盖措施下苹果园土壤水文差异[J].草业学报,20(2):85-92.

张永玲,肖让.2008.新型节水技术——滴灌在啤酒花上的应用效果[J].农机化研究,(3):241-242.

张永旺,张林森,胥生荣.2013.灌水后覆膜对旱作苹果园土壤水分和树体生长及产量的影响[J].北方园艺,(18):16-19.

张志亮,张富仓,郑彩霞.2009.不同水氮处理对果树幼苗生长和耗水特性的影响[J].干旱地区农业研究,27(6):50-56.

张志强,李玉举.2014.大力提高水资源利用效率——对31个省份用水数据的调研[J].宏观经济管理,(6):47-48.

赵传成,王雁,丁永建,等.2011.西北地区近50年气温及降水的时空变化[J].高原气象,30(2):385-390.

赵国锋,张丽萍,武滨.2006.山西党参规范化种植技术及SOP的制定[J].现代中药研究与实践,20(6):13-16.

赵洪武.2012.浅析我国水资源现状与问题[J].才智,(16):280.

赵连德.2000.优质白兰瓜双覆盖栽培技术[J].西北园艺,(1):21.

赵鲁平,孟宪虹.1999.苹果梨走向大市场的对策探讨[J].甘肃林业科技,24(1):59-62.

赵梦炯,吴广平,姜成英.2013.不同保水措施对陇南旱地油橄榄园土壤含水量、新梢生长量及根系的影响[J].林业实用技术,10:8.

赵松岭.1996.集水农业引论[M].西安:陕西科学技术出版社.

赵晓玲.2010.陇东旱塬黄花菜抽薹期和结蕾期灌水量的研究[J].农技服务,27(1):23-24.

赵燏黄,步毓芝,王孝涛,等.1956.药用当归本草学及生药学的研究[J].药学学报,6(4):161-173.

郑国保,张源沛,朱金霞.2012.枸杞不同生长期水分效应及水分生产函数研究[J].干旱地区农业研究,11:22-24.

郑国保,张源沛,朱金霞,等.2013.灌水频率对枸杞品质、产量和耗水特性的影响[J].中国农学通报,29(31):206-210.

中国药材公司.1994.中国中药资源志要[M].北京:科学出版社,1228.

舟成.2013.我国水资源现状与问题研究[J].资源节约与环保,(10):64.

周盛茂.2013.地膜覆盖方式对土壤物理和生物性状与作物生长的影响[D].保定:河北农业大学.

朱国庆,史学贵,李巧珍.2002.定西半干旱地区春小麦抑蒸集水抗旱技术研究[J].中国农业气象,23(2):17-21.

朱拥军,李建国,姚小英,等.2009.黄土高原干旱山地花椒生长的气象条件分析[J].干旱气象,27(1):52-56.

邹家祥.1985.干旱与黄花菜落蕾关系的初步探讨[J].农业气象,(7):81-85.

Alley W M, Healy R W, LaBaugh J W, et al. 2002. Flow and storage in groundwater systems[J]. *Science*, **296**:1985-1990.

Anikwe M A N, Mbah C N, Ezeaku P I, et al. 2007. Tillage and plastic mulch effects on soil properties and growth and yield of cocoyam (Colocasia esculenta) on an ultisol in southeastern Nigeria[J]. *Soil and Tillage Research*, **93**:264-272.

Birge Z K, Weller S C, Daniels D D. 1996. Comparison of herbicides, plastic mulch and cover crops for weed control in pumpkins[J]. *Proceedings North Central Weed Science Society*, 51.

Boyer J S, Westgate M E. 2004. Grain yields with limited water[J]. *Journal of Experimental Botany*, **55**: 2385-2394.

Chakraborty D, Nagarajan S, Aggarwal P, et al. 2008. Effect of mulching on soil and plant water status, and the growth and yield of wheat (Triticum aestivum L.) in a Semiarid environment[J]. *Agricultural Water Manage*, **95**: 1323-1334.

Charles W M. 1993. Plastic mulches for vegetables, Commercial vegetable production[J]. *Kansas State University*, 11.

Cohen R, Eizenberg H, Edelstien M, et al. 2008. Evaluation of herbicides for selective weed control in grafted watermelons[J]. *Phytoparasitica*. **36**: 66-73.

Dong H Z, Li W J, Tang W, et al. 2009. Early plastic mulching increases stand establishment and lint yield of cotton in saline fields[J]. *Field Crops Research*, **111**(3): 269-275.

Frederick K D, Major D C. 1997. Climate change and water resources[J]. *Climatic Change*, **37**: 7-23.

Haeberli W, Barry R, Cihlar J. 2000. Glacier monitoring within the Global Climate Observing System[J]. *Ann Glaciol*, **31**: 241-246.

Han Y X, Wan X. 1995. A preliminary analysis on agricultural effects of cotton field mulched with plastic film[J]. *Gansu Agricultural Science Technology*, (8): 14-16.

Haraguchi T, Atsushi M, Kozue Y, et al. 2004. Effect of plastic-film mulching on leaching of nitrate nitrogen in an upland field converted from paddy[J]. *Paddy and Water Environment*, **2**: 67-72.

Hou X Y, Wang F X, Han J J, et al. 2010. Duration of plastic mulch for potato growth under drip irrigation in an arid region of Northwest China[J]. *Agricultural and Forest Meteorology*, **150**: 115-121.

Ji F, Wu Z H, Huang J P, et al. 2014. Evolution of land surface air temperature trend[J]. *Nature Climate Change*, doi: 10.1038/NCLIMATE2223.

Joel A, Messing I. 2001. Infiltration rate and hydraulic conductivity measured with rain simulator and disc permeameter[J]. *Sloping Arid Land Research and Management*, **15**(4): 371-384.

Kar G. 2003. Tuber yield of potato as influenced by planting dates and mulches[J]. *Journal of Agrometeorology*, **5**(1): 60-67.

Lamont W J, Orzolek M D, Otjen L, et al. 1999. Production of potatoes using plastic mulches, drip irrigation and row covers[C]. *Proceedings of the National Agricultural Plastic Congress*, **28**: 63-66.

Li F M, Guo A H, Wei H. 1999. Effects of clear plastic film mulch on yield of spring wheat[J]. *Field Crops Research*. **63**: 79-86.

Li F M, Wang J, Xu J Z, et al. 2004. Productivity and soil response to plastic film mulching durations for spring wheat on entisols in the semiarid Loess Plateau of China[J]. *Soil and Tillage Research*. **78**(1): 9-20.

Li X Y, Gong J D, Gao Q Z. 2000. Rainfall harvesting and sustainable agriculture development in the Loess Plateau of China[J]. *Journal of Desert Research*, **20**(2): 150-153.

Li X Y, Gong J D, Wei X H. 2000. In-situ rainwater harvesting and gravel mulch combination for corn production in the dry semi-arid region of China[J]. *Journal of Arid Environments*, **46**(4)：371-382.

Luis Ibarra-Jiménez, R Hugo Lira-Saldivar, Luis Alonso Valdez-Aguilar, *et al*. 2011. Colored plastic mulches affect soil temperature and tuber production of potato[J]. *Acta Agriculturae Scandinavica*, *Section B-Plant Soil Science*. **61**(2)：1651-1913.

Mandal D K, Mandal C, Velayutham M. 2001. Development of a land quality index for sorghum in Indian semiarid tropics (SAT) [J]. *Agricultural Systems*, **70**(ER1)：335-350.

McCraw D, Motes J E. 2007. Use of Plastic Mulch and Row Covers in Vegetable Production[J]. *Oklahoma Cooperative Extension Fact Sheets*, 1-5.

Mi Na, Zhang Yushu, Ji Ruipeng, *et al*. 2012. Effects of climate change on water use efficiency in rain fed plants[J]. *International Journal of Plant Production*, **6**：513-534.

Muhammad A K, Abdul M L, Saleem S. 2009. Effect of soil solarization on mango decline pathogen, lasiodiplodia theobromae[J]. *Pakistan J. Bot.*, **41**(6)：3179-3184.

Pacey A, Cullis A. 1986. *Rainwater harvesting*：*The collection of rainfall and runoff in rural areas* [M]. London, UK：IT Publication.

Ramakrishna A, Tam H M, Wani S P, *et al*. 2006. Effect of mulch on soil temperature, moisture, weed infestation and yield of groundnut in northern Vietnam[J]. *Field Crops Research*, **95**：115-125.

Romic D, Romic M, Borosic J, *et al*. 2003. Mulching decreases nitrate leaching in bell pepper cultivation[J]. *Agricultural Water Management*, **60**：87-97.

Schwencke J, Caru M. 2001. Advances in actinorhizal symbiosis：Host Plant Frankia interactions, biology, and applications in arid land reclamation[J]. *Arid Land Research and Management*, **15**(4)：285-328.

Song Q H, Li F M, Wang J, *et al*. 2002. Effect of various mulching durations with plastic film on soil microbial quantity and plant nutrients of spring wheat field in semi-arid loess plateau of China[J]. *Acta Ecologica Sinica*, **22**(12)：2127-2132.

Tian Y, Su D, Li F, *et al*. 2003. Effect of rainwater harvesting with ridge and furrow on yield of potato in semiarid areas[J]. *Field Crops Research*, **84**：385-391.

Tindall A J, Beverly B R, Radcliffe E D. 1991. Mulch effect on soil properties and tomato growth using micro-irrigation[J]. *Agronomy journal*, **83**：1028-1034.

Tiwari K N, Singh A, Mal P K. 2003. Effect of drip irrigation on yield of cabbage (Brassica oleracea L. Var. capitata) under mulch and non-mulch conditions[J]. *Agricultural Water Management*, **58**：19-28.

Usmani S M H, Ghaffar A. 1982. Polyethylene mulching of soil to reduce viability of sclerotia of Sclerotium oryzae[J]. *Soil Biology and Biochemistry*, **14**：203-206.

Wang D W, Cheng D J, Liu S H Q. 2001. Effect of ridging and fertilization and plastic film covering technique for potato in semiarid region with cold climate and high elevation[J]. *Agricultural Research Arid Areas*, **19**(1)：14-19.

Wang F X, Feng S Y, Hou X Y, *et al*. 2009. Potato growth with and without plastic mulch in two typical regions of Northern China[J]. *Field Crops Research*, **110**(2)：123-129.

Wang RunYuan, Zhang Qiang. 2011. An assessment of storage terms in the surface energy balance of a subalpine meadow in northwest China[J]. *Advances in Atmospheric Sciences*, **28**(3): 691-698.

Wang RunYuan, Zhang Qiang, Wang Yao Lin, *et al*. 2004. Response of corn to climate warming in arid areas in northwest China[J]. *Acta Botanica Sinica*, **46**(12): 1387-1392.

Xiao Guoju, Zheng Fengju, Qiu Zhengji. 2013. Impact of climate change on water use efficiency by wheat, potato and corn in semiarid areas of China[J]. *Agriculture, Ecosystems and Environment*, **181**:108-114.

Xiao Guoju, Zheng Fengju, Qiu Zhengji. 2013. Response to climate change for potato water use efficiency in semiarid areas of China[J]. *Agricultural Water Management*, **127**:119-123.

Xie Z K, Wang Y J, Li F M. 2005. Effect of plastic mulching on soil water use and spring wheat yield in arid region of northwest China[J]. *Agricultural Water Management*, **75**:71-83.

Zhang S F, Ma T L. 1994. Yield components and cultivation technology of corn with high grain yield through plastic film cover in West Yellow River area[J]. *Gansu Agricultural Science Technology*, (1): 16-17.

Zhao H, Wang R Y, Ma B L, *et al*. 2014. Ridge-furrow with full plastic film mulching improves water use efficiency and tuber yields of potato in a semiarid rainfed ecosystem[J]. *Field Crops Research*, **161**: 137-148.

Zhao Hong, Xiong Youcai, Li Fengming, *et al*. 2012. Plastic film mulch for half growing-season maximized WUE and yield of potato via moisture temperature improvement in a semi-arid agroecosystem[J]. *Agricultural Water Management*, **104**: 68-78.

Zhou L M, Li F M, Jin S L, *et al*. 2009. How two ridges and the furrow mulched with plastic film affect soil water[J]. *Field Crops Research*, **113**: 41-47.